잠 안 오는 밤에 읽는
우주토픽

잠 안 오는 밤에 읽는 우주 토픽

초판 1쇄 발행 2016년 5월 13일
개정판 3쇄 발행 2024년 4월 18일

저자 이광식

펴낸이 양은하
펴낸곳 들메나무 **출판등록** 2012년 5월 31일 제396-2012-0000101호
주소 (10893) 경기도 파주시 와석순환로347 218-1102호
전화 031)941-8640 **팩스** 031)624-3727
전자우편 deulmenamu@naver.com

값 18,000원
ⓒ이광식, 2022
ISBN 979-11-86889-27-5 (03440)

이보다 재미있는 '천문학'은 없었다 ─ 우주 특강 27

잠 안 오는 밤에 읽는 우주 토픽

◆ 개정판 ◆

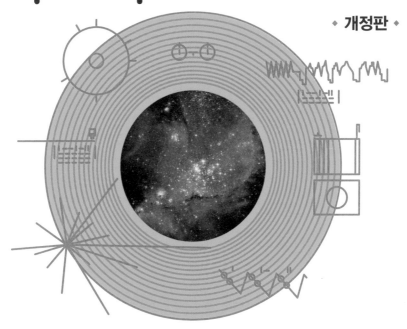

이광식 지음

들메나무

우리 시대 사람들은 행복하다

"모든 시대는 신 앞에 평등하다"는 말이 있지만, 그래도 21세기를 사는 우리들은 어떤 면에서 전 시대에 비해 훨씬 행복한 사람들이란 생각이 든다. 물론 이 얘기는 '인간과 우주'라는 관점에서 볼 때 그렇다는 뜻이다.

일찍이 플라톤과 라이프니츠 같은 사람들이 '왜 세상은 텅 비어 있지 않고 뭔가가 있는가?' 하면서 궁금해했지만 그들은 끝내 답을 찾을 수 없었다. 하지만 우리는 전 시대 사람들은 꿈도 꾸지 못했던 우주와 만물의 기원을 알아냈다. 그리고 '우리가 어디서 왔는가?' 하는 문제에도 답을 찾아냈다.

우주는 138억 년 전 조그만 '원시의 알'이 대폭발을 일으켜 탄생했으며, 초신성들이 폭발해 남긴 별 먼지들이 우주를 떠돌다가 이윽고 우리 몸을 만들고 의식을 일구어왔다는 사실을 알게 된 것이 겨우 반세기밖에 안 된다. 말하자면 우리는 그 전에는 '근본'도 모른 채 살아왔다는 얘기다.

근본을 안다는 것은 참으로 중요한 일이다. 모든 것이 그 지점에서 출발하기 때문이다. 현대 과학에 힘입어 우리는 우리의 출발점을 알아냈고, 우주를 보는 것이 곧 우리 자신을 찾아가는 길이라는 사실도 깨닫게 되었다.

이처럼 우주는 나 자신과 떼려야 뗄 수 없는 근원적인 관계에 있는 것이다. 그러나 불행하게도, 많은 사람들이 이 같은 사실을 모른 채 살아간다. 자신의 출발점을 모르면 자신이 어디에 있는가를 알 수 없고, 자기가 있는 위치를 모른다면 자신의 삶을 온전히 살아내기가 어려울 건 뻔한 이치다. 그래서 "하늘을 잊고 사는 것은 그 자체가 재앙이다"라는 말까지 있다.

이 책은 나의 오랜 천문학 책 읽기의 소산이다. 일찍 돈벌이에서 손 놓고 시골 산속에 틀어박힌 후, 낮에는 책 읽고 밤에는 별 보면서 지낸 세월의 앙금이라고 할 수 있다.

이 책에서는 우주를 알아가는 데 있어 특히 중요한 토픽 27개를 골라서 나름대로 재미있고 이해하기 쉽게 쓰려고 노력했다. 책 제목을 『잠 안 오는 밤에 읽는 우주 토픽』이라 붙인 것도, 읽으면 잠 잘 오는 책이란 뜻이 아니라 잠 안 올 때 부담 없이 읽을 수 있는 우주 이야기란 뜻에서다. 우주를 읽고 사색하다가 하룻밤 꼴딱 지새운다면, 지구 행성에서 태어나서 그보다 뜻 깊은 추억이 어디 있겠는가 하는 기분도 담고 있다.

이 한 권으로 기본적인 천문학 큰 틀을 아우르는 얼개를 짜다 보니 전작인 『천문학 콘서트』에서 다룬 내용도 일부 가져올 수밖에 없었고, 또 토픽별로 집필하다 보니 다른 데서 말한 내용이 더러 중복되는 부분도 나올 수밖에 없었다고 변명하고 싶다. 널리 헤아려주시기 바라며, 끝으로 안톤 체호프의 소설 『세 자매』 속의 한 대목을 내려놓는다.

"두루미가 왜 나는지, 아이들이 왜 태어나는지, 하늘에 왜 별이 있는지 모르는 삶은 거부해야 한다. 이러한 것들을 모르고 살아간다면 모든 게 무의미하여 바람 속의 먼지 같을 것이다."

강화도 퇴모산에서 지은이 씀

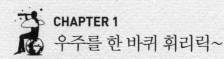

CHAPTER 2
정말 '별난' 별 이야기

CHAPTER 3
우리가 미처 모르는 '태양왕조실록'

CHAPTER 4
까마득한 우주 거리, 어떻게 쟀을까?

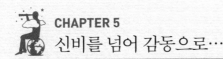

CHAPTER 5
신비를 넘어 감동으로…

Chapter 1

우주를
한바퀴
휘리릭
~

1 우주의 '일체무상'… 경험해보실래요?

우주 속에 '제자리'는 없다

 왜 내가 외로움을 느껴야 하는가? 우리의
행성은 은하수 속에 있지 않은가. **- 칼 세이**
건(미국 천문학자)

책상 앞에 앉아 있을 때, 우리는 조금의 움직임도 없이 정지해 있다고 '믿
는다'. 하지만 이것은 착각이다. 그 자리에 앉은 채 당신은 적어도 1초에
400m씩 강제로 공간 이동을 당하고 있는 중이다. 그것은 지구의 자전운동
때문이다.

지구가 24시간에 한 바퀴 도니까, 지구 둘레 4만km를 달리는 셈이다. 적
도 지방에 사는 사람이라면 1초에 500m, 북위 38°쯤에 사는 사람은 400m
씩 이동당하는 것이다. 이는 음속을 넘는 수치로 시속 1,500km에 달하는 맹
렬한 속도다. 항공기 속도의 두 배니까, 자동차로 이렇게 달린다면 날개 없이
도 공중부양을 할 것이다.

그런데 이것은 시작에 불과하다. 2단계로, 지구는 지금 이 순간에도 당신

을 싣고 태양 둘레를 쉼 없이 달리고 있는 중이 다. 지구에서 태양까지 거리를 1천문단위AU : Astronomical Unit라 하는 데, 약 1억 5,000만km 다. 그러니까 지구가 반 지름 1억 5,000만km인 원 둘레를 1년에 한 바 퀴 도는 셈인데, 그 속도 가 무려 초속 30km다.

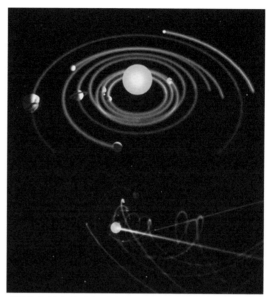

태양계의 실제 움직임. 태양은 그 자식인 행성들을 데리고 초속 200km라는 엄청난 속도로 우리은하 중심을 초점으로 하여 돌고 있다. (출처/유튜브 영상 캡처. The helical model – our solar system is a vortex)

그럼에도 우리는 왜 못 느낄까? 우리가 지구 라는 우주선을 타고 같 이 움직이고 있기 때문이다. 바다 위를 고요히 달리는 배 안에서는 배의 움직 임을 알 수 없는 거나 마찬가지다. 이것을 **갈릴레오의 상대성 원리**라고 한다.

3단계가 또 있다. 우리 태양계 자체가 우리은하 중심을 초점으로 하여 돌 고 있다. 시속 70만km라니까, 초속으로 따지면 약 200km다. 이처럼 맹렬한 속도로 달리더라도 은하를 한 바퀴 도는 데 걸리는 시간은 무려 2억 3,000만 년이나 된다. 이는 곧 광대한 태양계란 것도 은하에 비한다면 망망대해 속의 미더덕 하나만 한 존재라는 얘기다. 하긴 은하라는 것도 이 대우주의 크기에 비한다면 역시 대양 속의 거품 하나에 지나지 않는다. 그래서 어떤 천문학자는 "신이 인간만을 위해 이 우주를 창조했다면 공간을 너무 낭비한 것"이라고 푸념하기도 했다.

태양이 우리은하를 한 바퀴 도는 데 걸리는 시간을 **1은하년**이라 한다. 태양의 은하년 나이는 25살쯤 된다. 앞으로 그만큼 더 나이를 먹으면 태양도 장대한 생을 마감하게 된다. 적색거성으로 태양계 모든 행성들과 함께 종말을 맞을 것이다.

어쨌든 이 정도만 해도 멀미가 날 것 같은데, 이게 아직 끝이 아니다. 우리 **미리내 은하**(우리은하) 역시 맹렬한 속도로 우주 공간을 주파하고 있는 중이다.

우리은하는 안드로메다 은하, 마젤란 은하 등 약 40여 개의 은하들로 이루어져 있는 **국부은하군**에 속해 있다. 지금 이 국부은하군 전체가 처녀자리 은하단의 중력에 이끌려 바다뱀자리 쪽으로 달려가고 있는데, 그 속도가 무려 초속 600km나 된다.

마지막 결정적인 것 하나 더! 우주 공간 자체가 지금 이 순간에도 빛의 속도로 무한 팽창을 계속해가고 있으며, 수많은 별들이 탄생과 죽음의 윤회를 거듭하고 있다. 광막한 우주 공간을 수천억 은하들이 비산하고, 그 무수한 은하들 중에 한 조약돌인 우리은하 속에서도 태양계의 지구 행성 위에서 우리가 살고 있는 것이다. 이는 실제 상황이다.

따지고 보면 이 우주 속에서 원자 알갱이 하나도 잠시 제자리에 머무는 놈이 없는 셈이다. 이처럼 삼라만상의 모든 것들이 무서운 속도로 쉴 없이 움직이는 것이 이 대우주의 속성이다. 이를 일컬어 '**일체무상**一切無常'이라 한다.

당신은 지금 이 순간에도 우주의 '일체무상' 속에 몸을 담그고 있는 것이다. 이것은 소설이나 공상이 아니라 현실이다. 이 정도면 어질어질하신가? 하지만 우주는 너무나 조화롭기에 우리는 이 모든 격렬한 움직임에서 보호받으며 이렇게 평온 속에 살아가고 있는 것이다. 이것이 기적이 아니고 무엇일까.

우주는 이토록 위대하며 신비를 넘어 감동이다. 만약 당신이 시인의 마음으로 이 우주의 감동을 느낄 수 있다면, 그것만으로도 우주 속에 태어나서 본전은 뽑은 셈이 아닐까?

*유튜브 검색어→태양계 실제 움직임

2 우주 팽창, 이렇게 발견됐다!

20세기 천문학의 최고 영웅 이야기

 우리가 우주를 바라보며 경외감을 느끼는
것은 신의 의도를 무의식적으로만 느끼고
있기 때문이다. – 찰스 미스너(미국 우주론자)

과학사 최대의 발견, '우주 팽창'

인류의 오랜 과학사에서 최대의 과학적 발견 하나를 꼽으라면 서슴없이 '우주 팽창'을 드는 사람들이 적지 않다. 이 우주 팽창의 증거를 발견해 인류에 고함으로써 20세기 천문학의 최고 영웅이 된 사람은 허블 우주망원경, 허블의 법칙 등으로 너무나 잘 알려진 미국의 천문학자 **에드윈 허블**(1889~1953)이다.

허블은 여러 가지 면에서 문제적 인물이었다. 원래 그의 전공은 법학이었다. 젊은 시절 잠시 변호사협회에 이름을 걸어놓았다가 얼마 후 돌연 하던 일을 접고 시카고대학 천문학과에 들어갔다. 이에 대해 훗날 허블은 다음과 같이 말했다. "천문학은 성직과도 같다. 소명을 받아야 하기 때문이다. 나는 루이스빌에서 1년 동안 법률 업무에 종사한 다음에야 비로소 그 소명을 받았다."

30살이던 1919년, 허블은 은사인 **조지 헤일**의 추천으로 천문대에서 근무하기 위해 윌슨 산으로 들어갔다. 말 그대로 입산이었다. 해발 1,800m 산꼭대기에 있는 윌슨 산 천문대에는 당시 세계 최대인 2.5m 반사망원경이 설치되어 있었다.

윌슨 산 꼭대기에서 허블은 먼 우주에서 희미하게 빛나는 성운들을 향해 망원경의 주경을 겨누고는 사진을 찍고, 스펙트럼을 찍기 시작했다. 그것은 때로는 열흘 밤을 꼬박 지새워야 하는 고된 작업이었다.

허블의 박사 학위 논문 주제는 '희미한 성운'이었다. 라틴어로 **'안개'**를 뜻하는 성운Nebula은 20세기 초만 해도 정말 안개에 가려진 천체였다. 그는 늘 희미한 빛 뭉치인 성운에 대해 '저 가스 구름들은 과연 우리은하 안에 있는 것인가, 아니면 은하 바깥을 떠도는 별들의 도시인가?' 궁금해하며 망원경 주경을 성운으로 고정시켰다.

이 대목에서 우리는 또 한 명의 사나이를 떠올리지 않을 수 없다. 허블의 조수였던 그 사내 역시 천문학사에서는 전설이 된 존재이다. 그는 원래 노새 몰이꾼이었다. 이름은 **밀턴 휴메이슨**(1891~1972), 나이는 허블보다 두 살 아래였다.

윌슨 산 천문대로 장비나 생필품을 운반하는 잡일꾼으로 일했던 휴메이슨은 일찌감치 중2 때 학업을 때려치우고 당구와 도박, 여자 후리기에 한가락 했던 사내로, 말하자면 건달 출신이었다. 그런데 머리가 영리하고 호기심도 풍부한데다 도박으로 다져진 눈썰미와 손재주, 머리 회전에 힘입어 천문대의 각종 장비와 기계에 대해 질문하고 익히고 하는 새에 어느덧 엔지니어 비

허블이 우리은하 밖에서 발견한 최초의 천체인 안드로메다 은하. 이 발견으로 은하들 뒤에 다시 무수한 은하들이 늘어서 있는 무한에 가까운 우주임이 밝혀졌다. (출처/NASA)

숫한 수준까지 되었다.

　이 중학 중퇴 건달과 허풍기 있는 천문학 박사는 만나자마자 악동들처럼 서로 죽이 잘 맞았다. 휴메이슨은 일을 시작하자 이내 양질의 은하 스펙트럼을 얻는 데 어떤 천문학자보다 뛰어난 역량을 발휘했고, 나중엔 휴메이슨 혜성을 발견하는 등 훌륭한 업적 또한 많이 남겨 완벽한 천문학자로 인정받게 되었다. 건달에서 천문학자로의 놀라운 변신이었다.

허풍기 있는 20세기 천문학 영웅

1923년 10월 어느 날 밤, 마침내 허블은 생애 최고의 사진을 찍었다. 그는 2.5m 반사망원경을 이용해 안드로메다 대성운으로 알려진 M31과 삼각형자리 나선은하 M33의 사진을 찍었다. 며칠 후 안드로메다 성운 사진 건판을 분석하던 허블은 갑자기 "유레카!"를 크게 외쳤다. 성운 안에 찍혀 있는 **세페이드 변광성**[*]을 발견한 것이다.

1912년 **헨리에타 레빗**이 변광성의 주기와 밝기가 밀접한 관계가 있음을 발견하고 이를 우주를 재는 표준 촛불로 삼아, 그때까지 알려지지 않았던 하늘의 자를 제공한 바 있었다. 레빗의 발견을 잘 알고 있던 허블은 안드로메다 변광성의 주기를 측정해본 결과 31.4일이라는 것을 알아냈다. 여기에다 레빗의 자를 들이대어 지구까지의 거리를 계산해보니 놀랍게도 **93만 광년**이란 답이 나왔다! 우리은하 크기보다 10배나 멀리 떨어져 있는 게 아닌가.

단순히 나선 모양의 성운으로만 알고 있던 안드로메다는 사실 우리은하를 까마득히 넘어선 곳에 있는 독립된 나선은하였다. 칸트의 **섬 우주론**이 200년 만에 완벽히 증명된 셈이었다. 이로써 인류 역사상 가장 먼 거리를 측정했던 허블은 새로운 우주 공간의 문을 활짝 열어젖혔고, 이 하나의 발견으로 일약 천문학계의 영웅으로 떠올랐다.

나중에 알려진 사실이지만, 허블의 계산은 참값과는 큰 차이가 나는 것이었다. 현재 알려진 안드로메다 은하까지의 거리는 그 두 배가 넘는 **250만 광년**이다.

세페이드 변광성 변광성의 한 종류로, 변광 주기와 절대광도 사이에 정확한 관계성을 가져 우주 거리를 재는 표준 촛불로 불리는 별이다.

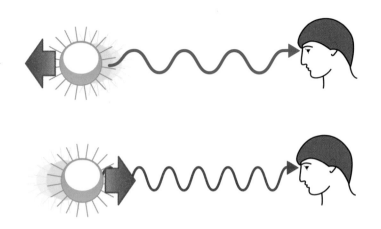

적색이동. 광원이 멀어지면 적색이동이, 가까워지면 청색이동이 잡힌다.

밤하늘에서 빛나는 모든 것들이 우리은하 안에 속해 있다고 믿고 있던 사람들에게 이 발견은 청천벽력과도 같았다. 갑자기 우리 태양계는 조그만 물웅덩이 정도로 축소돼버리고, 태양은 우주라는 드넓은 바닷가의 한 알갱이 모래에 지나지 않은 것이 되었다. 허블의 발견으로 은하들 뒤에 다시 무수한 은하들이 늘어서 있는 무한에 가까운 우주임이 드러난 것이다. 인류에게 이것은 근본적인 계시였다.

과학자들은 은하들이 제자리에 고정돼 있지 않다는 사실을 일찍부터 알고 있었다. 1912년, 로웰 천문대의 **베스토 슬라이퍼**는 은하 스펙트럼에서 **적색이동***을 발견하고, 은하들이 엄청난 속도로 지구로부터 멀어지고 있다는 사실

적색이동　별이 멀어질 때 나오는 빛의 파장이 길어지는 도플러 효과에 의해 파장에서 빛의 중심이 긴 쪽(적색)으로 약간 이동하는 효과. 적색편이라고도 한다.

을 처음으로 알아냈다.

허블은 슬라이퍼의 연구를 기초로 삼고, 그동안 24개의 은하를 집요하게 추적해서 얻은 자신의 관측 자료를 정리해 거리와 속도를 반비례시킨 표에다가 은하들을 집어넣었다. 그 결과 놀라운 사실이 하나 드러났다. 멀리 있는 은하일수록 더 빠른 속도로 멀어져가고 있는 것이다.

은하는 후퇴하고 있다. 먼 은하일수록 후퇴 속도는 더 빠르다. 그리고 은하의 이동 속도를 거리로 나눈 값은 항상 일정하다. 이것이 1929년에 발표된 허블 법칙이다(사실 허블-휴메이슨 법칙이라 불러야 공평하다).

훗날 이 상수는 **허블 상수**로 불리며, 'H'로 표시된다. 허블 상수는 우주의 팽창 속도를 알려주는 지표로서, 이것만 정확히 알아낸다면 우주의 크기와 나이를 구할 수 있다. 그래서 이 허블 상수는 우주의 로제타 석에 비유되기도 한다.

허블은 그 값을 550km/s/Mpc[100만pc(파섹)만큼 떨어진 천체는 1초에 550km의 속도로 멀어진다는 뜻. 1pc은 3.26광년]이라고 구했다. 그것을 적용하면 우주의 나이가 20억 년밖에 안 되는 것으로 나온다.

20세기가 끝나도록 과학자들은 허블 상수의 정확한 값을 놓고 열띤 논쟁을 벌였다. 이를 두고 '**허블 전쟁**'이라고까지 했다. 2006년 찬드라 X-선 관측선의 관측을 기반으로 비례상수가 77(km/s/Mpc) 근처라는 것이 확인되었다. 이 허블 상수의 역수는 약 150억 년인데, 이러한 우주 시간 척도는 우주의 나이에 대한 대략적인 측정치일 뿐이다.

지금도 허블 상수는 천문학에서 가장 중요한 상수로 다뤄지고 있다. 이 허블의 법칙을 식으로 나타내면 다음과 같다.

우주 팽창을 발견한 에드윈 허블과 윌슨 산 천문대의 후커 망원경. (출처/Emilio Segre Visual Archives, AIP, SPL)

$$V = Hr$$

V : 은하의 후퇴 속도(km/s), r : 은하까지의 거리(Mpc), H : 허블 상수(km/s/Mpc)

이로써 여러 세기 동안 과학자들을 괴롭혀왔던 **벤틀리의 역설**[*]과 **올베르스의**

벤틀리의 역설 리처드 벤틀리(1662~1742)라는 한 영국 성직자가 뉴턴의 중력 이론이 지닌 모순을 지적한 내용. 뉴턴의 중력 이론으로 볼 때, 우주가 유한하면 별들이 결국 한 점으로 붕괴되어 충돌하는 처참한 종말을 맞을 것이며, 우주가 무한하다면 우주는 각 방향으로 찢어져 혼돈에 찬 종말을 맞이할 것이라는 주장. 뉴턴은 이에 대해 사방에서 당기는 중력의 힘이 균형을 이루어 현상 유지가 되는 것이라면서, 가끔은 신의 손길이 필요할 것이라고 답했다.

올베르스의 역설 1823년 독일의 천문학자인 하인리히 올베르스(1758~1840)가 제기한 것으로, 우주가 무한하다면 우리의 시선이 어느 별에든 닿을 것이므로 밤하늘이 밝아야 하는데 실제로는 어두우니, 이는 역설이라는 것이다. 이는 곧 어두운 밤하늘이 무한하고 정적인 우주관에 모순됨을 보여준다. 이 역설은 우주가 팽창한다는 빅뱅 이론을 지지하는 증거 중 하나로, '어두운 밤하늘 역설'이라고도 한다.

허블 우주망원경. 26년째 우주에 떠서 인류의 우주관을 바꾸어놓고 있다. (출처/NASA)

역설*도 비로소 우주 팽창이라는 정답을 얻게 되었다. 그러나 당시에는 허블 자신까지 포함해서 이것이 우주의 기원과 연관되어 있으며, 모든 것의 근본을 건드리는 심오한 문제라고 눈치챈 사람은 아무도 없었다.

1929년 우주가 팽창하고 있다는 사실이 발표되었을 때 엄청난 충격을 사람들에게 던져주었다. 이 우주가 지금 이 순간에도 무서운 속도로 팽창하고 있으며, 우리가 발붙이고 사는 이 세상에 고정되어 있는 거라곤 하나도 없다는 이 현기증 나는 사실에 사람들은 황망해했다. 최초로 인류가 지구상을 걸어다닌 이래 우리 인간사가 불안정하다는 것을 알고는 있었지만, 20세기에 들어와서는 하늘마저도 불안정하다는 사실을 깨닫게 된 것이다. 그것은 제행무상諸行無常의 대우주였다.

허블은 죽을 때까지 열성적으로 은하를 관측했다. 1953년, 허블은 **팔로마산 천문대**의 지름 5m짜리 거대 망원경 앞에서 며칠 밤을 새워 관측할 준비를 하던 중 갑작스런 심장마비로 숨졌다. 대천문학자다운 열반이었다. 향년 64세.

허블의 업적은 노벨상을 넘어서는 것이었지만, 당시에는 천문학이 제외되어 있어서 상을 받지 못했다. 하지만 얼마 후 규정이 바뀌어 노벨 물리학상을 허블에게 주려 했으나, 이번에는 받을 사람이 없었다. 바로 얼마 전에 허블이 타계한 것이다. 노벨상을 받으려면 일단 명이 길어야 하는 게 선결 문제다.

1990년 우주 공간으로 쏘아올려진 우주망원경에 허블의 업적을 기리는 뜻에서 그의 이름이 붙여졌다. 지금도 지구 중심 궤도를 95분마다 한 바퀴씩 돌며 먼 우주를 담아 보내고 있는 허블 우주망원경은 예상 수명 15년을 훌쩍 넘어 2022년 4월 24일로 관측 32주년을 맞았다. 2021년 12월 25일 허블의 뒤를 잇는 차세대 제임스웹 우주망원경이 발사되었지만, 이변이 없는 한 허블은 2030~2040년까지 계속 운용될 전망이다.

*유튜브 검색어→올베르스의 역설

3 '빅뱅'은 어디서 터졌나?
지금 당신이 있는 그 자리가 '빅뱅 현장'이다!

 세상에 공짜는 없다. 그러나 우주는 그 자체가 완
전 공짜 점심이다. ─앨런 구스(미국 우주론자)

어제 없는 오늘

"왜 세상에는 아무것도 없지 않고 무엇인가가 있는가?"라는 원초적 질문
을 던진 사람은 17세기 독일의 철학자이자 수학자인 **고트프리트 라이프니츠**
였다. 미적분의 발견 업적을 놓고 뉴턴과 맞선 것으로도 유명한 라이프니츠
는 또 이렇게 말했다.

"이 세상이 환상일 수도 있고, 모든 존재는 꿈에 불과할지도 모르지만, 내
가 보기에 이들은 너무도 현실적이어서 우리가 환상에 현혹되지 않고 있다
는 것을 입증하기에 충분하다."

그렇다면 우리를 둘러싸고 있는 삼라만상의 모든 물질들은 다 어디에서
왔단 말인가?

물론 이런 의문을 품었던 사람이 라이프니츠뿐만은 아니었다. 지구상에

빅뱅의 순간을 표현한 상상도. 원시 원자에서 태어난 우주는 최초의 아주 짧은 순간에 엄청난 속도로 팽창했다. (출처/ESA – XMM Newton, NASA)

인류가 나타난 이래 수많은 사람들이 이 같은 질문을 던졌지만, 이에 대해 정확한 답을 한 사람은 20세기 초반이 되기까지도 아무도 없었다.

인류의 이 유서 깊은 질문, "만물은 어디에서 비롯되었는가?"에 대한 최초의 과학적인 답변은 1927년 로만 칼라를 한 옷을 입은 벨기에의 가톨릭 신부이자 천문학자인 **조르주 르메트르**(1894~1966)가 내놓았다.

대학생 때 토목공학을 공부하다가 제1차 세계대전에 참전한 후 천문학으로 방향을 튼 르메트르는 1927년, 팽창하는 우주를 나타내는 논문 「일정한 질량을 갖지만 팽창하는 균등한 우주를 통한 우리은하 밖 성운들의 시선 속도에 대한 설명」을 발표, 매우 높은 에너지를 가진 작은 '원시 원자'가 거대한 폭발을 일으켜 우주가 되었다는 대폭발 이론을 최초로 내놓았다. 그는 우주의 기원에 대한 자신의 이론을 '**원시 원자에 대한 가설**'이라 불렀다.

르메트르는 후일 빅뱅 이론으로 발전

빅뱅 이론의 시조 조르주 르메트르. 신과 과학을 함께 믿은 사람이었다. (출처/위키)

된 이 가설에서 우주는 팽창하고 있으며, 이러한 팽창을 거슬러 올라가면 우주의 기원, 즉 '어제 없는 오늘The Day without yesterday'이라고 불렀던 태초의 시공간에 도달한다는 선구적 이론을 펼쳐냈다.

그러나 그의 이론은 당시에 그다지 주목받지 못했다. 알베르트 아인슈타인(1879~1955)을 만난 르메트르가 자신의 우주론을 설명했지만, 아인슈타인으로부터 "당신의 계산은 옳지만, 당신의 물리는 끔찍합니다"라는 끔찍한 혹평을 받기까지 했다.

르메트르의 '가설'은 나중에 빅뱅 이론이라고 불리게 되었는데, 여기에는 재미있는 일화가 있다. 우주가 영원 이전부터 지금까지 정적인 상태로 존재한다는 이른바 정상 우주론자인 영국의 천문학자 **프레드 호일**이 라디오 대담에서 대폭발 이론을 비꼬는 뜻으로 "그럼 '빅뱅'이라도 있었다는 거야?" 하고 말한 데서 빅뱅이란 이름이 탄생했던 것이다.

공간과 시간이 응축된 한 점이 폭발하여 우주가 출발했다는 르메트르의

'빅뱅' 현장에 서 있는 천문학자 닐 타이슨. '새 코스모스' 시리즈의 한 장면. (출처/NGC)

빅뱅 이론은 이처럼 처음에는 푸대접을 면치 못했지만, 흐르는 시간은 르메트르의 편이었다. 빅뱅 이론이 세상에 나온 지 2년 만인 1929년, 한없이 정적으로만 보이던 이 대우주가 기실은 무서운 속도로 팽창하고 있다는 사실이 관측으로 밝혀진 것이다. 그 사실을 발견한 사람은 앞서 말한 대로 미국의 신출내기 천문학자 **에드윈 허블**로, 그는 이 발견 하나로 20세기 천문학의 최고 영웅이 되었다.

허블의 결론은, 우주의 모든 은하들은 방향에 관계없이 우리은하로부터 멀어져가고 있으며, 그 후퇴 속도는 먼 은하일수록 더 빠르다는 것이다. 거리와 후퇴 속도와의 관계는 이른바 **허블 법칙**으로 알려졌다. 과학사에서 최대의 발견으로 꼽히는 허블의 이 '우주 팽창'은 르메트르가 우주 원리를 통해 예견한 바 있었다.

이처럼 우주의 모든 은하들이 우리로부터 멀어져가고 있지만, 그렇다고 우리은하가 그 중심이라는 뜻은 아니다. 서로가 서로에게 같은 비율로 멀어져가고 있는 것이다.

서울광장에 줄지어 놓인 걸상을 생각해보자. 각 걸상들이 같은 비율로 간격을 벌려가고 있다면, 거기에는 달리 중심이란 게 있을 수가 없다. 한 차원을 늘려 3차원으로 생각해보자. 만약 밀가루 반죽에 건포도를 박아넣고 굽는다면, 빵이 부풀 때 건포도의 간격들 역시 벌어질 것이다.

이와 같이 온 우주에 있는 은하들은 그 사이의 공간이 팽창함에 따라 기약 없이 서로에게 멀어져가고 있는 중이다. 따라서 이 우주에는 중심도, 가장자리도 달리 없다.

빅뱅의 강력한 물증

빅뱅의 결정적인 증거는 그로부터 30여 년 후에 발견되었다. 1964년, 우주의 극초단파를 연구하는 천문학자들이 우주에서 소음이 난다는 사실을 발견했다. 이 소음은 어떤 한 영역에서 오는 것이 아니라, 우주의 모든 곳에서 균일하게 오는 것이었다. 미국 벨 연구소의 **아노 펜지어스**와 **로버트 윌슨**이 최초로 발견한 이 마이크로파 잡음은 바로 빅뱅의 잔향으로, **우주배경복사**로 불리는 것이었다.

우리는 이 빅뱅의 화석인 마이크로파를 직접 눈으로 볼 수도 있다. TV에서 방송이 없는 채널을 틀 때 지직거리는 줄무늬 중 1/100은 바로 우주배경복사다. 우주가 탄생할 때 발생한 그 열기가 식어서 된 3K(켈빈)의 마이크로파가 138억 년의 시공간을 넘어 우리 집 TV 안테나를 통해 보이는 것이다.

어쨌든 펜지어스와 윌슨이 발견한 우주배경복사는 **정상 상태 우주론**의 도전을 물리치고 빅뱅 모델에게 승리를 가져다주는 데 결정적인 역할을 했고, 이로써 인류는 비로소 만물이 태초의 한 원시 원자에서 출발했다는 답을 갖게 되었다.

만물의 기원을 과학적으로 설명한 빅뱅 이론은 20세기에 이룩된 가장 위대한 과학적 성취로 꼽힌다. 이 소식을 라이프니츠가 들었다면 아주 기뻐했을 게 틀림없다.

그런데 138억 년 전 빅뱅이 있었다면, 그 장소는 어디일까? 앞에서 말했듯이 우주는 중심도, 가장자리도 없는 구조이므로, 당연히 빅뱅이 일어난 곳은 이 우주 전체일 수밖에 없다. 그 한 점 공간이 팽창되어서 오늘에 이르고 있으므로 바로 당신이 있는 그곳이 빅뱅이 일어난 현장이라고 해도 틀린 말은 아니다.

우주론이 이쯤에 이르면 다음과 같은 질문이 나오게 마련이다. "그렇다면 빅뱅 이전에는 무엇이 있었나?"

이에 대한 천문학자들의 답은 이렇다. "빅뱅과 함께 시간과 공간이 탄생했으므로 그런 질문은 성립되지 않는다. 북극점에서 북쪽이 어디냐고 묻는 것이나 같다."

4 은하는 왜 돌까?

초속 270km로 도는 우리은하

 우리가 경험할 수 있는 가장 아름다운 감정은
신비감이다. 더 이상 신비감을 느끼지 못하는
삶은 죽어버린 삶이다. ─아인슈타인

미리내 은하

우리는 은하에 살고 있다. 더 정확히 말하자면 우리은하, 곧 **미리내 은하**에 살고 있다.

밤하늘에 동서로 길게 누워 가는 빛의 강인 은하수를 우리 선조들은 '미리내'라고 불렀다. 태양계가 있는 우리은하를 그래서 미리내 은하라고도 한다. 그러니까 은하수는 고유명사이고, 은하는 보통명사로 서로 다른 말임을 알 수 있다.

먼저 은하라는 말은 일반명사로, 영어로는 갤럭시Galaxy다. 이 말을 더러 은하수와 뒤섞어 쓰기도 하는데, 엄격히 분리해 쓰는 게 과학적이다. 은하수란 우리의 천구天球 위에 구름 띠 모양으로 길게 뻗어 있는 수많은 천체의 무리를 가리키는 고유명사다. 서울을 관통하는 강을 한강이라고 부르는 것이나 같다.

서양에서는 은하수를 밀키웨이Milky way라 하는데, 그리스 신화에 의하면 헤라 여신의 젖이 뿜어져나와 만들어진 것이라 한다.

은하수를 가리키는 미리내의 '미리'는 용을 일컫는 우리 고어 '미르'에서 왔다니까, 한자어로 하면 용천龍川쯤 되겠다. 그럴듯한 이름이다. 밀키웨이 보다 미리내란 우리 이름이 더 품위 있다. 그래서 태양계가 있는 우리은하를 미리내 은하라고도 하며, 흔히 '우리은하'로 통칭하는데 '우리나라'처럼 붙여 쓰는 게 자연스럽다.

지금은 은하수가 엄청 많은 별들의 띠라는 것이 상식이 되었지만, 인류가 그 사실을 안 것은 400년밖에 되지 않았다. 그것이 별들의 집단이라는 사실을 최초로 인류에게 보고한 사람은 1610년 자작 망원경으로 관측한 **갈릴레오 갈릴레이**(1564~1642)였다.

가운데가 약간 도톰한 원반 꼴인 우리은하의 크기는 지름이 약 10만 광년, 가장자리는 5,000광년, 중심 부분은 2만 광년이다. 은하가 이처럼 납작한 이유는 은하 자체의 회전운동 때문이다.

10만 광년이란 과연 얼마만한 거리일까? 은하 이쪽 끝에서 안부 전파를 쏘아보내 저쪽 끝에 사는 외계인의 답신 전파를 받으려면 자그마치 20만 년 이후에나 받을 수 있는 거다. 가장 빠른 로켓으로 가더라도 한 10억 년은 걸린다. 우주 속의 조약돌 한 개라는 우리은하만 해도 그렇다는 말이다.

우리은하의 중심핵Bulge이 있는 **팽대부**에는 늙고 오래된 별들이 공 모양으로 밀집해 있고, 그 주위를 젊고 푸른 별, 가스, 먼지 등으로 이루어진 나선팔이 뻗어나와 있다. 그 외곽에는 주로 가스, 먼지, 구상성단 등의 별과 암흑물질로 이루어진 **헤일로**Halo가 은하 주위를 감싸고 있으며, 이 안에 약 3,000억 개의 별들이 중력의 힘으로 묶여 있다.

태양 역시 그 3,000억 개 별 중 평범한 하나일 따름이다. 태양은 우리은하의 중심으로부터 은하 반지름의 2/3쯤 되는 거리에 있으며, 나선팔 중의 하나인 **오리온 팔**의 안쪽 가장자리에 있다.

그렇다면 은하수는 왜 띠처럼 보이는 걸까? 그 해답은 우리은하가 옆에서 보면 프라이팬 위에 놓인 계란 프라이와 흡사한 원반 모양을 하고 있다는 데 있다.

은하 중심에서 2만 3,000광년쯤 떨어진 변두리에 있는 태양계는 은하 중심을 보며 공전하므로, 지구에서 볼 때 7만 광년 거리의 중첩된 중심부와 먼 가장자리 별들이 그처럼 밝은 띠로 보이는 것이다. 또 은하수가 천구를 거의 똑같이 나누고 있다는 사실에서 우리는 태양계가 은하면에서 그리 멀리 떨어져 있지 않다는 것을 알 수 있다.

그런데 더 놀라운 사실은 200년도 더 전에 독일의 철학자 **임마누엘 칸트**(1724~1804)가 은하수를 이렇게 정확히 설명했다는 것이다. 놀라운 예지와 직관력이라 하지 않을 수 없다. 칸트는 직접 망원경으로 천체를 관측하기도 한 아마추어 천문가였다. 말하자면 '별 볼 일' 있는 사람이었다. 그는 '**성운설**'을 주창하는 등 당대 최고의 우주론자이기도 했다.

그럼 은하는 언제, 어떻게 생겨난 것일까? 약 138억 년 전 '**우주의 알**'이 깨어졌다. 현대 물리학에서는 이것을 빅뱅, 곧 **'특이점의 대폭발'**이라 하고, 이에 따른 물리적 이론들을 전개하지만, 왜 그런 폭발이 일어났는지에 대해서는 아직까지 어느 누구도 설명하지 못하고 있다. 우주의 탄생은 신비 중의 신비이지만 또 다른 이야기가 되므로 여기서는 잠시 제쳐두고, 은하 탄생의 프롤로그 정도로 생각해두기로 하자.

깨어진 알 속에서 엄청난 에너지와 물질이 쏟아져나와 놀라운 속도로 팽창해가기 시작했다. 이것이 바로 물질과 시간, 공간의 탄생으로, 그 전에는 시공간 자체가 존재하지 않는 '무無'였다. 그게 뭔가? 모른다. 인간의 이성은 여기서 작동을 멈춘다. 어쨌든 그 팽창은 오늘 이 시각까지 한시도 쉬지 않고 계속되고 있다. 지금도 우주는 빛의 속도로 팽창 중이란 뜻이다.

우주 초기의 원시 물질과 에너지의 복잡한 얽힘과 그 진화에 대한 자세한 풀이는 줄이기로 하자. 공간이 팽창함에 따라 우주 물질과 에너지도 점차 식어갔고, 어느덧 태초의 우주 공간은 수소와 약간의 헬륨 원시 구름으로 채워지기에 이르렀다. 그래서 천문학자들은 성서에서 태초에 하나님이 '말씀'으로 천지를 창조했다고 하는데, 그 말씀은 바로 '수소'였다고 우스갯소리를 하기도 한다.

130억 년이 넘는 우리은하

하지만 이 모든 사실보다 우리의 관심을 끄는 것은 우리은하가 지금 이 순간에도 무서운 속도로 팽이처럼 돌고 있다는 사실이다.

미국 국립전파천문대의 최근 관측 결과에 따르면, 우리은하의 회전 속도

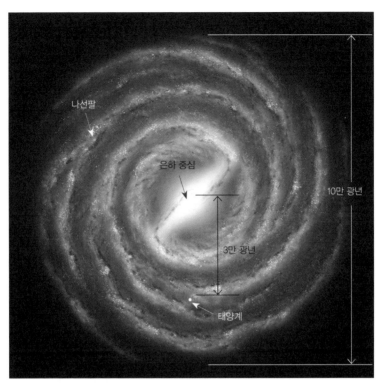

위에서 본 우리은하 상상도. 우리은하는 몇 개의 팔을 가진 나선은하다. 은하 중심에서 발원한
이 팔들에는 별들의 분만실이 있는데, 그림에서 보이는 붉은 수소 구름 뭉치들이 바로 그것들
이다. 우리 태양계는 오리온 나선팔이 갈라져나온 지점에 있다. (출처/NASA)

는 자그마치 초당 270km나 되며, 한 바퀴 도는 데는 2억 3,000만 년이 걸린
다. 은하가 지금 있는 위치에서 한 바퀴 전이었을 때는 공룡들이 지구를 점령
하고 있을 무렵이었다. 우주 탄생 직후에 태어나 거의 우주 나이와 맞먹는 우
리은하는 130억 년이 넘게 이러한 뺑뺑이운동을 계속하고 있는 셈이다.

　과학자들이 극대배열 전파망원경VLBA을 사용해 은하 나선팔에 있는 별들
의 분만실을 집중적으로 관측했다. 여기서 일어나는 격렬한 가스 분자운동

은 강력한 라디오파를 발생시키는데, 이 '우주 분자 증폭기'를 측량 기준점으로 삼아 전 은하에 걸쳐 지도를 작성하면 은하 회전의 전모를 알 수 있다. 하지만 그렇다고 최초의 회전운동을 야기한 단서까지 알려주는 것은 아니다.

은하 회전에 대한 비밀을 알려면 아무래도 태고의 우주로 돌아가지 않으면 안 된다. 오늘의 은하를 탄생시킨 당시, 어떤 물질들이 어떤 운동을 했던가를 알아내는 것이 관건이기 때문이다.

우주 생성 모델에 따르면, 태초의 우주 공간에는 수소와 헬륨 구름만이 가득 차 있었음을 알려준다. 문제는 이 분자 구름들이 우주 공간에 균일하게 분포되어 있지 않고 지역에 따라 약간의 편차를 갖고 있었다는 데 있다. 이 편차에서 인력 차가 발생해 물질들이 뭉쳐지기 시작했던 것이다.

처음에는 균일하게 퍼져 있던 이 가스 구름이 중력으로 점차 뭉치면서 서서히 회전하기 시작했다. 그것은 말 그대로 우주적인 규모였다. 조그만 태양계를 만든 어버이 원시 구름의 지름이 32조km, 약 3광년의 크기였다고 하니, 은하를 이룰 만한 원시 구름의 크기란 상상을 뛰어넘는 규모였을 것이다.

물질이 뭉쳐지면 하나의 중심을 향해 원운동을 하게 된다. 그리고 점점 많이 뭉쳐질수록 각운동량 불변의 법칙에 따라 회전은 빨라지게 된다. 피겨 선수들이 회전할 때 팔을 오므리면 더 빨리 도는 것과 마찬가지다. 또 회전이 빠를수록 원반은 더 얇아진다. 이것 역시 공중에서 피자 반죽을 돌리는 것과 같은 이치다.

이윽고 원반체의 중심에는 지름 수천만km의 거대한 수소 공이 자리 잡게 되고, 수소 공 중심은 엄청난 고열과 고압 상태가 되어 1,000만°C에 이르면 마침내 **수소 핵융합 반응**이 일어나는 것이다. 이것이 바로 별의 탄생이며, 이런 별들이 수천억 개 집단적으로 만들어져 한 중력권에 묶여 있는 것이 바로 은하, 별들의 부락이라 할 수 있다.

그럼 우리은하는 언제 태어났을까? 우리은하의 나이를 정확히 알아내기는 불가능하지만, 대략의 나이를 추정해볼 방법은 있다. 바로 우리은하의 별 중 가장 늙은 별의 나이를 통해 알아보는 방법이다.

현재까지 밝혀진 우리은하에서 가장 오래된 별의 나이는 약 132억 년이고, 주위를 공전하는 **구상성단**에서 약 136억 년의 나이로 밝혀진 별이 발견되고 있다. 이들 구상성단이 우리은하와 거의 동시에 탄생했을 걸로 추정하면, 우리은하의 나이는 현재 우주의 나이인 138억 년에 얼추 근접할 것으로 보인다. 그러니 우리은하는 제1세대 은하인 셈이다.

나이가 130억 년을 훌쩍 넘는 우리은하지만, 최초의 각운동량은 여전히 남아서 오늘날까지 우리은하를 초속 270km라는 맹렬한 속도로 돌리고 있는 것이다.

이렇게 볼 때 은하를 따라 돌고 있는 우리는, 따지고 보면 130억 년이 넘는 아득한 태고의 우주와 이어져 있는 존재라는 것을 알 수 있다. 지구가 돌고, 낮과 밤, 계절이 생기는 이유 역시 태고의 그 각운동량이다. 우리 몸을 이루고 있는 수소, 산소 등의 물질 역시 마찬가지다. 우리는 어느 날 하늘에서 뚝 떨어진 것이 아니라, 138억 년 우주의 역사와 이어져 있는 참으로 유서 깊은 존재이자 우주의 일부인 것이다.

5 은하도 진화한다

우리은하가 안드로메다 은하와 충돌한다

 하늘과 땅이 내 나이와 같고, 만물이 결국
하나다. - **장자**

우리은하는 막대나선은하

은하들은 각기 크기·구성·구조 등이 상당히 다르다. 그중 나선은하의 대략적인 모습을 살펴보면, 중심 근처에 많은 별들이 몰려 있어 불룩해 보이는 팽대부, 주위의 나선팔, 은하 둘레를 멀리 구형으로 감싸고 있는 별들과 구상성단, 성간물질 등으로 이루어진 헤일로, 그리고 은하 중심인 은하핵으로 나눌 수 있다.

은하들은 대개는 몇 개에서 1만 개에 이르는 은하들로 구성된 은하단에 속해 있다. 은하의 지름은 보통 수만 광년으로 측정된다. 은하 간 거리는 평균 약 100만~200만 광년이고, 은하단 간 공간은 이것의 100배 정도 된다.

보통 수십억 개에서 수천억 개의 별들을 거느리고 있는 은하는 형태에 따라 타원은하, 나선은하, 불규칙은하 등으로 나뉜다. 하늘에서 밝은 은하 중

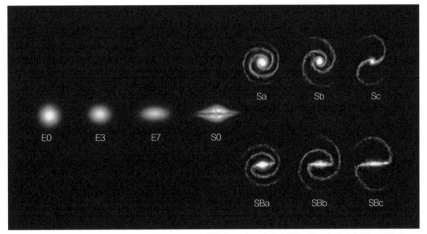

허블이 분류한 은하의 종류. E는 타원은하, S는 내선은하, SB는 막대나선은하를 가리킨다. (출처/위키)

약 70%는 나선은하이며, 우리 미리내 은하는 막대나선은하다. 이전에는 우리은하가 나선은하에 속하는 것으로 보았지만, 2005년 스피처 적외선 망원경으로 조사한 결과, 중심핵으로부터 지름 2만 7,000광년 길이의 막대 구조가 있다는 것이 확인되었다.

은하에 대한 재미있는 얘기는, 20세기 초까지만 해도 사람들이 우리은하계를 우주의 전부로 알았다는 사실이다. 우리은하가 곧 전 우주였던 셈이다.

별 사이로 떠돌아다니는 정체불명의 뿌연 구름 덩어리는 모두 **성운이**라 불렸다. 하지만 망원경의 성능이 향상되고 관측 기술이 발전하면서, 이런 성운들 중에는 수많은 별들이 모여 있는 별들의 집단, 즉 은하가 있다는 것을 알게 되었다.

우리은하계 밖에 있는 은하를 **외부은하**라 부르는데, 성운으로만 알고 있던 천체가 우리은하처럼 많은 별을 거느린 외부은하임을 처음 밝혀낸 사람은 미국의 천문학자 에드윈 허블이었다. 그는 나선 모양의 성운들이 '우주'라는 확실한 증거를 제시했는데, 1923년 안드로메다 성운의 흐릿한 구름 덩어리가 실은 어마어마한 별들의 집단으로, 외부은하라는 사실을 밝혀낸 것이다.

우주에는 이런 외부은하들이 수없이 많다. 사람들이 도시에 모여 살듯이, 별들은 은하에 모여 사는 것이다. 은하는 우주의 바다에 떠 있는 별들의 섬인 셈이다.

그런데 이미 200년 전에 이들 외부은하의 존재를 예측했던 사람이 있었다. 바로 철학자 칸트였다. 망원경으로 밤하늘에서 빛나는 나선 형태의 성운을 관측하기도 했던 칸트는 안드로메다자리에 보이는 M31이 수많은 별들로 구성된 또 하나의 은하일 것이라는 구체적인 제안을 했을 뿐만 아니라, 이러한 나선형 성운에 '**섬 우주**Island universe'라는 멋진 이름을 붙여주기까지 했다. 참으로 놀라운 예지력이라 하지 않을 수 없다.

거대한 우주의 구조

지금 우리는 우주의 은하 총수가 2,000억 개나 된다는 사실을 알고 있다. 참으로 엄청난 숫자다. 북두칠성의 됫박 안에만도 약 300개의 은하가 들어 있다고 한다. 우리은하 속 개구리였던 인간의 사고 폭이 반세기 만에 2,000억 배나 확대되었다고 할 수 있다.

사람들이 모여서 사회를 이루고 살듯이 천체들도 떼 지어 모여다니는 습관을 갖고 있다. 우리은하도 조그만 은하 부락의 한 구성원인데, 그 안에는

충돌하는 우리은하(오른쪽)와 안드로메다 은하(M31) 상상도. 약 37억 5,000만 년 후 두 은하는 충돌한다.
(출처/NASA)

안드로메다 은하, 마젤란 은하 등을 비롯해 40여 개의 작은 은하들이 포함되어 있다. 부락의 이름은 국부은하군이며, 크기는 지름 600만 광년이다.

이 은하 부락에서 가장 가까운 이웃 은하는 16만 광년 거리에 있는 대마젤란 은하이다. 우리은하의 1/20 크기인 이 은하는 초당 275km로 우리은하에 접근하고 있어, 24억 년 후에는 우리은하와 충돌할 거라 한다. 뿐만 아니라 국부은하군에서 가장 밝고 큰 은하인 안드로메다 은하 역시 초속 110km로 우리은하를 향해 돌진 중이다. 하지만 걱정할 일은 아니다. 거리가 250만 광년이나 떨어져 있어 37억 5,000만 년 후에야 우리은하와 충돌할 것으로 예상된다니까 말이다.

충돌 후보는 하나 더 있다. 정체 모를 거대한 규모의 우주 구름이 우리은하를 향해 돌진해오고 있는 중이라 한다. 과학자들이 '스미스 구름'이라 이름

붙인 이 수소 구름은 1963년에 이미 존재가 확인되었지만 왜 다가오는지, 기원이 어떻게 되는지 아직까지 미스터리에 싸여 있다.

현재 우리은하 원반 디스크 면으로부터 8,000광년 거리에서 초속 240km(시속 87만km)의 속도로 접근 중이며, 총 길이는 1만 1,000광년, 폭은 2,500광년에 달한다. 앞으로 2,000~4,000만 년 이내에 우리은하의 페르세우스자리 팔에 45° 각도로 충돌, 약 100만 개 이상의 별을 폭발적으로 만들어낼 것으로 예측된다.

이처럼 충돌은 천체를 만드는 원천이며, 또한 진화의 훌륭한 원동력이기도 하다. 어떤 천체도 이처럼 폭력적인 운명에서 벗어날 수 없다. 지구 역시 다른 행성들처럼 크기가 다양한 천체들 간의 잇따른 충돌과 폭력적인 결합이 누적되어 행성된 것이다. 원시 태양계에서 끊임없는 소행성 폭격이 없었다면 우리는 이렇게 존재하지도 못했을 것이다. 그러므로 지구가 다른 천체와의 충돌로 종말을 맞는 것은 그 탄생에 비추어볼 때 어쩌면 자연스런 귀결처럼 보이기도 한다.

국부은하군은 주위의 여러 은하군들과 함께 처녀자리에 있는 한 은하단을 에워싸고 있는데, 이 전체를 통틀어 국부 초은하단이라 한다. 초은하단이란 은하군과 은하단들을 아우르는 거대 천체 집단으로, 우주에서 가장 큰 구조물이다. 우리은하로부터 5,000만 광년 거리에 있는 처녀자리 은하단은 여태껏 알려진 은하단들 중에서 구성원이 가장 많은 초대형 은하단으로서, 20억 광년의 규모에 1,000개 이상의 밝은 은하들로 이루어져 있다.

우리은하가 속해 있는 국부은하군은 이 거대한 국부 초은하단의 변두리에 있는 하나의 작은 은하군에 지나지 않는데, 문제는 우리 은하군 역시 처녀자리 은하단을 향해 초속 600km 속도로 돌진하고 있다는 점이다. 하지만 안심하시라. 이 속도로 달려가더라도 충돌은 100억 년 후의 일이니까.

윤회하는 은하

그럼 은하는 어떻게 진화하는가? 허블의 은하 분류표에 따르면, 불규칙은하로 시작해서 나선은하의 각 형태를 밟아가다가 타원형 은하로 생을 마감한다. 이때 별들은 폭발하여 우주 공간으로 흩어지고, 그 잔해들을 재료 삼아 또 다른 은하로 회생하는 윤회를 거듭하는 것이다.

하지만 이런 윤회를 무한히 반복하는 것은 아니다. 우주는 앞으로도 영원히 팽창해나갈 것이란 팽창 우주론이 오늘날 천문학계의 대세다. 따라서 모든 은하들의 간격은 점차 멀어지고, 결국 은하들은 하나하나의 섬 우주로 고립될 것이며, 은하가 가진 수소를 모두 탕진하게 되면 별의 탄생은 멈춰지고, 별빛도 하나둘 사라져 우주는 흑암 속에 잠기게 될 것이다. 마치 아파트 단지의 불빛들이 하나둘 꺼져 이윽고 캄캄한 어둠에 뒤덮이듯이.

마지막으로 우주에 남는 것은 괴괴한 공간을 떠도는 블랙홀뿐일 것이며, 그 블랙홀들도 오랜 동안 에너지를 방출하여 마침내 소멸하고, 약간의 소립자들이 떠도는 광막한 암흑 공간만 남을 것이다.

이때가 바로 우주의 종말이다. 어떠한 물질도 더 이상 반응이나 소동도 일으키지 않으므로 시간도 방향성을 잃고 멈추게 된다. 우주는 영원하고도 완벽한 무덤 속에 잠드는 것이다. 생자필멸, 회자정리다. 학자들은 대체로

1,000억 년 뒤에 우주의 종말이 찾아올 것으로 예상하고 있다. 하지만 우주 종말의 그림은 또 다른 이야기가 되므로 은하 얘기는 여기서 끝내기로 하자.

어린 시절 "수금지화목토천해(명)" 하면서 외었던 태양계 행성들. 그 행성들 너머 아득한 태양계 끄트머리까지 햇빛이 달리는 데 걸리는 시간은 약 하루. 그런데 미리내 은하의 지름은 10만 광년이니, 그 속의 우리 지구는 한 알의 모래 알갱이나 마찬가지다. 게다가 이처럼 광대한 은하가 우주 속에 또 2,000억 개나 있다고 하니, 우리은하 역시 우주에 비하면 모래알 하나에 지나지 않는 것이다.

이 장구한 시간과 광막한 공간의 우주를 생각하다 보면, 우리 인류가 지금 지구에서 살고 있는 이 시간과 공간이 마치 장자가 꾸었다는 '나비의 꿈' 같은 것이 아닐까 하는 느낌도 든다. 이런 생각을 하면서 밤하늘 은하수를 한번 올려다보면, 이 광대무변한 우주에서 모래알 같은 지구 위에 사는 우리 인류가 얼마나 외로운 존재인가를 절실히 느끼게 된다.

6 우주론 시간 여행
고대의 '둥근 하늘'에서 현대의 '팽창 우주'까지

 철학이 "나는 누구인가?" 묻는다면, 천문학은
"나는 어디에 있는가?"라고 묻는다. ─ 울리히
뷜크(독일 천문학자)

우주론을 한마디로 정의하면, 우주의 탄생과 진화 그리고 종말에 관한 이야기라 할 수 있다.

"우주는 무엇으로부터, 어떻게, 왜 생겨났는가?" 이 거대 담론보다 더 사람의 마음을 사로잡는 심오한 물음은 없을 것이다. 이 물음은 곧 모든 것의 근원을 건드리는 존재론인 동시에 인간인 '나'의 정체성에 관련된 것이며, 나아가 영겁의 시간과 공간에 대한 이야기이기 때문이다.

그러면 생각만 해도 머리가 어질해지는 우주론을 우리가 붙잡고 씨름하는 이유는 무엇일까? 아마 다음과 같은 이유 때문이 아닐까 싶다.

장구한 시간의 흐름과 광대한 공간 속에서 '나'란 존재는 무엇인가? 결국 나란 존재는 이 무한 우주 속에서 잠시 머무는 한낱 티끌에 불과하다는 사실을 깊이 깨닫는 것, 그리고 그러한 분별력을 가지고 내 주위에 있는 사물에 대한 올바른 견해를 세우는 것, 그럼으로써 자신의 우주관을 완성시켜가야 하기 때문일 것이다.

우리가 올바른 우주론을 접할 때 자신의 우주관이 보다 뚜렷해지며, 이를 지표 삼아 자신의 삶을 보다 넓은 시각에서 이끌어나갈 수 있으리라 본다. 그러므로 우주론은 우리의 삶과 떼려야 뗄 수 없는 밀접한 관련이 있는 것이다.

우주론이 걸어온 길

우주론의 역사는 길다. 어느 시대, 어느 곳에서든 우주론은 있었다. 인류가 자아와 세계를 인식하기 시작한 그 순간부터 우주론의 싹은 트기 시작했다. 천문학의 역사는 인류의 출현과 동시에 시작되었을 것이기 때문이다.

우선 한 4~5만 년 전으로 떠나보자. 그래봤자 지구 46억 년 역사의 0.001%밖엔 안 되는 원시 수렵 채취 시대다.

원시인 중에도 천재는 분명 있었을 거고, 이들은 깊은 밤 동굴 앞에 앉아 별들의 운행을 지켜보면서 천지창조에 대해 깊이 생각했을 것이다. 미적분을 발견한 17세기 철학자 라이프니츠가 "이 세계에는 왜 아무것도 없지 않고 뭔가가 있는가?" 말했듯이 원시인 천재들도 마찬가지였을 것이다. 그래서 그들은 무한한 상상력을 발동해 세계 곳곳에서 창조 신화를 만들어냈다.

성서에서 보듯이 이 같은 창조 신화가 강력한 힘을 갖는 것은 "원래 어떤 곳에 자리 잡고 속하고자 하는 인간의 뿌리 깊은 영적·심리적·사회적 욕구에 조응하기 때문"이라고 '거대사Big History' 창안자 데이비드 크리스천은 분석한다.

먼저 고대 인도인들의 우주관은 이렇다. 거대한 뱀 위에 거북이가 올라앉아 있고, 거북이 등 위에 네 마리의 코끼리가 반구半球의 대지를 떠받들고 있다. 그 중앙에는 수미산*이 솟아 있으며, 해와 달은 그 위를 돌고 있다.

고대의 가장 오래된 우주관은 메소포타미아 문명을 일으킨 수메르 인들이 만들었다. 그들은 하늘엔 눈에 보이지 않는 신들이 있으며, 그 신들이 지상에서 일어나는 모든 사건에 영향을 끼친다고 믿었다. 또 편평한 지구는 하늘이라는 둥근 천장이 덮고 있고, 천장과 땅 사이에는 태양과 달, 별들이 가득 차 있는데, 이 모두가 신들의 지배를 받는다고 생각했다. 이른바 둥근 천장 우주관이다.

이집트 인의 우주관은 좀 낭만적이다. 하늘의 여신 누트가 편평한 땅을 위에서 활처럼 에워싸고 있는데, 누트의 몸에는 별들이 아로새겨져 있다고 생각했다. 그리고 누트가 매일 저녁 태양을 삼켰다가 새벽에 다시 토해내기 때문에 낮과 밤이 생긴다고 믿었다.

우리나라 고대의 우주론은 어떤 걸까? 일찍이 중국의 영향을 받아 혼천설渾天說이 주류를 이루었는데, 요약하면 이렇다.

달걀의 껍질이 노른자를 둘러싸고 있듯이 우주도 하늘이 땅을 둘러싼 모습으로 되어 있다. 하늘은 그 모습이 둥글고 끝없이 일주운동을 하

수미산 불교의 우주관에서, 세계의 중앙에 있다는 산.

고대 이집트 우주관. 바닥에 누운 남자가 게브, 그 위에 엎드린 여자가 누트다. 누트의 몸이 별로 채워져 있다. (출처/위키)

므로 '혼천'이라 한다. 혼천설에 의하면 하늘의 둘레는 365와 1/4°인데, 그 반은 땅 위를 덮고, 반은 땅 아래에 있어서 28수宿의 반은 보이고, 반은 가려져 있다. 그리고 그 둘의 끝에 남극과 북극이 있으며, 북극은 땅에서 36° 올라와 있고, 남극은 땅 속으로 36° 들어가 있다. 또한 남극과 북극에 대하여 91° 떨어진 곳에 적도赤道를 두고, 적도에 대하여 다시 24° 기운 황도黃道가 있다.

오늘날의 구면천문학 개념과 매우 비슷하다. 이 혼천설이 삼국 시대에 도입된 이래 조선 초기에 이르기까지 정통적 우주관으로 자리 잡았다.

각 민족들의 천지창조 신화에서 보여지듯이, 이름 모를 이들이 원시의 삶을 이어가면서 깊은 밤, 동굴이나 움집에 앉아 놀라운 상상력으로 창작해냈던 천지창조 신화야말로 바로 인류 최초의 우주론이었다. 이러한 원초적인 우주론을 딛고 다음 시대, 또 다음 시대의 우주론들이 이어져 오늘에 이른 것이다.

서양의 우주관을 보면 기원전 600년경 **탈레스**에 의해 지구가 둥글다는 사실이 밝혀진 가운데, 아리스토텔레스의 지구 중심 우주관이 기원전 4세기에 나왔다. 말하자면 지구를 둘러싼 별들이 붙박인 커다란 천구가 하늘을 덮고 있는 지붕형 우주관으로, 이 천구가 지구를 중심으로 돌고 있다고 믿었다. 이른바 천동설이다. 이 같은 고대인의 우주관을 집대성한 것이 바로 140년경 **프톨레마이오스**가 엮은 『**알마게스트**』로, 그리스 시대로부터 중세에 이르기까지 위세를 떨쳐왔다.

이 프톨레마이오스 체계는 기독교에도 그대로 받아들여져 지동설 같은 다른 이론들은 이단으로 배척받기에 이르렀다. 영국의 물리학자 스티븐 호킹은 프톨레마이오스 체계가 기독교에 잘 받아들여진 것은 천구의 바깥으로 지옥과 천국을 만들 공간이 많기 때문이라는 이색적인 주장을 펴기도 했다.

그러나 한편으로는 지동설도 한 흐름을 형성하고 있었다. 인류 최초로 지동설을 주창한 사람은 그리스 사모스 섬 출신인 **아리스타르코스**(기원전 310경 ~기원전 230경)였다. 그는 월식 때 달에 비치는 지구의 곡률을 측정하고, 나아가 태양과 달, 지구의 상대적 거리를 추론하여 해가 지구보다 7배는 크다는 결론을 도출해내고는 지동설을 주창하기에 이른 것이다. 우리는 이 같은 천

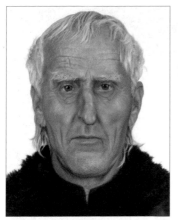
코페르니쿠스. 그의 유골을 바탕으로 재현한 말년의 모습이다. (출처/GEO)

재에게 경의를 표하지 않으면 안 된다.

하지만 당시의 지동설은 소수 의견이었고, 무엇보다 이단이어서 그늘 속에 숨어 있어야만 했다. 이랬던 지동설이 햇빛을 보게 된 것은 그로부터 무려 1,800년이 지난 16세기에 **코페르니쿠스**(1473~1543)가 다시 지동설을 들고나왔을 때였다.

아리스타르코스 지동설의 근대판이라 할 수 있는 코페르니쿠스의 지동설은 두 사람의 걸출한 과학자에 의해 확고한 터전 위에 올려지게 되는데, 케플러와 갈릴레오가 바로 그 주인공들이다.

요하네스 케플러(1571~1630)는 16세기 안시 관측의 제1인자 **튀코 브라헤**(1546~1601)가 남긴 화성의 관측 자료를 갖고 씨름한 결과, 화성의 궤도가 원이 아니라 타원임을 밝혀내는 등, 그의 행성운동 3대 법칙을 발견함으로써 근대 천문학의 길을 열었다.

지동설의 첫 물증을 잡은 사람은 케플러와 동시대 사람인 갈릴레오 갈릴레이(1564~1642)였다. 망원경으로 우주를 최초로 보았던 갈릴레오는 목성의 네 개 위성이 케플러의 법칙에 따라 움직이는 것을 보고는 천상의 지동설 모델임을 확신하게 되었다. 그리고 달이 아리스토텔레스의 말처럼 천상과 지상을 경계 짓는 천상의 물질이 아니라, 지구와 다름없는 물질로 된 천체임을 밝혔다. 이로써 2,000년 동안 군림했던 아리스토텔레스의 우주관은 완전히 붕괴되었다.

튀코 브라헤. 역사상 최고의 안시 관측자였다. (출처/위키)

요하네스 케플러. 행성운동 3대 법칙을 발견, 우주의 이정표를 세웠다. (출처/위키)

케플러의 법칙을 성립시키는 근본적인 힘의 정체를 발견한 사람은 그로부터 한 세기 후에 태어난 **아이작 뉴턴**(1642~1727)이었다.

일찍이 케플러가 행성 궤도가 타원임을 밝혔지만, 그 원인은 여전히 풀리지 않는 수수께끼였다. 뉴턴은 1687년에 케플러의 행성운동에 관한 제3법칙(조화의 법칙)에 자신의 원심력 법칙을 적용하여 역제곱 법칙, 곧 중력의 법칙을 이끌어내어, 케플러의 법칙이 수학적으로 유도된다는 사실을 증명해 보임으로써 세상을 놀라게 했다.

뉴턴이 찾아낸 만유인력의 법칙은 한마디로 우주 안의 모든 것들이 하나의 법칙으로 작동하고 있다는 것이며, 그것을 문장으로 표현하면 다음과 같다. "모든 물체는 각기 질량의 힘으로 서로 끌어당긴다. 이 힘은 두 물체의 질량의 곱에 비례하며, 두 물체 사이 거리의 제곱에 반비례한다."

이를 수식으로 나타내면 허망할 정도로 단순하다.

$$F=G\ \frac{m_1\ m_2}{r^2}$$

F : 인력, G : 만유인력 상수, m_1/m_2 : 두 물체의 질량, r : 두 물체 사이의 거리

여기서도 알 수 있지만 뉴턴의 중력 법칙은 우주 어디에서나 성립하는 보편 법칙이다. 우주 안의 만물은 이 공식으로 서로 감응한다. '나'라는 존재도 온 우주의 만물과 서로 중력을 미치며, 사과 한 알이 떨어져도 온 우주가 감응한다는 뜻이다. 뉴턴은 이 법칙 하나로 하늘과 땅을 통합한 것이다. 만유인력의 법칙은 태양 중심주의를 물리학적으로 완전히 규명해낸 것으로, 이로써 코페르니쿠스 체계가 옳다는 것이 결정적으로 증명되었다.

뉴턴의 놀라운 솜씨는 마침내 지상의 물리학과 천상의 물리학을 하나로 통합했다. 뉴턴에 의해 행성의 운동을 비롯하여 조석의 움직임, 진자의 흔들림, 사과의 낙하 같은 다양한 현상들을 단일한 원리로 통일하고, 다시 그것이 수학적으로 완벽하게 제시되었다. 이로써 우주에서 비물질적이고 관념적인 것들이 모두 걸러지고 하나로 통합되었으며, 인류는 문명사 6,000년 만에 비로소 우주를 이성적으로 사고할 수 있게 된 것이다.

이것은 갈릴레오가 그토록 이루기를 갈망했으나 끝내 성공하지 못했던 것이었다. 당시 철학자들은 운동의 개념을 물리적·정신적인 것까지 포함한 모든 현상의 기초라고 생각했다. 이 모든 운동의 뒤에 숨어 있는 유일한 원동력, 즉 중력을 뉴턴이 찾아냈던 것이다.

중력은 모든 만물에 예외 없이 작용하는 힘이다. 전기력과 자기력은 인공적으로 차단할 수 있지만, 중력만은 어떤 방법으로도 차단할 수가 없다. 그러

므로 중력을 없애고 공중부양한다는 말은 100% 속임수일 수밖에 없다.

중력은 사실 자연계의 근본적인 네 가지 힘, 곧 **강력***, **약력***, **전자기력**, **중력** 중 가장 약한 것이다. 자석 내부의 하전입자들이 전자기적인 상호작용을 주고받으면서 나타나는 자기력은 같은 스케일에서 중력의 무려 10^{42}배나 된다. 작은 말굽자석 하나가 못을 매달고 있는 것은 엄청난 덩치를 가진 지구의 중력을 이겨내고 있다는 뜻이다.

우주 만물을 지배하는 이 중력으로 별과 은하가 만들어지고, 지구가 태양 주위를 공전한다. 우리는 이 중력으로 인해 자력으로는 땅에서 1m도 뛰어오를 수가 없다. 이처럼 우리가 매일같이 겪으며 살고 있는 중력이지만, 중력의 본질은 아직까지 밝혀지지 않은 물리학 최대의 미스터리로 남아 있다.

뉴턴은 중력의 작용 방식을 밝히긴 했지만 중력의 정체가 무엇인지는 말하지 않았다. 이에 대해 뉴턴은 "나는 가설을 세우지 않는다"라는 한마디를 남겼을 뿐이다.

그러나 뉴턴 역학이 전하는 복음은 분명했다. 한마디로 이 세계는 모두 우주 역학의 결과이며, 모든 천체들은 고유한 질량과 그것들의 운행에서 나오는 힘들에 의해 움직이고 있다. 행성운동은 말할 것도 없고, 우주 안에서 일어나는 모든 현상은 원자들의 상호 관계에서 일어나는 역학의 결과이다. 그러므로 이 세계 안에 우연이란 것은 없다. 말하자면 모든 것은 결정되어 있다

강력 중력이나 전자력보다 강한 힘이라는 뜻으로 '핵력'을 이르는 말.

약력 핵이나 소립자들에서 일어나는 약한 상호작용력.

는 '결정론적 우주관'이다.

그러나 뉴턴은 중력의 법칙으로만 우주의 운행을 완벽히 설명할 수 없는 부분이 있다는 사실을 알았다. 모든 행성, 은하 역시 중력으로 인해 서로에게 끌리고 있으므로, 중력을 상쇄하는 다른 힘이 존재하지 않는다면 은하들은 한 점에서 만나 충돌하는 대파국에 이를 것이다.

뉴턴은 필사적인 심정으로 우주가 정상적으로 운행되기 위해서는 가끔씩 '신의 손'이 필요하다는 단서를 달았다. 하지만 뉴턴과 미적분의 발견을 놓고 싸웠던 라이프니츠는 "하느님이 자신의 손목시계에 태엽을 감아주어야 한단 말인가?"라면서 자연을 기계론적으로 바라보는 뉴턴의 시각을 받아들이지 않았다.

'자연은 일정한 법칙에 따라 운동하는 복잡하고 거대한 시계'라고 하는 이 뉴턴의 역학적 자연관은, 인간의 자유 의지가 개입될 틈이라곤 전혀 없는 그야말로 숨 막히는 결정론적 우주관을 낳게 되었다. 예컨대 내가 오늘 아침 출근길에 돌부리에 채여 넘어지더라도 그건 이미 우주적으로 결정돼 있었던 귀결이라는 얘기다.

이 같은 결정론적 우주론은 20세기 초 우주의 근본 작동 원리는 확률에 따른다는 양자론이 태동할 때까지 200년 동안 인간의 머리를 옥죄었다.

정상 우주론 대 빅뱅 우주론의 대결

1920년대만 해도 대부분의 천문학자들은 우주가 정적이면서 균일하다고 믿고 있었다. 이는 뉴턴 이래의 줄기찬 전통이었다. 아인슈타인도 이 정적인 우주를 선호했다. 그런데 실망스럽게도 그의 일반상대성 이론을 통해 제시된 중력 방정식의 해解로 표현된 우주의 모델은, 시간적으로 임의의 두 점 사이의 거리가 증가하는 팽창 우주를 제시한다. 아인슈타인 역시 200년 전 벤틀리가 발견했던 역설을 뛰어넘을 수가 없었다. 중력은 항상 인력으로만 작용하므로 종국에는 모든 별들이 한 덩어리로 뭉칠 것이고, 우주의 파국은 피할 수 없다는 이른바 **벤틀리의 역설** 말이다.

아인슈타인은 자신의 중력 방정식에서 정적인 우주를 유도하기 위해 우주 상수라는 새로운 항을 끼워넣어 이 문제를 피해갔다. 말하자면 반중력에 해당하는 우주 상수를 집어넣음으로써 인위적으로 정적 우주를 만들어냈던 것이다. 아인슈타인의 우주 상수는 200년 전 뉴턴이 말한 '신의 손'에 다름 아니었다.

아인슈타인이 발표한 일반상대성 이론은 시공간의 상태와 형태, 물질의 존재 등 우주의 모든 풍경을 서술하는 최고의 이론으로, 현대 우주론은 여기에서 출발했다고 해도 과언이 아니다. 질량에 대응해서 시공간이 휘어지는 것을 보여주는 아인슈타인의 중력장 방정식은 우주 전체에 적용할 수 있는 최초의 이론으로, 우주가 유연하고 역동적인 공간임을 말해주고 있다.

뉴턴이 말한 인력으로서의 중력은 아인슈타인의 일반상대성 이론에 따르면, 물질에 의해 휘어진 시공간의 골을 따라서 물체가 움직이는 것으로 설명된다. 말하자면 지구가 도는 궤도는 태양이라는 질량이 만들어놓은 골을 따라 지구가 굴러가고 있다는 얘기다. 미국의 물리학자 **존 휠러**는 이 상황을 다음과 같이 표현했다. "물질은 공간의 곡률을 결정하고, 공간은 물질의 운동을 결정한다."

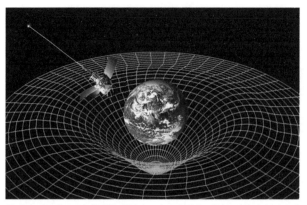

시공간의 굴곡을 어떻게 알 수 있느냐고 아인슈타인에게 묻는다면, 그는 "당신의 발이 땅에 딱 붙어 있는 것은 그곳 시공간의 왜곡 때문"이라고 대답할

휘어진 시공간. 뉴턴이 말한 인력으로서의 중력은 아인슈타인의 일반상대성 이론에 따르면 물질에 의해 휘어진 시공간의 골을 따라서 물체가 움직이는 것으로 설명된다. (출처/NASA)

것이다.

정적 우주를 만들기 위해 우주 상수를 끼운 아인슈타인의 중력 방정식은 곧 반격을 받았다. 러시아의 수학자 **알렉산드르 프리드만**(1888~1925)은 아인슈타인의 방정식이 우주의 팽창을 나타낸다는 것을 최초로 발견하고, 그에 대한 해결책을 내놓았다. 그가 내놓은 방정식은 우주의 미래를 다음 세 가지로 상정하고 있었다.

우주 공간에 물질이 어느 정도 있는가에 따른 것으로, 우주 공간의 평균 밀도가 임계밀도 이하이면 우주는 계속해서 팽창하다가 얼어붙게 되고, 그 이상이면 언젠가 팽창이 멈춰지고 수축해서 대파국을 맞으며, 1m³당 수소 원자 10개인 임계밀도이면 영원히 팽창한다. 곧 우주는 편평하다는 뜻이다.

물론 아인슈타인은 이 같은 견해에 동의하지 않았다. 그러나 허블이 1929년 은하들이 빠른 속도로 멀어져가고 있다는 팽창 우주에 관한 관측 결과를 내놓음으로써 자신의 방정식을 수정하지 않을 수 없게 되었다.

은하들이 맹렬한 속도로 멀어져가고 있다는 사실은 사람들에게 충격과 흥분을 가져다주었다. 이는 곧 우주가 이제껏 생각하던 고정된 우주가 아니라 팽창하는 우주라는 것을 뜻하며, 나아가 우주 자체가 진화하고 있다는 것을 뜻하기 때문이었다. 어찌 보면 이것은 지동설보다 더한 우주관의 대변혁을 요구하는 실로 날벼락 같은 일이었다.

이러한 허블의 발견이 있은 지 2년 후인 1931년, 아인슈타인은 세기의 발견이 이루어진 윌슨 산 천문대를 방문해 허블과 역사적인 만남을 가졌다. 그 자리에서 아인슈타인은 우주가 팽창하고 있음을 인정하면서, 자신이 도입했던 우주 상수가 일생일대의 실수임을 고백했다.

하늘을 둥근 지붕처럼 생각한 고대인들의 지구 중심 우주에서 코페르니쿠스의 태양 중심 우주로, 뉴턴의 중심이 없는 무한 우주로, 칸트의 섬 우주로의 경로를 밟아왔던 우주론은 허블의 팽창 우주에 이르러 마침내 두 우주론 진영이 자웅을 겨룰 무대가 완벽히 만들어졌다. 바로 태초나 종말이 없이 영원히 존재한다는 정상 우주론, 그리고 탄생 이후부터 팽창 일로를 걷고 있다는 대폭발 우주론이 치열하게 맞붙은 것이다.

1950년대 영국의 천문학자 **프레드 호일**(1915~2001)은 **허먼 본디** 등과 함께 빅뱅 이론을 정면 반박하며 **정상 우주론**을 제시했다. 쉽게 설명하면 우주는 넓게 보았을 때 어느 쪽으로나 등방, 균일한 것처럼 시간적으로도 예나 이제나 앞으로나 변함없이 같다는 주장이다. 따라서 우주는 시작도 끝도 없으며, 따라서 진화도 없고, 이대로 영원하다는 것이다.

이것은 우리 주위의 우주가 다른 지역의 우주와 같을 뿐 아니라 우리 시대도 다른 시대와 같다는 말이다. 다시 말해 우리는 우주의 특별한 장소, 특별한 시대에 살고 있는 것이 아니라는 뜻이다. 이 우주 원리는 시공간 모두에 대해 대칭성을 주장하는 것으로 **완전 우주 원리**라 부른다.

그렇다면 팽창하는 우주의 빈 공간에 대해서는 어떻게 설명하는가? 우주는 팽창하지만 새로 생기는 간격에 지속적으로 새로운 물질이 만들어진다는 이론이다. 그러면 물질이 어떻게 무에서부터 창조되는가? 우주가 팽창하면서 온도가 떨어지면 우주를 가득 채우고 있는 양자장이 음의 압력을 내게 되고 물질 사이에 밀힘(반중력)을 일으켜 우주 공간이 급팽창한다. 공간이 팽창한 만큼 우주의 에너지가 증가하는데, 이 에너지가 급팽창이 끝나면서 물질로 바뀐다는 것이다.

이것은 동적이며 무한한 우주를 상정한 것이다. 우주가 무한하다면 우주가 두 배로 커져도 역시 무한하다. 은하 사이에 물질이 만들어지기만 하면 우주 전체는 변하지 않고 그대로 남아 있게 된다. 이 이론은 영원하고 정적인 우주를 수정한 것이다. 우주는 팽창하지만 영원하고, 근본적으로는 변하지 않는다. 별은 수소 구름에서 태어난다. 별이 생을 마치고 죽으면 그 물질은 다시 우주 공간으로 돌려지고, 그것을 밑천 삼아 다른 별로 재생한다.

이 아름다운 이론에 의하면 대우주는 죽음과 재생의 무한한 순환으로 영원히 지속된다. 죽은 별들의 잔해는 그럼 어떻게 되는가? 정상 상태 우주 역시 우주가 팽창한다고 보므로 계속 생기는 공간으로 인해 죽은 별들로 꽉 찰 염려는 없다.

이 이론대로라면 대우주는 태초도 없고, 종말도 없이 영구적으로 일정한 물질 밀도를 가지며 정상인 상태로 남아 있을 수 있다. 이처럼 정상 우주론은 떠들썩한 탄생이나 음울한 종말이 없다는 점에서 강한 매력을 지닌 우주론이었다.

정상 우주론의 맞은편에서 강한 경쟁을 보이는 다른 우주론이 빅뱅 우주론이다. 러시아 출신의 미국 천문학자 **조지 가모프**(1904~1968)가 주도적 역할을 하며 발전시킨 빅뱅 이론은, 우주의 팽창이 시작된 지점은 우주의 엄청나게 높은 밀도의 에너지가 있었으며, 이것이 급격히 폭발·팽창했다는 주장이다. 팽창하는 대우주의 의미를 담고 있는 이 우주론은, 현재 팽창 일로에 있는 우주는 사실 먼 과거 어느 한 시점에 실제로 있었던 대폭발의 결과물이라는 것이다.

1931년 벨기에의 천문학자이자 예수회 사제인 **조르주 르메트르**는 대우주는 극단적으로 높은 밀도와 온도를 가진 물질의 응축된 방울에서 시작했다고 제안했다. '**원시의 알**'이라 할 만한 이 원시 원자Primeval atom는 대우주의 모든 물질과 복사를 포함한 것으로, 내부 압력으로 말미암아 대폭발을 일으켜 급격히 팽창하기 시작했다.

방울 안의 모든 물질은 소립자들(전자, 중성자, 양성자)로, 팽창이 진행될수록 원시 물질의 밀도와 온도는 급격히 떨어져 양성자와 중성자가 융합, 원자핵을 만들기 시작했다. 시간이 흘러감에 따라 우주의 물질은 더욱 냉각되어 은하로 응축되었으며, 은하 내부에서는 항성으로 응축되었다.

그리하여 몇십억 년이 흐른 후 대우주는 계속된 팽창과 함께 오늘 존재하는 것과 같은 상태에 도달하기에 이른 것이다. 그러므로 이러한 팽창을 거슬

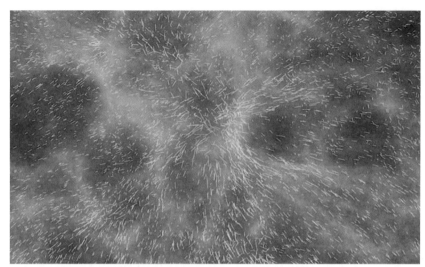

우주 거대 구조의 형성 모습을 보여주는 컴퓨터 시뮬레이션. 1억 광년 규모의 거대 구조가 중력으로 인해 중심으로 집중되고 있는 광경이다. (출처/ESO)

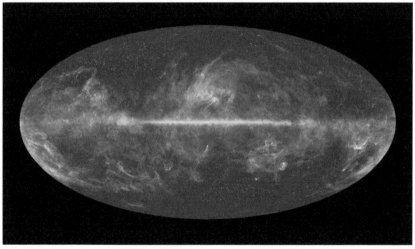

2009년에 발사한 플랑크 우주망원경이 관측한 빅뱅의 화석인 우주배경복사. 우주의 새벽에서 출발한 빅뱅의 메아리를 보여준다. 이 초정밀 데이터로 다시 계산한 결과, 우주의 나이가 138억 년으로 조정되었다. (출처/ESA)

러 올라가면 우주의 기원, 즉 르메트르가 '어제가 없는 오늘'이라고 불렀던 태초의 시공간에 도달한다는 것이다.

여담이지만, 이 두 이론의 대립에 있어 재미있는 사실이 하나 있다. **빅뱅**이라는 용어의 탄생 배경에 대한 것이다. 영국의 BBC 방송에 출연한 호일이 빅뱅 이론을 비웃으며 "그럼 태초에 빅뱅이 있었다는 말인가?"라고 던진 말이 그대로 굳어져 지금껏 사용되고 있다는 얘기다. 프레드 호일이 빅뱅 용어의 창시자인 셈이다.

두 우주론의 승부는 르메트르가 말한 '태초의 휘광'의 증거물이 발견됨으로써 결정되었다. 1965년 프린스턴 대학의 **로버트 디케**는 태초의 강력한 복사선의 잔재가 오늘날까지 남아 있으며, 감도 높은 전파 안테나로 검출할 수 있다는 결론을 내놓았다. 그런데 그 잔재는 이미 다른 두 물리학자에 의해 발견되어 있었다.

미국의 물리학자 **펜지어스**와 **윌슨**이 벨 연구소의 대형 안테나의 소음을 없애기 위해 비둘기 똥을 청소하다가 우주배경복사의 전파를 잡아냈던 것이다. 아무리 안테나를 청소해도 끊임없이 들려오는 잡음을 잡을 수가 없어 프린스턴 대학의 디케에게 전화해본 결과, 일찍이 조지 가모프가 예언했던 우주 창생의 마이크로파임이 밝혀졌다. 바로 대폭발의 화석이라 불리는 우주배경복사였다.

이 공으로 두 사람은 1978년 노벨 물리학상을 받았다. 그래서 사람들은 펜지어스와 윌슨이 비둘기 똥을 치우다가 금덩이를 주웠다는 우스갯소리를 하기도 했다.

앞에서도 말했듯이 방송이 없는 TV 채널의 지글거리는 줄무늬 중 1%는 우주배경복사다. 138억 년이란 억겁의 세월 저편에서 달려온 빅뱅의 잔재가 당신 눈의 시신경을 건드리는 거라고 생각해도 결코 틀린 말은 아니다.

빅뱅 우주론이 가져다준 것

우주의 팽창이 거역할 수 없는 대세가 되자 일단의 천문학자들은 최초의 순간에 대해 생각하기 시작했다. 은하들이 서로 멀어져가는 과정을 거꾸로 되돌린다면 우주의 시작 지점까지 되돌아갈 수 있을 거라고 생각한 것이다. 이는 우주 팽창의 기록 필름을 거꾸로 돌리는 것이나 다를 바 없었다. 태고에 있었을지도 모를 대폭발, 다시 말해 빅뱅에 대한 관심이 시작된 것이다.

팽창하는 우주에서는 은하들 사이의 거리와 그들이 서로 멀어져가는 속도를 알 수 있으므로 팽창이 시작된 시점까지의 시간을 계산해낼 수 있다. 빅뱅 우주론에 따르면 우주의 역사, 즉 최초의 대폭발로부터 현재까지 경과한 시간은 약 100억 년 내지 150억 년이다. 우리은하가 1회 자전하는 데는 약 2억 년 걸리므로, 이 기간 동안 은하는 대략 50회 남짓 자전한 것이 된다. 최근 관측 자료에 의해 계산한 우주의 정확한 나이는 **138억 년**으로 나타났다.

빅뱅 우주론은 새로운 관측 결과가 나타남에 따라 더욱 발전해갔다. 1990년대 후반, 발달된 망원경 기술의 결과인 허블 우주망원경과 COBE, WMAP과 같은 위성으로부터 모은 방대한 자료의 분석에 힘입어 대폭발 모형의 많은 변수들에 대한 거의 정확한 계산값을 갖게 됨으로써 빅뱅 우주론은 우주의 기원과 진화를 설명하는 데 가장 훌륭한 이론으로 자리 잡게 되었다.

세기의 천재 아인슈타인조차 인식하지 못했던 팽창 우주부터 우주 상수와 블랙홀까지, 현대 우주론의 중요한 발전에 큰 역할을 한 르메트르는 현재의 시간에 대해 이렇게 말하고 있다.

> 이 세상의 진화는 이제 막 끝난 불꽃놀이에 비유될 수 있다. 이 우주는 약간의 빨간 재와 연기인 것이다. 우리는 식어빠진 잿더미 위에 서서 별들이 서서히 꺼져가는 광경을 지켜보면서, 이제는 이미 지워져 사라져버린 태초의 휘광을 회상하려 애쓰고 있는 것이다.

빅뱅의 물증이 발견되었다는 소식은 르메트르에게도 전해졌다. 임종의 병상에서 소식을 들은 르메트르는 무척이나 기뻐했다. 젊은 시절 신앙과 과학의 길을 놓고 고민할 때 그는 이렇게 말했다.

"진리에 이르는 길은 두 길이 있다. 나는 그 두 길을 다 가기로 결심했다."

인류에게 우주 탄생의 엄청난 진실을 알려주었던 빅뱅의 아버지 르메트르는 1966년 우주 속으로 떠났다. 향년 72세.

국제천문연맹(IAU)은 2018년 오스트리아 빈에서 열린 연례회의에서 "법칙의 물리적 설명과 증거는 허블이 제시했지만, 르메트르 역시 관련 연구를 비슷한 시기에 수행했다"며 "우주 팽창론을 수학적으로 유도했던 그의 업적을 다시 기리기 위한 것"이라고 설명하면서 기존 '허블의 법칙'을 '허블-르메트르의 법칙'으로 바꾸기로 결정했다. 사후 50년 만에 '팽창 우주'의 지분을 정식으로 인정받은 셈이었다. 죽을 때까지 신앙의 끈을 놓지 않고 신과 과학을 함께 믿었던 르메트르야말로 거의 완전한 삶을 산 표본이라 하겠다.

7 우주는 '끝'이 있는가?

우주는 유한하지만 그 경계는 없다

 영원의 관점에서 사물을 생각하는 한 마음은
영원하다. **- 스피노자(네덜란드 철학자)**

투명한 병 속의 파리

우주에 관련해서 사람들이 가장 궁금해하는 질문은 다음과 같은 것이 아닐까 싶다. "우주는 끝이 있는가?"

이것은 인류의 두뇌를 오랫동안 괴롭혀온 질문으로, 우리가 우주에 대해 갖는 가장 큰 의문의 하나라는 데 이견이 없을 것 같다. 현대 천문학도 아직까지 이 질문에 명쾌한 답을 내놓지 못하고 있다.

하지만 현대 과학이 밝혀낸 한도 내에서나마 이 문제를 한번 풀어보도록 하자. 과연 우리가 살고 있는 이 우주는 끝이 있는가, 없는가?

우리가 무엇보다 먼저 알아야 할 것은, 우리는 어디까지나 유한한 3차원 공간에서 살고 있는 존재인 만큼 우리 주변에 무한한 것이라고는 없으며, 따라서 무한을 경험해본 적이 없다는 사실이다. 이 책을 읽고 있는 당신은 무한을 본 적이 있는가?

무릇 끝이란 말은 시작이 있다는 뜻이며, 그 끝에서 또 다른 무엇이 시작된다는 의미를 내포하고 있다. 현실 세계에서 우리가 체험하는 모든 사물에는 시작과 끝이 있다. 즉, 유한하다는 말이다. 무한이란 상상 속에 존재하는 관념일 뿐이다.

수소 원자의 경우, 1억 개를 한 줄로 죽 늘어세워도 그 길이는 1cm를 넘지 않는다. 이렇게 작은 원자도 전 우주의 삼라만상을 만드는 데 10^{79}개면 된다. 1구골(10^{100})에도 한참 못 미치고, 무한하고는 거리가 멀다.

그렇다면 우주라는 사물은 과연 어떤가? 끝이란 게 있는가? 우선 '상식적'으로 생각해볼 때 이 우주에 끝이 있다는 것도 모순이요, 끝이 없다는 것도 모순으로 보인다. 우리의 경험으로 비춰볼 때 "끝이 없다는 상태도 상상하기 어렵고, 끝이 있다면 또 그 바깥은 무엇이란 말인가" 하는 질문이 바로 떠오른다.

나는 이 문제를 생각할 때마다 늘 떠오르는 하나의 상황이 있다. 그것은 투명한 유리병 속에 갇혀 있는 한 마리 파리다. 파리의 눈에는 병 밖의 풍경이 보인다. 그래서 파리는 그 공간으로 날아갈 수 있다고 믿는다. 자신과 그 풍경을 가로막고 있는 유리가 파리의 지능으로는 인식되지 못하기 때문에 파리는 한사코 날아가려고 날개를 파닥이는 것이다. 헛되이.

이 상황이 바로 우주 속에서 인간이 처해 있는 상황이 아닌가 하는 생각이 든다. 어쩌면 인간 이성의 소실점이 바로 그 지점이 아닌가 싶기도 하다. 한 뼘도 안 되는 인간의 두뇌에 어찌 한계가 없겠는가.

현재 우주의 크기는 940억 광년

우리가 우주라 할 때 그 우주에는 공간뿐 아니라 시간까지 포함되어 있다. 즉, 우주는 아인슈타인이 특수상대성 이론에서 밝혔듯이 4차원의 시공간인 것이다.

우주라는 말 자체도 그렇다. 중국 고전 『회남자淮南子』*에는 "예부터 오늘에 이르는 것을 주宙라 하고, 사방과 위아래를 우宇라 한다"는 말이 있다. 말하자면 이 우주는 시공간이 같이 어우러져 있다는 뜻이다. 영어의 코스모스Cosmos나 유니버스Universe에는 시간 개념이 들어 있지 않지만, 동양의 현자들은 이처럼 명철했던 것이다.

이 우주라는 시공간이 시작된 것이 약 138억 년 전이라는 계산서는 이미 나와 있다. 얼마 전까지만 해도 137억 년이라 했지만, 유럽우주국ESA이 우주 탄생의 기원을 찾기 위해 미항공우주국NASA 등과 협력해 2009년에 발사한 초정밀 플랑크 우주망원경의 관측 자료를 토대로 계산한 결과, 우주의 나이가 지금까지 알려진 것보다 약 8,000만 년 더 오래된 것으로 분석되어 138억 년으로 약간 상향 조정된 것이다.

이 우주의 나이에 딴죽을 거는 과학자들은 거의 없다. 138억 년 전 '원시의 알'이 대폭발을 일으켰고, 그것이 팽창을 거듭하여 오늘에 이르고 있다는 이른바 빅뱅 우주론은 이제 대세이자 상식이 되었다.

『회남자』 중국 전한(前漢)의 회남왕 유안(劉安, 기원전 179~기원전 122)이 유학자들과 함께 지은 잡가서(雜家書). 주로 노자와 장자의 학설에 의거하여 우주 만물의 생성이나 소멸, 변화의 근원인 도와 자연 질서 및 인사의 대응을 논했다.

그런데 문제는 이 우주가 지금도 쉼 없이 팽창을 계속하고 있다는 것이다. 허블의 법칙에 따르면, 천체의 후퇴 속도는 거리에 비례하여 빨라진다. 멀리 떨어진 천체일수록 더 빨리 멀어져간다.

그런데 천체가 멀어지는 것은 그 천체가 실제로 달아나는 것이 아니라 그 사이의 공간이 확대되는 것이라고 한다. 마치 풍선 위에 점들을 찍어놓고 풍선에 바람을 불어넣으면 점들 사이가 멀어지는 것과 같은 형국이라는 것이다. 그러니 우주 속의 모든 천체들은 서로가 서로에게 기약 없이 멀어져가고 있는 것이다. 싸우고 삐친 아이들처럼.

어쨌든 망원경을 이용하여 관측이 가능한 우주의 범위는 약 130억 광년이다. 허블 우주망원경으로 거기까지 사진을 찍은 것이 바로 '허블 울트라 딥 필드'이다.

이곳까지를 우주의 경계라고 한다면, 우주는 약 130억 년 이전에 생성된 것으로 볼 수 있다. 가장 멀리 떨어진 우주의 경계 지역은 가장 빠르게 빛의 속도로 멀어지고 있다. 따라서 130억 광년의 경계 부근에서 관측된 천체들은 우주 탄생 초기의 모습을 그대로 간직하고 있을 것이다.

우주의 나이가 138억 년이니까, 지금 우주의 크기는 반지름이 138억 광년이 된다는 뜻이다. 그렇다면 지름은 276억 광년이란 얘긴데, 인플레이션 우주론에 따르면 초창기에는 빛보다 더욱 빠른 속도로 공간이 팽창했기 때문에 지금 우주의 지름은 약 **940억 광년**에 이른다.

우주에서 가장 빠른 초속 30만km의 빛이 940억 년을 달려가야 가로지를 수 있는 거리니 참으로 상상하기 힘든 크기다. 이것이 천문학자들이 계산서

허블 망원경이 잡은 우주의 끝 '허블 울트라 딥 필드'. 약 130억 광년 밖의 풍경이다. 이는 곧 130억 년 전 아기 우주의 모습이란 뜻이다. (출처/NASA, ESA)

에서 뽑아낸 현재 우주의 크기다.

유한하지만, 경계는 없다

여기서 당연히 이런 의문이 고개를 들 것이다. '그렇다면 우주도 유한하다는 얘기네?' 그렇다. 현대 천문학은 우주의 구조에 대해 이렇게 말한다. "우주는 유한하지만, 그 경계는 없다."

이게 무슨 뜻인가? 우주의 지름이 940억 광년으로 유한하지만, 경계는 없다는 뜻이다. 곧 아무리 가더라도 그 끝에 닿을 수가 없다는 뜻이다. 왜? 우주라는 시공간은 거대한 스케일로 휘어져 있어 중심이나 가장자리란 게 존재하지 않으니까.

이런 얘기를 들으면 누구나 '어찌 그럴 수가?' 하는 의문을 갖지 않을 수 없다. 이에 대해 현대 우주론자들은 다음과 같이 답한다. "우주는 3차원 공간에 시간 1차원이 더해진 4차원의 시공간으로 휘어져 있어 중심도, 경계도 없다. 2차원 구면이 중심이나 경계가 없는 것과 같은 이치다."

좀 더 이해하기 쉽도록 지구라는 구면을 생각해보자. 어느 지점도 중심이랄 수 없지만 모든 지점이 다 중심이기도 하다. 그러므로 개미가 무한 시간을 걸어가더라도 이 구면의 끝에 다다를 수 없다. 그처럼 우주 역시 중심도, 경계도 없다. 따라서 공간 속의 모든 지점은 본질적으로 동등하다.

그런데 공간이 휘어져 있다는 것은 도대체 무슨 뜻인가? 그것은 우주가 물질을 담고 있기 때문에 중력장을 형성하는데, 아인슈타인의 중력장 이론에 따르면 빛이 중력장을 지날 때 휘어진 경로를 지난다고 한다. 이는 관측으로도 입증된 사실이다.

아인슈타인은 빛의 경로가 직선이 아니고 휘어진다면, 이는 곧 공간이 휘어져 있기 때문이라고 보았다. 빛의 경로는 공간의 성질을 드러내준다, 이렇게 본 것이다. 놀라운 착상이 아닐 수 없다. 그래서 아인슈타인은 "오직 빛만이 우주 공간의 본질을 밝혀주는 지표"라고 말했다.

앞서 말했듯이 **존 휠러**는 물질과 공간의 관계를 "물질은 공간의 곡률을 결

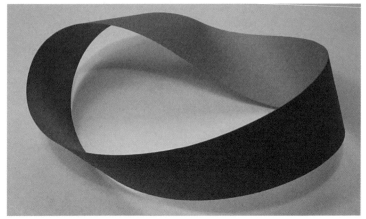

종이 끝을 테이프로 이어붙여 만든 뫼비우스의 띠. 만약 개미가 뫼비우스의 띠를 따라 표면을 이동한다면 경계를 넘지 않고도 원래 위치의 반대 면에 도달하게 된다. (출처/위키)

정하고, 공간은 물질의 운동을 결정한다"라는 말로 표현했다. 이처럼 우주의 시공간은 휘어져 있기 때문에 무한 사정거리의 총을 발사하면 그 총알은 우주를 한 바퀴 돌아 쏜 사람의 뒤통수를 때린다는 것이다. 그 사람이 그때까지 살아 있기만 한다면 말이다.

그래도 이해하기 어렵다면 차원을 낮추어 **뫼비우스의 띠**를 생각해보면 된다. 2차원의 뫼비우스 띠는 면적은 있지만, 안팎의 경계는 없다. 만약 개미가 뫼비우스의 띠를 따라 표면을 이동한다면 경계를 넘지 않고도 원래 위치의 반대 면에 도달하게 된다.

이와 같이 우주는 3차원의 뫼비우스 띠라고 볼 수 있다는 뜻이다. 우주 공간이 우리에게 평탄하게 보이는 것은 3차원의 존재인 우리가 거대한 스케일로 휘어져 있는 4차원의 시공간을 감득치 못해서 그렇다는 얘기다.

이처럼 우주는 중심도, 가장자리도 없는 4차원 시공간이다. 우주는 그 자체로 안이자 밖이며, 중심이자 끝이다. 이것이 우주가 우리가 접하는 다른 어떤 사물과 다른 점이다. 지금 당신이 있는 공간이 우주의 중심이라 해도 틀린 말은 아닌 셈이다. 신 앞에 모든 것은 공평하다고 하는 것이 바로 이를 두고 한 말인지도 모른다.

푸앵카레의 추측

우주 구조에 관련된 이 내용을 더 깊이 이해하려면 **푸앵카레의 추측**을 자세히 들여다봐야 한다. 우주의 구조를 파악하는 데 중요한 열쇠가 되는 '푸앵카레의 추측'은 프랑스가 낳은 불세출의 수학자 **앙리 푸앵카레**(1854~1912)가 1904년에 세상에 툭 내던진 것이었다. 추측이란 말 그대로 추측일 뿐, 증명된 것은 아니라는 뜻이다.

그가 문제를 제기한 이래 100년간 수많은 수학자들이 매달려 씨름했지만 아무도 풀지 못한 난제 중의 난제였다. 도대체 무슨 문제길래 지구상의 기라성 같은 수학 천재들이 한 세기 동안 끙끙거리면서도 못 풀었단 말인가? 인간 지성의 무기력함에 한숨이 나올 법도 하다.

문제는 단 한 줄짜리다. 하지만 그 뜻은 심오하다. 이런 내용이다.

"단일 연결인 3차원 **다양체**多樣體*는 3차원 구와 위상동형이다."

다양체　매니폴드(Manifold)라고도 한다. 국소적으로 볼 때 유클리드 공간과 닮은 도형을 말한다. 즉, 다양체의 임의의 점 근처의 공간은 유클리드 공간과 비슷하지만, 다양체의 전체적인 구조는 유클리드 공간과 다른 구조를 가지고 있을 수 있다. 예를 들면 구면은 충분히 가까이에서 보면 평면(2차원 유클리드 공간)과 같게 보인다. 하지만 구면 전체의 구조는 평면과는 다른 구조를 가지고 있다. 구면에서 점이 한 바퀴 돌아 원래 위치로 돌아오는 것은 평면과는 다른 성질이다.

이른바 **위상 기하학**[*]의 얘기다.

이 난해한 '추측'의 뜻부터 좀 풀이하자면 '어떤 닫힌 3차원 공간에서 모든 폐곡선이 수축되어 한 점이 될 수 있다면 이 공간은 반드시 3차원 원구圓球로 변형될 수 있다'라는 뜻이다.

그래도 무슨 말인지 얼른 알아들을 수 없다. 좀 더 구체적으로 설명하자면 광속의 우주선 꽁무니에 무한 길이로 풀리는 끈을 하나 매달고 전 우주를 헤매고 다닌 후 지구로 귀환했다고 칠 때, 그 꽁무니 끈(폐곡선)이 무엇에도 걸리지 않고 모두 회수될 수 있다면 우주선이 헤매 다닌 공간은 3차원 구와 같다는 뜻이다.

이 푸앵카레의 추측은 지난 한 세기 동안 수많은 수학자들이 도전했지만 풀지 못한 100년의 난제였다. 이것을 해결하는 사람에게는 100만 달러의 상금을 준다는 현상까지 걸었지만, 미해결인 상태로 1세기가 흘러갔다. 그러다가 몇 년 전, 그리고리 페렐만이라는 러시아의 한 괴짜 수학자가 그 증명에 성공했다.

그해(2006년) 미국의 〈사이언스〉지는 올해의 과학 뉴스 1위로 주저 없이 '푸앵카레의 추측 해결'을 꼽았다. 하지만 페렐만은 수학의 노벨상이라 불리는 필즈상도, 100만 달러 상금도 필요 없다고 모두 거부했다. 증명이 인정됐

위상 기하학 도형이나 공간이 가진 여러 가지 성질 가운데 특히 연속적으로 도형을 변형하더라도 변하지 않는 성질을 연구하는 기하학이다. 예컨대 평면상에 그려진 삼각형과 원은 보통의 기하학에서는 완전히 별개의 도형이지만, 토폴로지(위상 기하학)에서는 같은 종류의 도형이라 생각한다. 삼각형을 차츰 부풀려 변형해가면 마침내 원이 되기 때문이다. 이와 같이 연속적인 변형에 의해 하나의 도형이 다른 도형으로 옮아갈 때, 토폴로지에서는 그 두 개의 도형을 같은 종류라고 생각한다.

으면 그것으로 족하다는 것이다.

어쨌든 우주의 구조와 얽혀 있는 우주의 끝 문제에 대해선 이렇게 정리해 두는 게 현재로선 최선인 듯싶다. "우주는 유한하지만, 그 경계는 없다."

아, 공간이란 것도 우리에겐 이처럼 난해한 것이구나! 우리는 어쩌면 투명한 병 속에 갇혀 있으면서도 갇힌 줄 모르는 한 마리 파리인지도 모른다.

끝으로 어떤 이들은 우주에 대한 이 모든 논의를 무익한 시간 낭비라고 투덜거리기도 하지만, 여기엔 구구한 설명 대신 고금의 두 현자가 한 말을 들려주는 것으로 가름하기로 하자.

> 천문학은 우리 영혼이 위를 바라보게 하면서 우리를 이 세상에서 다른 세상으로 이끈다.
>   — 플라톤(철학자)

> 우주를 이해하려는 노력은 인간의 삶을 광대극보다는 조금 나은 수준으로 높여주고, 다소나마 비극적 품위를 지니게 해주는 아주 드문 일 중의 하나다.
>   — 스티븐 와인버그(『최초의 3분』 저자. 물리학자)

우주의 구조를 밝힌 괴짜 수학자
- 100년의 난제를 푼 천재 수학자 그리고리 페렐만

우주의 구조를 밝히는 데 중요한 이론 중의 하나인 수학 난제를 100년 만에 푼 수학자가 화제가 된 것이 지난 2010년이었는데, 이 수학자가 여전히 갖가지 기행으로 사람들의 관심을 끌고 있다.

화제의 주인공은 올해로 50살인 그리고리 페렐만이라는 러시아 수학자다. 그는 이른바 밀레니엄 문제를 푼 업적으로 100만 달러 상금의 수여자로 지명되었을 때부터 그 기이한 면모를 드러냈다. 무려 100만 달러에 달하는 거액의 상금을 헌신짝 차듯이 뻥 차버렸던 것이다. 이유는 "상 받으러 밖에 나가기 싫다"는 거였다.

한화로 12억 원이나 되는 돈이라면 결코 작은 돈이 아니다. 그렇다고 12억을 필요 없다고 차버린 그 친구가 무슨 재벌이나 억만장자도 아니다. 재벌은커녕 바퀴벌레 기어다니는 콧구멍만 한 아파트에 사는 노총각 수학자이다. 그런데 그 아파트도 자기 것이 아니다. 교사를 하다가 퇴직한 후 쥐꼬리만 한 연금으로 살아가는 노모의 아파트에 얹혀살고 있는 주제인 것이다.

이런 인물이 12억이나 되는 돈을 받게 된 사연은 무엇이고, 또 그 돈을 뻥 걷어차 버린 연유는 또 무엇일까?

먼저 그에게 12억 원을 주겠다고 인심 후한 결정을 한 주체는 미국의 한 연구소다. 미국의 부호 랜던 클레이가 세운 클레이수학연구소^{CMI}는 지난 2000년 수학 분야에서 이른바 밀레니엄 문제라고 불리는 중요한 미해결 문제 7개를 내걸고, 학력이나 경력도 상관없으니 누구든 풀기만 하면 한 문제당 100만 달러씩의 상금을 주겠다고 호언했다.

밀레니엄 문제 중 페렐만이 푼 '푸앵카레 추측'을 제외한 6개 난제는 아직 미해결 상태로 남아 있으니, 당신도 머리에

천재 수학자 그리고리 페렐만. (출처/위키)

자신만 있다면 그 문제들에 한번 도전해볼 수 있다. 누가 알겠는가? 당신이 그 문제들을 풀지. 초야에 고수 있다는 말도 있지 않은가.

어쨌든 난제 중의 난제인 푸앵카레 추측을 증명해내면 12억 원을 주겠다는 것이고, 그것을 페렐만이 증명함으로써 클레이수학연구소가 2010년 3월, 밀레니엄 상과 더불어 상금 수여 대상자를 페렐만으로 결정했던 것이다. 그런데 막상 당사자인 페렐만은 수상 소식을 듣고 집으로 찾아온 기자들을 향해 현관문도 열지 않은 채 "나는 내가 원하는 모든 것을 가졌다"고 외침으로써 상 받기를 거부했다.

이 은둔의 천재는 상트페테르부르크의 허름한 아파트 문 밖에 대고 기자들을 향해 이렇게 외쳤다고 한다. "나는 돈을 원치 않는다. 증명이 옳다면 남들의 인정은 불필요하다. 나는 아무것도 필요 없다."

원래 천재 중에는 괴짜 아닌 사람이 드물다고는 하지만, 그 모든 등급을 뛰어넘는 그리고리 페렐만은 도대체 어떤 사람인가?

1966년 구소련의 레닌그라드에서 태어난 페렐만은 1982년 레닌그라드 중등학교 때 국제 수학 올림피아드에 국가대표로 출전해 만점으로 금메달을 받았다. 이후 레닌그라드 대학에 진학하여 수학 및 역학 학부에서 박사 학위를 받았다.

페렐만은 러시아의 일간신문 콤소몰스카야 프라우다와 가진 인터뷰에서 학창 시

절 '물 위를 걷는 예수' 같은 성경 속 기적을 수학적으로 풀이하곤 했다고 회상하며, "예수가 물에 빠지지 않으려면 얼마나 빨리 걸어야 하는지 계산했다. 까다롭긴 했지만 풀 수 없는 문제는 아니었다"고 말했다.

상트페테르부르크의 스테클로프 연구소에서 연구 활동을 시작한 그는 1980년대 후반에서 1990년대 초까지 미국의 여러 대학을 방문·연구하다, 1995년 스탠퍼드 대학

노모와 함께 산책하는 은둔의 수학자 페렐만. (출처/www.kp.ru)

과 프린스턴 대학을 포함한 미국 유수 대학들의 교수 영입 요청을 거절하고, 자기가 처음 연구를 시작한 스테클로프 연구소로 돌아갔다.

연구원이던 2003년, 페렐만은 푸앵카레 추측을 증명한 논문을 인터넷에 올린 결과 국제적으로 엄청난 주목을 받았고, 복수의 연구팀이 검증한 결과 그 증명이 참으로 밝혀지면서 세계적인 천재 수학자의 반열에 올랐다. 당시 연구팀은 페렐만이 단 3쪽으로 정리한 풀이법을 검증하기 위해 수백 쪽이 넘는 보고서를 내기도 했다.

페렐만의 기행은 밀레니엄상 거부 이전부터 있었다. 2006년 스페인 마드리드에서 열린 수학 분야의 노벨상이라고 불리는 필즈 메달 시상식에도 수상자인 그는 끝내 모습을 드러내지 않았던 것이다. 불참의 변은 이랬다. "나는 돈과 명예에 관심이 없다. 동물원의 동물처럼 사람들의 구경거리가 되고 싶지 않다."

그는 스페인 왕이 상을 주려고 기다리고 있는 마드리드의 필즈상 시상식에 참석하는 대신 고향인 상트페테르부르크 외곽 집 근처의 숲으로 버섯을 따러 갔다.

그러면 지금은 어떻게 살고 있을까? 아직도 상트페테르부르크 남부의 지저분하고 허름한 방 두 칸짜리 아파트에서 84세의 노모와 단둘이 살고 있다. 그의 좁은 아파트는 바퀴벌레들이 우글거리고, 때에 절은 매트리스와 식탁 외에는 가재도구라고는 거의 없으며, 바깥출입하는 것을 보기 힘들다고 이웃들은 전한다.

페렐만은 2003년 스테클로프 연구소에서 해고된 후 현재까지 무직으로 지내며, 수학 연구도 완전히 접은 것으로 알려졌다. "수학은 논의하기에 고통스러운 주제라는 걸 문득 깨닫게 됐다"는 게 친구들의 전언이지만, 자신의 업적을 폄하하려는 수학계 일부의 알력에 크게 상처받은 것으로 전해진다.

고정적인 직장이 없는 페렐만은 가끔 개인 과외로 버는 많지 않은 돈과 노모의 연금으로 어려운 생활을 하고 있는 것으로 알려져 있다. 페렐만이 가장 행복해하는 일은 숲 속을 거닐며 버섯을 따는 것이라고 한다.

지난 2011년에는 과학자로서는 최고 영예인 러시아 과학 아카데미 정회원 추대를 거부해 또다시 세인의 주목을 받은 페렐만은 요즘도 가끔 근교의 숲으로 버섯을 따러 다니는 것 외에는 외출을 거의 하지 않는 은둔 생활을 이어가고 있다. 마치 중세 고행 수도사의 DNA를 지닌 듯 은둔의 생활을 이어가고 있는 것이다. 최근 들리는 풍문에 의하면 스위스의 한 연구소와 함께 충돌 문제를 연구하고 있다고 한다.

수학사 속에 괴짜 수학자들이 수두룩하지만 그 누구에게도 뒤지지 않는 초월수 파이(π) 같은 기인 그리고리 페렐만. 그런 아들을 보는 엄마의 속은 어떨까 궁금하기는 하지만, 그가 행복하게, 그리고 침해받지 않은 고요한 삶을 이어가길 바랄 뿐이다.

8 우주는 어떻게 끝날까?
우주 종말 시나리오 3종 세트

 "우주는 왜 텅 비어 있지 않고 무언가가 존재하는 가?", "신경 쓸 거 없다. 머잖아 다시 텅 비워질 테니까." **- 로렌스 크라우스(미국 우주론자)**

우주는 앞으로 어떻게 될까? 그것은 전적으로 이 우주에 물질이 얼마나 담겨 있는가에 달려 있다. 곧 우주 밀도와 **임계밀도**의 관계에 따라 그 가능성은 세 가지다. 참고로 우주의 임계밀도는 1m³당 수소원자 10개 정도다. 이것은 인간이 만들 수 있는 어떤 진공 상태보다도 완벽한 진공이다. 우주는 이처럼 태허太虛 자체인 것이다.

우주의 미래는, 우주 밀도가 임계밀도보다 작다면 우주는 영원히 팽창하고(열린 우주), 그보다 크다면 언젠가는 팽창을 멈추고 수축하기 시작할 것이다(닫힌 우주). 또 다른 가능성은 팽창과 수축을 반복하며 끝없이 순환하는 것이다(진동 우주). 우주 밀도와 임계밀도가 같아 곡률이 없는 편평한 우주라면, 언젠가 우주 팽창이 끝나지만 그 시점은 무한대이다.

그러나 어느 쪽의 우주가 되든, 우주가 열평형과 **무질서도**(엔트로피)*의 극한을 향해 서서히 무너져가는 것은 우울하지만 피할 수 없는 운명으로 보인다. 이른바 열사망熱死亡*이라는 상태다.

많은 이론물리학자들은 우주가 언젠간 종말에 이를 것이며, 그 과정은 이미 시작되었다고 믿고 있다. 우주가 어떻게 끝날 것인지는 확실히 알 수 없지만 과학자들은 대략 다음과 같은 세 개의 시나리오를 뽑아놓고 있다. 이른바 **대파열**Big rip, **대함몰**Big crunch, **대동결**Big freeze 시나리오다.

이 3종 세트 시나리오에 따르면 우주는 결국 스스로 붕괴를 일으켜 완전히 소멸하거나, 우주 팽창 속도가 가속됨에 따라 결국엔 은하를 비롯한 천체들과 원자, 아원자 입자 등 모든 물질이 찢겨져 종말을 맞을 것이라 한다.

'**대파열**' 시나리오에 의하면, 강력해진 암흑 에너지가 우주의 구조를 뒤틀어 처음에는 은하들을 갈가리 찢고, 블랙홀과 행성, 별들을 차례로 찢을 것이다. 이러한 대파열은 우주를 팽창시키는 힘이 은하를 결속시키는 중력보다 더 세질 때 일어나는 파국이다.

우주의 팽창이 나중에 빛의 속도로 빨라지면 물질을 유지시키는 결속력을 와해시켜 대파열로 나아가게 된다는 것이다. 그 결과 우주는 어떻게 될까? 무엇에도 결합되지 않은 입자들만 캄캄한 우주 공간을 떠도는 적막한 무덤이 될 것이다.

엔트로피　자연적인 현상은 비가역적이며 이는 무질서도가 증가하는 방향으로 일어난다는 것이다. 이를 수치적으로 보여주는 것이 엔트로피로, 무질서도의 척도이다. 열역학 제2법칙.

열사망　엔트로피가 최대가 되어 모든 물질의 온도가 일정하게 된 우주. 이러한 상황에서는 어떠한 에너지도 일을 할 수 없고, 우주는 정지한다.

'대파열' 시나리오에 의하면, 강력해진 암흑 에너지가 우주의 구조를 뒤틀어 처음에는 은하들을 갈가리 찢고, 블랙홀과 행성, 별들을 차례로 찢을 것이다. 이러한 대파열은 우주를 팽창시키는 힘이 은하를 결속시키는 중력보다 더 세질 때 일어나는 파국이다.

몇 년 전, 우주의 팽창 속도가 최초로 측정된 110억 년 전에 비해 훨씬 빨라져 롤러코스터를 보는 것 같다는 사실이 발표되기도 했다. 초창기 우주는 중력의 작용으로 팽창 속도가 느렸지만, 50억 년 전부터 그 속도가 빨라지기 시작했는데, 과학자들은 그것이 **암흑 에너지** 때문으로 보고 있다.

또 다른 종말 시나리오는 '**대함몰**'이다. 이것은 우주가 팽창을 계속하다가 점점 힘이 부쳐 속도가 떨어질 것이라는 가정에 근거한 것이다.

그러면 어떻게 되는가? 어느 순간 팽창하는 힘보다 중력의 힘 쪽으로 무게의 추가 기울어져 우주는 수축으로 되돌아서게 된다. 그 수축 속도는 시간이 지남에 따라 점점 더 빨라져 은하와 별, 블랙홀 들이 충돌하고 마침내 빅뱅의 한 점이었던 태초의 우주로 대함몰하게 된다는 것이다.

이 폭력적인 과정은 물리학에서 **상전이**相轉移, Phase transition라 일컫는 것으로, 예컨대 물이 가열되다가 어떤 온도에 이르면 기체인 수증기가 되는 현상 같은 것이다.

마지막 시나리오는 '**열사망**'으로도 불리는 '**대동결**'이다. 이것이 현대 물리학적 지식으로 볼 때 가장 가능성 높은 우주 종말의 모습이다.

대동결설에 따르면, 우주 팽창에 따라 물질이 서서히 복사하여 소멸의 길을 걷게 되는데, 별들은 차츰 빛을 잃어 희미하게 깜빡이다가 하나둘씩 스러지고, 우주는 정전된 아파트촌처럼 적막한 암흑 속으로 빠져든다.

약 1조 년 후면 블랙홀과 은하 등 우주의 모든 물질이 사라지게 된다. 심지어 원자까지도 붕괴를 피할 길이 없다. 그러면 어떠한 에너지도, 운동도 존재하지 않게 되어 우주는 하나의 완벽한 무덤이 되는 것이다. 이것을 '열사망'이라 한다.

몇백조 년이 흐르면 모든 별들은 에너지를 탕진하고 더 이상 빛을 내지 못할 것이며, 은하들은 점점 흐려지고 차가워질 것이다. 은하 속을 운행하는 죽은 별들은 은하 중심으로 소용돌이쳐 들어가 최후를 맞을 것이며, 10^{19}년 뒤에 은하들은 뭉쳐져 커다란 블랙홀이 될 것이다. 하지만 몇몇 죽은 별들은 다른 별들과의 우연한 만남을 통해 은하계 밖으로 내던져짐으로써 이러한 운명에서 벗어나 막막한 우주 공간 속을 외로이 떠돌 것이다.

우주론자 에드워드 해리슨은 서서히 진행되는 우주의 파멸을 다음과 같이 실감나게 묘사한다.

별들은 깜박이는 양초처럼 서서히 흐려지기 시작하면서 하나씩 꺼져

허블 망원경이 잡은 가장 깊은 우주 익스트림 딥 필드(eXtreme Deep Field). 우주 팽창에 따라 물질이 서서히 복사하여 소멸의 길을 걷게 되는데, 약 1조 년 후면 블랙홀과 은하 등 우주의 모든 물질이 사라지게 되고, 우주는 결국 열사망으로 종말을 맞을 것으로 예측되고 있다. (출처/NASA, ESA)

가고 있다. 거대한 천체의 도시인 은하계들은 서서히 죽어가고 있다. 수십억 년이 지나면서 어둠이 깊어져가고 있다. 이따금씩 깜박이는 빛 하나가 우주의 밤을 잠시 빛내며, 어디선가 활동이 생겨나 은하계의 무덤이라는 최종 선고를 약간 연기시킨다.

그러나 오랜 시간이 또 지나면 우주의 모든 물질들은 결국 블랙홀로 귀의하고, 다시 10^{108}년이 지나 모든 블랙홀들도 결국 빛으로 증발해 사라지고 나면, 우주에는 약간의 빛과 중성미자, 중력파만이 떠돌아다니게 된다. 종국에는 모든 물질의 소동은 사라지고, 물질도 반물질도 없으며, 우주의 무질서도를 높이는 어떠한 반응도 일어나지 않는다. 곧 시간도 방향성을 잃게 되어 시간 자체가 사라지고, 우주는 영원하고도 완전한 무덤 속이 되는 것이다. 이것이 바로 영광과 활동으로 가득 찼던 대우주의 우울하면서도 장엄한 종말인 것이다.

하지만 하나의 위안은 있다. 자연이 인간에게 베푼 자비라고나 할까. 우주의 종말이 오기까지 걸리는 시간은 상상을 초월할 정도로 엄청나기 때문에 고작 찰나를 사는 인간의 운명과 연결 짓는다는 것 자체가 부질없는 짓이라는 점이다.

또 우주는 100% 과학적으로만 접근해야 할 대상이 아니라 가슴으로 느껴야 하는 대상이라는 점도 조금은 위안이 된다. 인간의 이성이란 게 어차피 한계가 있는 만큼 지식이 다는 아니라는 말이다. 옛 선사들이 현대의 천문학자보다 우주를 깊이 감득하지 못했다고 누가 단언할 수 있으랴.

영겁 시간 속의 찰나, 무한 공간 속의 티끌인 나 자신을 돌아다보면, 우리는 이 시간, 이곳에서 무엇을 해야 할까? '내 주변의 사람들을 더욱 사랑하며, 맑은 삶을 살아가야지' 하는 마음을 다지게 되지 않을까?

Chapter 2

정말
'별난' 별
이야기

9 별자리는 하늘 번지수
당신을 우주로 안내하는 길라잡이

 맨눈으로 별자리가 일그러지는 것을 보려면 적어도 5만 년을 살아야 한다. **-앙드레 브라익 (프랑스 천문학자)**

　한자로 성좌星座라고 하는 별자리는 한마디로 하늘의 번지수다. 땅에 붙이는 번지수는 지번地番이라 하니, 별자리는 천번天番쯤 되겠다. 이 하늘의 번지수는 88번지까지 있다. 별자리 수가 남북반구를 통틀어 88개 있다는 말이다. 이 88개 별자리로 하늘은 빈틈없이 경계 지어져 있다.

　예로부터 별자리는 여행자와 항해자의 길잡이였고, 야외 생활을 하는 사람들에게는 밤하늘의 거대한 시계였다. 지금도 이 별자리로 인공위성이나 혜성을 추적한다. 물론 별자리의 별들은 모두 우리은하에 속한 것이다.

　참고로 우리은하 별들의 평균 간격은 3광년이다. 이는 지름 1cm 완두콩이 서울-대전 간 거리마다 한 개씩 놓여 있다는 뜻이다. 별 사이의 거리가 이처럼 먼 것에 대해 『코스모스』 저자 칼 세이건은 "별들 사이의 아득한 거리에는 신의 배려가 깃든 것 같다"는 말을 하기도 했다.

예전엔 천체 관측에 나서려면 별자리 공부부터 해야 했지만, 요즘에는 별자리 앱을 깐 스마트폰을 밤하늘에 겨누면 별자리와 유명 별 이름까지 가르쳐주니 별자리 공부 부담은 덜게 되었다.

그럼 별자리는 누가 최초로 만들었을까? 옛날 사람들 중 틀림없이 밤잠을 잘 안 잤던 사람들이었으리라. 그렇다! 밤에 잠 안 자고 보초 서던 목동들이 그 주인공이다. 별자리의 원조는 옛날 서아시아에서 양을 치던 사람들이다. 그곳의 티그리스 강과 유프라테스 강 유역에서 양떼를 기르던 유목민 **칼데아 인**이 바로 그 주인공이다.

5,000년보다 더 전인 그 옛날, 양떼를 지키기 위해 드넓은 벌판 한가운데서 밤새던 사람들이 무슨 할 일이 있었겠나. 캄캄한 밤중에 마을 처녀 생각하는 것도 하루 이틀이지, 만고에 할 일 없이 심심하던 차에 눈에 들어오는 거라곤 밤하늘의 별들뿐이었던 게다. 게다가 요즘처럼 잡광도, 매연도 없는 칠흑 같은 하늘이라 총총한 별들이 손에 잡힐 듯했을 거고. 그래서 더욱 감동 먹었을 것이다.

그렇게 별밭에서 노닐다 보니 특별히 밝게 반짝이는 별들이 눈에 띄었을 게고, 그 별들을 따라 죽죽 선분으로 잇다 보니 눈에 익은 꼴이 더러 나올 게 아닌가. 그래서 별자리 이름을 보면 염소니, 황소니, 양이니 하는 짐승 이름들이 대세인 것이다. 처녀자리는 예외지만.

어쨌든 이 유목민들은 매일 밤 이런 놀이를 하다 보니 뜻하지 않게 천문학 개론을 독학하는 결과를 가져왔다. 저녁 무렵 동녘에 오리온자리가 떠오르면 곧 겨울이 오란 걸 알게 되었다. 이렇게 천문학은 아마추어에서 시작되

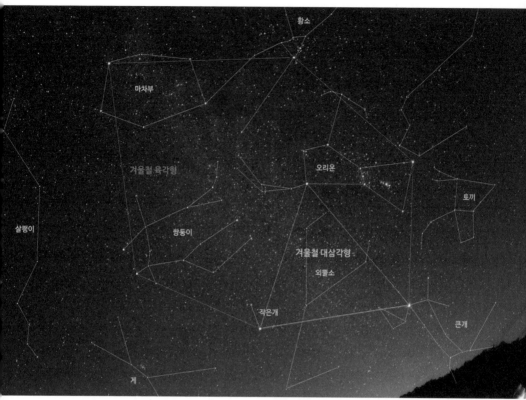

강원도 홍천군 아홉싸리재에서 잡은 밤하늘 별자리. (사진/윤경상)

였던 것이다. 그들이야말로 최초의 진정한 별지기였고, 아마추어 천문가의 원조였다.

　기원전 3000년경에 만들어진 이 지역의 표석에는 양·황소·쌍둥이 등, 태양과 행성이 지나는 길목인 황도를 따라 배치된 12개의 별자리, 즉 **황도 12궁**을 포함한 20여 개의 별자리가 기록되어 있다. 그들은 또 1년이 365일하고도 1/4일쯤 길다는 사실도 알고 있었다. 초야에 고수가 있다고, 독학으로 쌓은 유목민들의 천문학 내공은 이처럼 상당한 수준에까지 이르렀던 것이다.

고대 천문학에서 보이는 이집트 인들의 내공도 만만찮았다. 역시 기원전 3000년경 이미 43개의 별자리가 있었다. 그 후 바빌로니아-이집트의 천문학은 그리스로 전해졌다.

칼데아 유목민이 짐승을 좋아한 데 비해 그리스 인들은 신화를 무척 좋아했던 모양이다. 그래서 별자리 이름에도 신화 속의 신과 영웅, 동물들의 이름이 붙여졌다. 세페우스, 카시오페이아, 안드로메다, 큰곰 등의 별자리가 그러한 예들이다.

여기까지는 대체로 민초들이 쌓아올린 천문학이고, 서기 2세기경 비로소 본격 천문학이 이를 이어받았는데, 바로 **프톨레마이오스**(83경~168경)란 사람이 그리스 천문학을 몽땅 수집해 천동설을 기반으로 해서 체계를 세운 『**알마게스트**』가 등장하게 된 것이다. 여기에는 북반구의 별자리를 중심으로 48개의 별자리가 실려 있고, 이 별자리들은 그 후 15세기까지 유럽에 널리 알려졌다.

15세기 이후에는 원양 항해의 발달에 따라 남반구 별들도 많이 관찰되어 새로운 별자리들이 보태졌다. 공작새·날치자리 등, 남위 50° 이남의 별자리 대부분이 이때 만들어졌다.

동양 별자리의 역사도 유구하다. 중국과 인도 등 동양의 고대 별자리는 서양 것과는 족보부터가 다르다. 중국에서는 기원전 5세기경 적도를 12등분하여 **12차**次 또는 **12궁**宮이라 하고, 적도 부근에 28개의 별자리를 만들어 **28수**

宿라 했다. 이러한 중국의 별자리들은 그 크기가 서양 것보다 대체로 작다. 서기 3세기경 **진탁**陳卓이 만든 성도星圖에는 283궁(궁이란 별자리를 뜻한다), 1,464개의 별이 실려 있었다고 한다.

한국의 옛 별자리는 중국에서 전래된 것이지만, 삼국 시대 우리나라의 천문학은 일식을 예견하는 등 세계 최고 수준이었다.

지금처럼 88개의 별자리로 온 하늘을 빈틈없이 구획 정리한 것은 비교적 최근이라 할 수 있는 1930년의 일이다. 그때까지 별자리 이름이 곳에 따라 다르게 사용되었고, 그 경계도 통일되지 않아 불편함이 많았다.

그래서 국제천문연맹IAU 총회에서 온 하늘을 **88개 별자리**로 나누고, 황도를 따라 12개, 북반구 하늘에 28개, 남반구 하늘에 48개의 별자리를 각각 정하고, 종래 알려진 별자리의 주요 별이 바뀌지 않는 범위에서 천구상의 적경·적위에 평행한 선으로 경계를 정했다. 이것이 현재 쓰이고 있는 별자리로, 이중 우리나라에서 볼 수 있는 별자리는 67개다.

별자리와 아울러 알아둬야 할 것으로 **성군**星群, Asterism이란 게 있다. 공인된 별자리는 아니지만 별 집단의 별개 이름으로, 예컨대 북두칠성, 봄의 대삼각형, 삼태성, 삼성 등이 있다.

참고로 오리온의 허리띠에 있는 세 별을 **삼태성**三台星으로 알고 있는 이가 많은데, 삼태성은 북두칠성의 국자 옆에 길게 늘어선 세 쌍의 별로, 큰곰자리의 발바닥 부근에 해당된다. 오리온의 허리띠 세 별은 **삼성** 또는 **삼장군**이라 한다.

별자리는 우주 안내의 첫 길라잡이

별자리로 묶인 별들은 사실 서로 별 연고가 없는 사이다. 거리도 다 다른 3차원 공간에 있는 별들이지만, 지구에서 보아 2차원 평면에 있는 것으로 간주해 억지 춘향으로 묶어놓은 데에 지나지 않은 것이다.

또한 별의 밝기를 정한 등급도 절대등급이 아니라 **겉보기등급**이다. 별의 밝기를 처음으로 수치를 이용해 나타낸 사람은 기원전 2세기 그리스의 천문학자 **히파르코스**(기원전 190경~기원전 120경)였다. 그는 눈에 보이는 별 중 가장 밝은 별들을 1등급, 즉 1등성으로 하고, 가장 어두운 별을 6등성으로 정했다. 그리고 그 중간 밝기에 속하는 별들을 밝기 순서에 따라 2등성, 3등성으로 나누었다.

이 히파르코스란 사람은 정말 주목할 만한 대상이다. 달과 해가 겉보기 크기가 같다는 점에 착안, 삼각법으로 달까지의 거리를 구했는데, 지구 지름의 36배란 값을 얻었다. 지금의 측정치와 얼추 같은 값이다. 무려 2,200년 전의 일이다. 생각의 위대함이여! 이런 사람이 바로 천재다. 우리 인류의 문명은 이런 천재들에게 크게 힘입은 것임은 두말할 필요가 없다. 우리는 이런 천재들에게 마땅히 경의를 표해야 한다.

별들은 지구의 자전과 공전에 의해 **일주운동**과 **연주운동**을 한다. 따라서 별자리들은 일주운동으로 한 시간에 약 $15°$ 동에서 서로 이동하며, 연주운동으로 하루에 약 $1°$씩 서쪽으로 이동한다. 다음 날 같은 시각에 보는 같은 별자리도 어제보다 $1°$ 서쪽으로 이동해 있다는 뜻이다. 때문에 계절에 따라 보이는 별자리 또한 다르다.

우리가 흔히 계절별 별자리라 부르는 것은 그 계절의 저녁 9시경에 잘 보이는 별자리들을 말한다. 별자리를 이루는 별들에게도 번호가 있다. 가장 밝은 별로 시작해서 알파$^\alpha$별, 베타$^\beta$별, 감마$^\gamma$별 등으로 붙여나간다.

근세에 와서는 눈에 보이지 않는 6등성 미만의 별들과 태양과 같이 엄청 밝은 천체들에도 그 적용이 확장되었다. 즉, 1등급에 2.512배 차이를 두어, 1등성보다 2.512배 밝으면 0등성으로, 6등성보다 2.512배 어두우면 7등성으로 정해진다. 이런 식으로 표현하다 보면 보름달은 -12등급, 태양은 -27등급으로 표시된다. 그리고 1등성은 6등성에 비해 100배 밝은 별이 된다.

하지만 실제 별 관측에서는 1등성보다 밝은 별들도 모두 1등성에 포함시켜, -1.47등성인 큰개자리의 **시리우스**도 1등성으로 친다. 시리우스는 사실 온 하늘에서 가장 밝은 별이다. 고대 이집트에서는 해가 뜨기 전 이 별이 뜨면 곧 나일 강의 범람이 시작된다는 것을 알았다고 한다.

88개 별자리에 1등성은 21개

1등성은 북반구, 남반구 하늘을 모두 합쳐 21개가 있다. 우리나라에서 볼 수 있는 1등성 이상 밝은 별은 15개가 있으며, 1등성을 품고 있는 별자리는 모두 18개다. 그중 북반구에서는 **오리온자리**만이 1등성 두 개를 품고 있는데, 바로 **리겔과 베텔게우스**다. 그래서 오리온자리는 별자리의 왕자라고 불린다.

게다가 오리온의 허리띠 아래에는 **오리온 대성운**이 있다. 아름다운 나비 모양의 붉은색 성운이다. 하지만 크기는 무려 24광년, 거리는 1,500광년이다. 당신이 오늘 밤 본 오리온 대성운의 빛은 신라, 백제, 고구려가 아웅다웅하던

오리온자리. 1등성을 두 개나 갖고 있다. 왼쪽 위 붉은 별이 베텔게우스다. (사진/권우태)

삼국 시대에 출발한 빛인 것이다.

마지막으로, 만고에 변함없이 보이는 별자리도 사실 오랜 시간이 지나면 그 모습을 바꾼다. 별자리를 이루는 별들은 저마다 거리가 다를 뿐만 아니라, 1초에도 수십~수백km의 빠른 속도로 제각기 움직이고 있다. 다만 별들이 너무 멀리 있기 때문에 그 움직임이 눈에 띄지 않을 뿐이다. 그래서 고대 그리스에서 별자리가 정해진 이후 지금까지 별자리의 모습은 거의 변하지 않았다. 별의 위치는 2,000년 정도의 세월에도 거의 변화가 없었다는 것을 말해준다.

하지만 더 오랜 세월, 한 20만 년 정도가 흐르면 하늘의 모든 별자리들이 완전히 달라지게 된다. **북두칠성**은 더 이상 아무것도 퍼담을 수 없을 정도로 찌그러진 됫박 모양이 될 것이다.

그렇다고 별자리마저 덧없다고 여기지는 말자. 기껏 해야 100년을 못 사는 인간에겐 그래도 별자리는 만고불변의 하늘 지도이고, 당신을 우주로 안내해줄 첫 길라잡이니까.

10 북극성은 당신의 '위치'를 알고 있다
재미있고 오묘한 북극성 이야기

 천문학은 우주에서 우리가 있는 장소를 찾아내
라는 인류의 명령에서 비롯된 것이다. -닐 타
이슨(미국 천문학자)

나그네의 길잡이 별

태양 다음으로 인류에게 가장 친숙한 별이 바로 **북극성**Pole Star이 아닐까
싶다. 지구 자전축을 연장했을 때 천구의 북극에서 만나는 별이다.

2등성인 북극성은 지난 2,000년 동안 북극에 가장 가까운 휘성으로, 오랜
옛날부터 항해자들에게 친근한 길잡이가 되어주었고, 육로 여행자에게는 방
향과 위도를 알려주는 별이었다.

북극성이 가장으로 등록되어 있는 **작은곰자리**는 북극성을 포함한 7개의 별
로 이루어진 별자리로, 북두칠성을 큰 국자로 비유할 때 작은 국자로 비유된
다. 그리스 신화에서는 큰곰자리와 함께 하늘로 올라간 새끼곰의 하나라고
한다.

이 작은곰자리 알파별로 폴라리스Polaris라는 영어 이름을 가진 북극성은

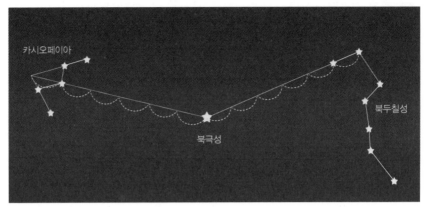

북두칠성 끝 두 별 사이 거리를 5배 연장하면 북극성에 닿는다.

길잡이 별이 되기에 여러 가지 좋은 조건을 갖추고 있다.

천구 북극에서 불과 1° 떨어져 작은 반지름을 그리며 일주운동을 하고 있다는 점과 안시등급이 2.5등으로 비교적 밝은 별이라는 점을 들 수 있고, 또 무엇보다 엄청난 하늘의 화살표가 북극성을 가리키고 있어 찾기 쉽다는 점이다. 그것도 둘씩이나! 바로 북두칠성과 카시오페이아자리다.

둘 다 눈에 잘 띄는 유명한 별자리로, **북두칠성**은 큰곰자리 꼬리 부분의 일곱 별로서 모두 2등성이 넘는 밝은 별들이고, **카시오페이아**는 5개의 별로 이루어진 찌그러진 W자 모양의 별자리다.

북두칠성에서 북극성을 찾는 방법은, 국자 모양의 끝부분 두 별(메라크, 두베)의 선분을 5배 연장하면 바로 북극성에 닿게 된다. 카시오페이아에서 찾는 방법은, W자 바깥 부분 두 선분을 연장하여 만나는 점과 가운데 꼭짓점 별을 잇는 선분을 5배 연장하면 역시 북극성에 가닿는다.

북극성을 찾을 수만 있다면 지구상 어디에 있든 자신의 위치를 가늠할 수 있다는 사실을 처음 알았을 때 느꼈던 뿌듯함을 아직도 기억하고 있다. 북극성의 올려본각이 바로 그 자리의 위도인 것이다. 예컨대 강화도에서 북쪽 하늘의 북극성을 바라본다면 약 38°쯤 된다. 따라서 강화도의 위도는 북위 38°이고, 동서남북을 알 수 있게 되는 것이다. 인류 역사상 수많은 항해자와 조난자들이 이 북극성을 보고서 자신의 활로를 찾아갔다.

북극성이 인류에게 베푼 은덕은 이뿐이 아니다. 고대인들은 이 북극성으로 인해 자신들이 살고 있는 지구가 공처럼 둥글다는 것을 알았다. 북쪽으로 올라갈수록 북극성의 올려본각이 커지는 것을 보고는, 이 편평하게 보이는 지구가 기실은 공처럼 둥글다는 사실을 깨쳤던 것이다.

몇 해 전 몽골에 갔을 때 본 밤하늘의 별밭을 잊을 수 없다. 총총한 별들이 바로 머리 위에서 반짝이고 있어, 막대기로 휘두르면 몇 개는 맞을 것 같은 느낌이 들 정도였다. 대기 중에 습기가 거의 없는 건조 지대인데다가 해발도 높고, 또 무엇보다 잡광이나 매연이 거의 없는 청정 지역이었기 때문이다. 말하자면 천체 관측에 최적의 조건을 갖춘 곳이다. 몽골로의 스타 투어도 괜찮을 듯싶다.

그때 북쪽 하늘에서 본 북극성은 정말 아름다웠다. 강화도에서 볼 때보다 확실히 고개를 뒤로 더 젖혀야 했다. 때문에 내가 서 있는 땅이 북위 50°쯤 되는 곳임을 알 수 있었다.

북극성의 진면목을 좀 더 살펴본다면, 놀라지 마시라. 밝기가 태양의 2,000배인 **초거성**이자 동반별 두 개를 거느리고 있는 **세페이드 변광성**이다. 그러니 세 별이 하나처럼 보이는 것이다. 수축과 팽창을 반복해 밝기가 변하는 세페이드 변광성은 지구에서 해당 천체까지의 거리를 알 수 있게 해주는 **표준 촛불**이다.

북극성까지의 거리는 약 430광년이다. 오늘 밤 당신이 보는 북극성의 별빛은 조선의 임진왜란 때쯤 출발한 빛인 셈이다. 이건 과학이다.

1만 2,000년 후에는 북극성이 바뀐다

북극성이란 사실 일반명사이고, 영어로는 폴라리스Polaris, 우리 옛 이름은 구진대성勾陳大星이라 한다. 지금부터 5,000년 전에는 용자리 알파별인 **투반**이 북극성이었다. 지구의 세차운동 탓에 지구 자전축이 조금씩 이동한 때문이다.

지구의 자전축은 우주 공간에 확실히 고정되어 있지 않고, 약 2만 6,000년을 주기로 조그만 원을 그리며 빙빙 돈다. 지금 북극성도 조금씩 천구 북극에서 멀어져가고 있어, 약 1만 2,000년 뒤에는 거문고자리 알파별인 **직녀성**(베가)이 북극성으로 등극할 거라 한다.

2008년 2월 4일, 미항공우주국NASA은 창립 50주년을 기념해 비틀즈의 히트곡인 '우주를 넘어서Across the Universe'를 작은곰자리의 북극성을 향해 쏘아 보냈다.

이 노래는 비틀즈의 존 레논이 작곡한 곡으로, NASA 국제우주탐사망DSN의 거대한 안테나 3대를 통해 동시에 발사되었다. '현자여, 진정한 깨달음을 주소서'라는 존 레논의 염원을 담은 이 노래는 빛의 속도로 날아가 약 420년

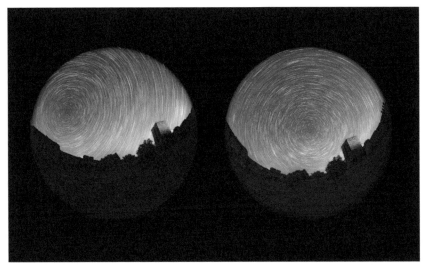

지금 북극성도 조금씩 천구 북극에서 멀어져가고 있어 약 1만 2,000년 뒤에는 거문고자리 알파별인 직녀성(베가)이 북극성으로 등극할 거라 한다. 왼쪽은 폴라리스가 북극성인 현재, 오른쪽은 직녀성이 북극성인 1만 2,000년 후의 광경. (출처/Miguel Claro)

후에 북극성에 도착할 예정이다. 8년 전 일이니까, 지금쯤은 총 여정의 2%쯤 날아갔겠다.

자, 오늘 밤에는 마당에 나가 북녘 밤하늘에서 북극성을 한번 찾아보자. 매연과 잡광으로 뒤덮인 서울 같은 대도시에서는 북극성 별빛이 당신에게까지 달려오지 않겠지만, 조금만 변두리라면 북쪽 하늘 별밭에서 쉽게 그 얼굴을 드러낼 것이다. 그리고 지금 당신이 서 있는 지점의 위도와 방위를 가르쳐줄 것이다. 또 모를 일 아닌가, 그 별이 혹 당신이 사막이나 깊은 산속 그 어디에 선가 조난당했을 때 당신에게 생명의 빛이 되어줄는지도.

그런 마음으로 북극성을 바라본다면, 이제 그 별은 예전에 보던 별과는 달리 당신에게 더욱 친숙하게 다가옴을 느낄 것이다.

11 지구촌 밤하늘의 '유명 스타' 아세요?
모르면 억울한 별들의 세계

 맑게 갠 밤, 별이 빛나는 하늘을 쳐다볼 때, 인간은
오로지 고귀한 혼만이 느끼는 일종의 만족감을 얻
을 수 있다. –**임마누엘 칸트(독일 철학자)**

　은막이나 브라운관을 누비는 유명 스타 이름을 뚜루루 꿰는 사람이라도
정작 밤하늘의 '유명 스타' 이름을 대보라면 답하기가 그리 녹록치 않을 것
같다. 대체로 '견우성', '직녀성', '북극성' 정도가 아닐까 싶다. 금성이나 화성
같은 것은 엄밀히 말하면 별, 곧 항성이 아니라 행성이니까 제쳐둬야 한다.
또 태양은 아예 급이 다르니까 역시 한쪽으로 따로 모시자.

　우리은하에 있는 별들의 수만도 3,000억 개에 이르지만, 지구 밤하늘에
서 맨눈으로 볼 수 있는 별의 개수는 그리 많지 않다. 우리가 맨눈으로 볼
수 있는 별의 밝기는 6.5등성 정도로(물론 빛 공해가 심한 도시 등은 제외하고), 약
6,000개 정도 된다.

　남북반구 다 해서 별자리 수는 88개이고, 1등성의 개수는 21개밖에 안 된
다. 우리나라에서는 1등성이 15개만 보이는데, 그중 절반이 넘는 8개가 겨

울철에 뜬다. 그러니까 우리 머리 위 밤하늘의 '유명 스타'는 정말 한 줌밖에 안 되는 셈이다. 하지만 그 면면을 살펴보면 우리가 관심 기울일 만한 사연과 내용, 자격을 갖춘, 그야말로 한가락 하는 '유명 스타'들이다.

모르고 살면 억울할 그들의 별 세계로 들어가보자.

1. 시리우스^{Sirius}

하늘 전체에서 태양 다음으로 가장 밝은 별로 −1.5등성이다. **큰개자리**의 알파별인 시리우스는 서양에서는 개별Dog Star이라 하고 동양에서는 늑대별天狼星이라 불렀다. 개나 늑대나 그게 그거다. 동서양을 막론하고 사람 느낌은 크게 다르지 않은 모양이다.

또 복더위를 뜻하는 '개의 날Dog days'이라는 표현에 그 이름이 남아 있는 것으로 보아, 고대 로마 인들은 태양과 함께 출몰하는 시리우스 별을 1년 중 가장 더운 시기와 연관시켰던 모양이다. 우리가 복날 개고기를 먹는 것도 혹시 이런 관점에 연유하는 것이 아닐까?

늑대 눈처럼 시퍼렇게 보이는 시리우스는 사실 쌍성으로, 그중 밝은 별은 태양보다 23배 더 밝다. 별은 생각보다 사교적이다. 하늘에 떠 있는 별의 1/2가량이 쌍성인 것으로 보아 그렇다는 말이다.

고대 이집트에서는 이 별이 일출 직전에 동쪽에서 떠오를 무렵 어머니 나일 강의 범람이 시작되었기 때문에, 이로써 1년의 시작으로 삼았으며, **이시스 신전**은 시리우스의 출몰 방향에 맞추어서 지어졌다.

겨울철에 이 별을 찾기는 아주 쉽다. 오리온자리의 동쪽에 떠오르는 가장 눈부신 별이 바로 시리우스다. 크기는 태양의 약 두 배이고, 거리도 가까워

시리우스 A와 B. 밝고 큰 별이 시리우스 A이고, 오른쪽의 작은 백색왜성이 시리우스 B이다.

8.6광년밖에 안 된다. 태양에서 5번째로 가까운 별이다.

1862년에는 동반성 '시리우스 B'가 발견되었는데, 처음으로 발견된 **백색왜성**이다. 백색왜성은 반지름이 작은 고밀도의 별로, 표면 중력은 놀랄 만큼 큰데, 시리우스 동반성의 표면 중력은 지구의 5만 배나 된다.

시리우스에는 재미있는 사연이 하나 더 보태졌다.

부처님이 35세 되는 해인 기원전 589년 12월 8일 이른 새벽, 부다가야 근처에 있는 우루벨라 촌의 보리수 밑에서 참선하다 하늘의 어떤 별을 보고는 문득 '대각大覺'을 이루었다는 얘기가 있다.

이 말을 들은 한 별지기가 별자리 앱 스카이사파리로 위치를 부다가야 근처 가야 시로 설정하고 해당 날짜로 돌려봤는데, 그날은 달이 없는 날이고 새벽녘에 가장 밝은 별이 시리우스였다고 한다.

밤하늘의 모든 별들 중 가장 밝은 시리우스가 부처님을 대각으로 이끌었다고 생각하니 정말 그럴듯하지 않은가. 시리우스를 보는 기분이 사뭇 달라짐을 느낀다. 우리도 시리우스와 자주 눈을 맞추면 큰 깨달음을 얻게 될지도 모를 일이다.

그런데 부처님도 설마 시리우스가 쌍성인 것은 모르셨겠지. 그것을 최초로 안 사람은 중학교 중퇴 천문학자인 19세기 보살급의 수행자 프리드리히 베셀이었다.

2. 직녀성^{Vega}

흔히 베가라고 부르는 직녀성은 **거문고자리**의 알파별로, 광도는 0.0등, 겉보기등급 순에서 5번째로 밝은 별이다. 북반구 하늘만을 한정할 경우 큰개자리의 시리우스, 목자자리의 **아르크투루스**에 이어 3번째로 밝은 별이다.

지름은 태양의 약 3배, 질량은 태양의 약 2배, 밝기는 태양의 약 37배이다. 청백색으로 매우 밝게 빛나 '하늘의 아크등'이라는 별명을 가지고 있다.

독수리자리의 **알타이르**(견우성), 백조자리의 **데네브**와 함께 여름의 대삼각형을 이룬다. 지구의 세차운동으로 **베가**는 기원전 12000년까지 북극성이었으며, 다시 서기 14000년경에 북극성으로 등극한다. 그리고 거리도 24.7광년으로 가까워진다. 참고로 베가라는 이름은 아랍어로 '하강하는 독수리'라는 뜻이다.

흔히 플레이아데스라고 불리는 좀생이별. 7자매별 또는 M45로도 불린다. (출처/ NOAO, AURA, NSF)

3. 좀생이별^{Pleiades}

흔히 **플레이아데스**라고 불리는 좀생이별은 하나의 별이 아니라 성단이다. 비교적 젊은 수백 개의 청백색 별들로 구성된 대표적인 **산개성단**이다.

황소자리에 있는 플레이아데스는 성단 전체를 둘러싼 엷은 성간가스가 별 빛을 반사해 신비스럽게 보이는 탓으로 천체 사진가들의 인기 품목이다.

맨눈으로도 3~5등의 별을 7개쯤 볼 수 있는데, 이 7개의 별을 7자매별이 라고 부르기도 한다. 지구로부터 410광년 떨어져 있다. 한국과 중국에서는 예로부터 28수宿의 8번째인 묘성昴星으로 알려져 있다.

좀생이별을 찾기는 아주 쉽다. 구글 스카이 앱을 스마트폰에 깔았다면 그

걸 밤하늘에 겨눠 황소자리를 찾은 다음, 그 근처를 둘러보면 별들이 오종종 모여 있는 빛 뭉치가 금방 눈에 띈다. 그게 바로 좀생이별이다. 쌍안경으로 보면 그 환상적인 아름다움에 금방 빠져들어 결코 잊혀지지 않을 것이다.

4. 베텔게우스 Betelgeuse

지구촌 밤하늘에서 현재 가장 문제적 별이다. 무슨 사연인가 하면, 이 별이 임종이 가까운데, '조만간' **초신성**으로 폭발할 거라는 천문학자들의 예고가 나왔기 때문이다. 물론 우주 스케일에서 말하는 '조만간'이란 오늘 내일일 수도 있지만 수천 수만 년도 될 수 있다.

베텔게우스는 **오리온자리**의 알파별로, 좌상 꼭짓점에 있다. 엄청난 적색초거성으로 지름이 태양 크기의 1,000배나 된다. 만약 베텔게우스를 태양 자리에 끌어다놓는다면 목성 궤도까지 잡아먹을 것이다. 밝기는 태양의 50만 배, 거리는 640광년이다. 그러니까 오늘 밤 내가 보는 베텔게우스 별빛은 이 성계가 위화도에서 군대를 돌리던 무렵 별에서 출발한 빛인 것이다.

초거성인 베텔게우스가 수명을 다해 초신성으로 폭발한다면 지구에서 최소한 1~2주간 관측될 가능성이 있는 것으로 예상되고 있다. 만약 이 별이 터진다면 지구가 형성된 이후 가장 밝은 빛으로 기록될 것으로 예상된다.

정확한 폭발 시점은 알 수 없으나 몇 년 안에 일어날 가능성도 있다고 한다. 물론 그런 일이 실제로 일어난다면 그것은 현장에선 이미 640년 전에 일어났던 일일 것이다. 그러면 우리는 우리은하에서 400년 만에 터지는 초신성을 볼 수 있는 행운을 누리게 된다.

베텔게우스가 폭발한다면 지구에는 어떤 영향을 미칠까? 나이가 850만

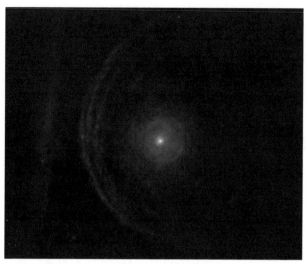

허셜 우주망원경이 생산한 오리온자리의 1등성 베텔게우스의 컬러 합성 이미지. 대폭발을 앞둔 적색거성으로, 밤하늘을 볼 때면 '요주의' 별이다. (출처/ ESA)

년인 이 늙은 거성은 중심에서 연료가 소진되면 내부로부터 붕괴돼 엄청난 폭발과 함께 마지막 빛을 발하게 된다.

이때 우리는 약 1~2주간 밤하늘에서 믿기 어려울 정도의 밝은 빛을 목격하게 될 것이다. 곧 초신성이 폭발하면서 발하는 빛은 몇 주일에 걸쳐 밤을 낮처럼 만들고, 마치 하늘에 두 개의 태양이 떠 있는 것과 같은 장면을 연출한다. 이후 몇 달간 서서히 빛이 사그라져 결국에는 성운이 될 것이다. 하지만 지구에서 워낙 멀리 떨어져 있어 지구가 직접 그 영향을 받을 가능성은 거의 없다고 한다.

밤하늘을 볼 때면 맨 먼저 베텔게우스를 찾아볼 것을 권한다. 언제 터질지 모른다. 행운이 따른다면 당신이 바라보는 바로 그 순간일 수도 있으니까.

*유튜브 검색어→베텔게우스

5. 북두칠성^{Big Dipper}

하늘에서 둘째 가라면 서러워할 유명 스타 군단이 바로 북두칠성이다. 아무리 별자리에 무심한 사람이라도 북두칠성은 다 알 것이다. 북쪽 하늘에 자루 달린 큼직한 국자 모양의 별자리를 어찌 모르랴.

하지만 사실 북두칠성은 그 자체로 하나의 별자리가 아니라 성군이다. 큰곰자리의 꼬리 부분에 해당하는 국자 모양의 7개의 별을 가리키는 것이다. '북두北斗'는 북쪽 됫박이란 뜻이고, 서양에서는 '큰 국자'라는 뜻으로 빅 디퍼Big Dipper라고 한다.

한국과 중국에서는 예로부터 인간의 수명을 관장하는 별자리로 여겼다. 사람이 죽으면 칠성판 위에 누이는 것도 같은 맥락이다. 또 우리 조상들은 북두칠성을 신성하게 여겨 신앙의 대상으로 삼기도 했다. "칠성단을 쌓고 칠성님께 비나이다"의 그 '칠성'은 북두칠성을 일컫는 말이다.

특히 고구려인들은 자신들을 북두칠성의 자손, 곧 천손天孫으로 여기는 칠성 신앙을 갖고 있었다. 그래서 왕릉이나 옛 무덤 속 천장 벽화에 북두칠성을 즐겨 그렸다.

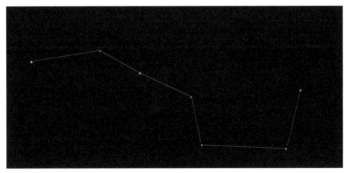

큰곰자리에서 국자 모양을 이루며 가장 뚜렷하게 보이는 7개의 별. 북두칠성.

북두칠성을 이루는 7개의 별은 모두 2등 내외의 밝은 별로, 예로부터 항해할 때 길잡이 별이 돼준 인류에게는 친근한 별들이다. 또한 됫박 끝의 두 별을 잇는 선분을 5배 연장하면 바로 북극성에 닿으므로, 두 별을 지극성指極星이라고 한다.

그런데 사실 북두칠성은 7개 별이 아니라 8개 별로, **북두팔성**이라 불러야 마땅하다. 자루 끝에서 두 번째 별을 자세히 보라. **미자르**라는 이름의 별인데, 그 옆에 **알코르**라는 작은 별 하나가 더 붙어 있어 이중성을 이루고 있다. 그러나 두 별은 시선 방향에서 붙어 보일 뿐, 사실은 1.1광년 이상 떨어져 있다. 이를 **안시쌍성**이라 한다.

알코르는 4등성이지만, 2등성 미자르에 딱 붙어 있는 이것을 보려면 시력이 1.5 이상 되어야 한다. 1.0의 경우에는 어렴풋이 보이고, 0.7 이하는 아예 볼 수 없다. 그래서 옛날 로마의 모병관들이 식민지 젊은이들에게 급료와 로마 시민권을 미끼로 군인을 뽑을 때 이 별을 시력 측정용으로 이용했다.

오늘 밤에라도 바깥에 나가 북두칠성을 한번 바라보라. 미자르와 알코르가 떨어져 보이지 않고 하나로 보인다면 로마군 모병관은 당신을 바로 귀가 조치시킬 것이다.

6. 아르크투루스^{Arcturus}

북두칠성의 손잡이 곡선을 한참 따라가다 보면 밝은 오렌지색 별 하나가 마중 나온다. 그게 바로 **목자자리**의 알파별 아르크투루스로, 하늘에서 3번째로 밝은 별이다. 아르크투루스는 '곰을 지키는 사람'이라는 뜻의 그리스 어다. 북두칠성을 꼬리로 달고 있는 큰곰 뒤를 따라다니는 것처럼 보여 붙인 이름일 것이다.

아르크투루스는 정확히 −0.1등성으로 거리도 36광년이어서 태양과 비교적 가깝다. 하지만 크기는 태양 지름의 27배나 되고, 밝기는 태양의 약 100배나 된다. 이렇게 큰 항성을 '거성'이라 한다.

봄철 밤하늘에서 가장 찾기 쉬운 별자리인 목자자리의 **아르크투루스**, 처녀자리의 **스피카**, 사자자리의 **데네볼라**를 이어 만들어지는 삼각형을 '**봄철의 대삼각형**'이라 하고, 북두칠성 손잡이에서 아르크투루스, 스피카로 이어지는 곡선을 '**봄의 대곡선**'이라 한다. 이 정도만 알고 있어도 봄의 밤하늘을 자녀들에게 설명하는 데 어려움이 없을 것이다.

7. 스피카^{Spica}

봄철 대삼각형의 한 꼭짓점을 이루는 1등성 스피카는 **처녀자리**의 알파별이다. 스피카는 '곡물의 이삭'이라는 라틴어인데, 여신이 손에 든 빛나는 보리 이삭이 스피카다. 이 별이 나타나면 파종 때가 가까워진 것이므로 농사와 매우 밀접한 관계가 있다.

밤하늘에서 15번째로 밝은 별인 스피카는 한 별이 아니라 동반성을 가진 **쌍성**이다. 서로의 둘레를 4일마다 한 바퀴씩 공전하며, 주성과 동반성의 질량은 각각 태양의 9.4배와 6배이고, 거리는 260광년이다.

이 별이 유명한 것은 청초한 처녀처럼 맑고 푸른빛을 내는 이유도 있지만, 지구의 세차운동을 가르쳐준 것이 가장 큰 이유다. 별의 등급을 최초로 정했던 **히파르코스**가 지구의 세차운동을 이 별로 인해 알게 되었고, 지동설의 **코페르니쿠스**도 세차운동에 관한 연구를 위해 스피카를 많이 관찰했다. 스피카는

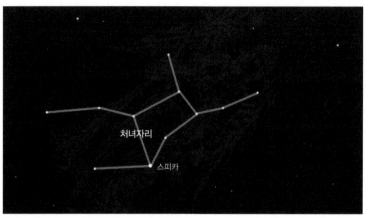

봄철 대삼각형의 한 꼭짓점을 이루는 1등성 스피카는 처녀자리의 알파별이다. 스피카는 여신
이 손에 든 빛나는 '보리 이삭'을 뜻한다. (출처/NASA)

초신성으로 일생을 마칠 것으로 예상하는 후보들 중 지구에서 가장 가까운 별이기도 하다.

또 하나 기억해야 할 것은 스피카가 알파별인 처녀자리는 **머리털자리**와 함께 은하나 은하단이 많이 발견되는 곳이라는 점이다. 처녀자리 은하단은 200개 정도 은하가 한 무리가 된 거대한 은하단으로, 거리는 약 6,000만 광년이며, 초속 1,200km의 속도로 멀어져가고 있다.

8. 알파 센타우리^{Alpha Centauri}

알파 센타우리는 **센타우루스자리**에서 가장 밝은 별인 −0.01등성으로, 밤하늘에서는 4번째로 밝은 별이다. 맨눈으로는 하나로 보이지만 사실은 쌍성계로, 태양과 매우 비슷한 센타우루스자리 알파 A별, 태양보다 좀 가볍고 차가운 오렌지색 왜성인 센타우루스자리 알파 B별로 이루어져 있다.

2012년에 센타우루스자리 알파 B별 주위에서 지구 크기의 행성을 발견했지만, 너무 뜨거워 생명이 살 수 없다.

그런데 센타우루스자리는 천구의 남쪽에 있는 별자리로, 한국의 위도에서는 별자리의 북쪽 일부를 제외한 대부분을 볼 수 없다.

알파 센타우리는 상대적으로 가까운 거리 때문에 성간 여행을 다룬 과학소설이나 비디오 게임들의 소재로 잘 쓰인다. 어쨌든 센타우루스자리 알파별은 인류가 성간 여행을 현실화할 경우 가장 먼저 방문할 후보들 중 하나다.

밤하늘에서 이들과 조금 떨어진 곳에 **프록시마 센타우리**란 별이 있는데, 태양에서 가장 가까운 별로 유명하다. 실시등급이 11.05인 어두운 **적색왜성**이기 때문에 맨눈으로는 관측이 불가능하다. 거리는 4.22광년이지만, 가장 빠른 우주선으로 달려도 갔다 오는 데 약 8만 년이 걸린다.

프록시마 센타우리의 질량은 태양의 1/8 정도로, 핵융합 반응을 통해 항성으로서 빛날 수 있는 최저 질량보다 불과 1.5배 정도 더 클 뿐이다.

항성의 수명은 질량이 작을수록 길어지기 때문에 프록시마 센타우리의 수명은 무려 4조 년에 달한다. 이것은 138억 년인 우리 우주의 나이보다 300배나 긴 시간이다.

9. 안타레스^{Antares}

전갈자리의 알파별로, 겉보기등급으로 16번째로 밝은 별이다. 황도 근처에 있는 안타레스는 화성처럼 붉은빛을 띠기 때문에 전쟁의 신 이름이 붙은 '**화성(아레스)의 경쟁자**'라는 뜻을 갖고 있다.

적색초거성인 안타레스는 <u>스스로 변광하는 **변광성**</u>으로 밝을 때는 0.9등,

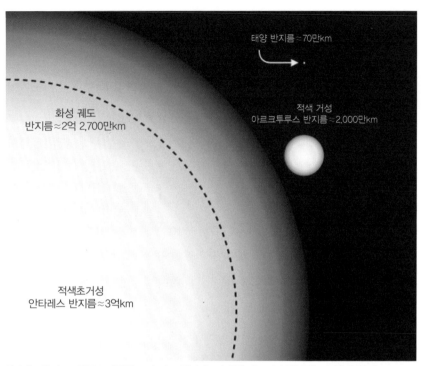

태양 반지름 ≈70만km

화성 궤도
반지름 ≈2억 2,700만km

적색 거성
아르크투루스 반지름 ≈2,000만km

적색초거성
안타레스 반지름 ≈3억km

안타레스와 아르크투루스, 태양의 크기 비교. 안타레스가 화성 궤도까지 잡아먹는다. (출처/위키)

가장 어두울 때는 1.8등이며, 지름은 무려 태양의 400배에 이른다. 만약 안타레스를 태양 자리에다 끌어다놓는다면 화성 궤도까지 집어삼킬 것이다. 다행히 안타레스는 지구에서 약 600광년이나 멀리 떨어져 있다.

안타레스는 한 개의 단독성이 아니라 청백색의 안타레스 B를 동반성으로 거느리고 있다. 두 별 사이의 거리는 550AU(1AU는 태양-지구 간 거리로 약 1억 5,000만km)에 이른다.

안타레스를 가장 잘 관찰할 수 있는 시기는 안타레스가 태양의 반대편에 오는 5월 31일 전후다. 이 무렵의 안타레스는 저물녘에 떠서 새벽에 지므로

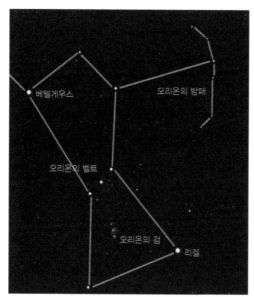

오리온자리의 베타별 리겔(오른쪽 아래).

밤새 볼 수 있다. 태양으로 인해 이 별을 못 보는 시기는 북반구가 남반구보다 긴데, 그 이유는 안타레스의 위치가 천구 적도의 아래에 있기 때문이다.

10. 리겔Rigel

겨울철 마당에 나가 남녘 밤하늘을 보면 장구처럼 생긴 별자리가 금방 눈에 들어온다. 별자리의 왕자인 오리온자리다. 혼자서 그 귀한 1등성 두 개를 차지하고 있기 때문이다. 오리온은 그리스 신화에 나오는 미남 사냥꾼 이름이란다.

이 사냥꾼의 허리띠를 이루고 있는 등간격의 삼성도 눈에 잘 띈다. 바로 그 아래에는 유명한 **오리온 대성운**이 있다. 리겔은 오리온자리의 베타별로, 오리온자리 사변형의 우하右下 꼭짓점에 있다. 안시등급 0.08등, 거리 770광년의 푸른색 초거성이다. 아주 젊은 별로 나이가 1,000만 년밖에 안 된다.

크기는 태양 지름의 60배, 절대광도는 6만 배에 달하지만, 평균 밀도는 물의 수천분의 1에 지나지 않는다. 이중성으로, 6.8등성인 동반성이 있다. 리겔이란 아랍어로 '거인의 왼발'이란 뜻이다. 리겔은 밝고, 지구 어느 대양에서나 잘 보였기 때문에 예로부터 중요한 항해별 중 하나였다.

11. 카노푸스^{Canopus}

용골자리의 알파별인 카노푸스는 -0.7등으로 시리우스 다음으로 밝은 별이다. 거리는 310광년, 크기는 태양의 65배, 밝기는 태양의 1만 3,600배다.

우리나라와 중국에서는 **노인성, 수성**으로 불리며, 인간의 수명을 관장하는 별로 여겨지고 있다. 옛 기록에 따르면, 남부 지역에서 이 별을 보았을 경우 나라에 고하도록 했으며, 매우 경사스러운 징조로 여겼다.

한국에서는 남쪽의 수평선 근처에서 매우 드물게 볼 수 있다. 서울에서는 지평선에서 약 $1°$ 정도로 거의 지평선에 걸쳐 있다. 원래는 붉은 별이 아니지만 지평선 방향의 두꺼운 대기층에 의해 푸른빛이 흡수되어 붉게 보인다. 이 별은 약 1만 2,000년 뒤에는 남극성이 될 것이다.

카노푸스는 우주선이 우주 공간에서 항로를 잡을 때 기준으로 이용하는 이정표 별이기도 하다. 무엇보다 카노푸스를 보게 되면 오래 산다는 말도 있으므로, 제주도나 호주 같은 남녘으로 여행한다면 꼭 이 별을 놓치지 말고 보기 바란다.

우주에서 가장 큰 별 '톱10'

-인간의 상상력을 비웃는 별의 크기

가장 큰 별은 얼마나 클까?

얼마 전 태양 질량의 100배가 넘는 **용골자리 에타별**의 생생한 이미지가 NASA에 의해 공개되어 별지기들은 물론 일반인들에게 놀라움과 화제를 안겨주었다. 태양만 하더라도 지름이 지구-달 간 거리의 3.5배인 140만km에 달하는데, 이보다 100배나 크다는 사실은 충격적으로 받아들여졌다.

그렇다면 우주에서 가장 큰 별은 도대체 얼마나 크단 말인가?

이러한 궁금증을 해소하기 위해 필자가 최신 자료를 활용, 별에 관한 재미있는 정보들을 정리해보았다.

우주에는 지구상의 모래알보다 많은 별들이 널려 있지만, 그 크기는 엄청나게 다양하다. 그중에서 가장 큰 별은 얼마나 클까? 한도 끝도 없이 넓은 것이 또 우주니까 그걸 다 뒤질 수는 없는 노릇인지라 어차피 우리은하와 그 주변의 별들을 대상으로 후보를 뽑을 수밖에 없다. 다만 우주는 등방적이니까, 아무리 먼 우주라도 우리 주변의 우주와 대동소이하다는 점을 위안으로 삼아도 좋겠다.

그런데 큰 별들은 거의가 다 **적색거성**들이다. 별의 종말에 이르러 몸집이 불어날 대로 불어난 별들이 순위를 차지하는 것은 당연한 노릇이기도 하다.

다만 별의 크기를 정확히 측정하는 것이 다소 어려운 작업이고, 더욱이 어떤 별은 어디까지가 몸체이고 주변 가스인지조차 분별하기 어려운 경우까지 있다. 또 별 크기를 측정하는 기술 역시 세월에 따라 진보하는 만큼 이러한 별 크기 순위는 언제든 바뀔 수도 있다는 점을 감안할 필요가 있다.

지금까지 밝혀진 별 가운데 가장 큰 별은 지름이 24억km인 **방패자리 UY별**^{UY Scuti}이다. 비행기를 타고 지구를 한 바퀴 도는 데는 약 이틀이 걸린다. 하지만 이 별을 한 바퀴 돌려면 무려 1,000년이 걸리는 엄청난 크기다. 하나의 사물이 이렇게 클 수가 있다니! 정말 믿기 어려운 노릇이고, 상상조차 안 된다. 하지만 사실이다. 우주는 이토록 놀랍다.

아래 목록은 지금까지 밝혀진 우리은하에서 가장 큰 별 '톱10'이다. 별 이름 다음 괄호 안의 숫자는 태양 크기의 몇 배임을 나타낸다.

10위 : 전갈자리 AH별 / AH Scorpii(1,411) 전갈자리 AH별은 전갈자리에 있는 적색초거성으로 3등급 부근의 변광성이다. 온도도 변하는 만큼 크기도 변해 대략 태양 반지름의 1,287~1,535 사이에서 요동한다. 지구와의 거리는 1만 2,000광년. 밝은 동반성을 가진 것으로 알려졌다.

9위 : 백조자리 KY별 / KY Cygni(1,420) 백조자리 KY별은 3.5등급으로 백조자리 별이다. 실제 밝기는 태양의 30만 배이지만, 거리가 5,000광년이나 떨어져 있어 맨눈으로는 안 보인다.

8위 : 큰개자리 VY별 / Canis Majoris(1,420) 이 극초거성은 한때 우주 최대의 별로 군림했지만, 보다 정밀한 측정이 이루어진 결과 순위가 뚝 떨어졌다.

큰개자리에 있는 이 별은 태양 크기의 1,420±120배다. 이는 약 13AU에 해당하는 길이로, 19억 7,664만km다. 만약 이 별을 태양 자리에 끌어다놓는다면 목성 궤도에까지 미치고, 때로는 토성 궤도까지 넘볼 것이다. 지구로부터 거리는 3,900 광년이다.

7위 : 세페우스자리 RW별 / RW Cephei(1,435) 세페우스자리 RW별은 황색 또는 적색 극대거성으로, 세페우스자리에 있다. 크기는 태양의 1,260~1,610배로, 평균은 1,435배다. 변광성으로 그 밝기 변화 폭이 너무 커 G2형에서 M형까지를 널뛰기한다. 지구에서 약 1만 1,500광년 떨어져 있다.

6위 : 세페우스자리 VV별 / VV Cephei A(1,050~1,900) 세페우스자리 VV별은 지구에서 약 3,000광년 떨어진 세페우스자리에 있는 식쌍성^{蝕雙星, 식변광성}이자 알골형변광성이다. 세페우스자리 VV A는 지름이 태양의 약 1,600~1,900배 정도로, 이 별이 현재 태양의 위치에 있다고 가정하면 그 둘레는 목성 공전 궤도를 넘을 정도다. 밝기는 태양보다 약 27만 5,000~57만 5,000배다.

5위 : 궁수자리 VX별 / VX Sagittarii(1,520) 궁수자리 VX별은 궁수자리 μ(뮤)별과 **삼렬성운** 사이에 위치한 적색초거성으로, **맥동변광성**이다. 태양 반지름의 약 832~1,520배에 달하는 어마어마한 크기로 미루어볼 때, 궁수자리 VX별은 이미 최후를 맞이했거나 또는 수천~수만 년 뒤에 초신성 폭발로 최후를 맞이할 것으로 예측된다. 지구로부터 약 5,150광년 떨어져 있어 폭발하더라도 직접적인 영향은 없을 것이다.

4위 : 웨스터룬드 1-26별 / Westerlund 1-26(1,530) 웨스터룬드 1-26별은 강력한 전파를 내뿜는 청색 극대거성이다. 웨스터룬드 1이라는 초항성 성단에 자리 잡은 별로 대략 태양 반지름의 1,530배, 10억 6,488만km에 이른다. 태양 자리에 다 끌어온다면 목성 궤도를 잡아먹을 것이다.

3위 : WOH G64(1,540) WOH G64는 우리은하의 동반 은하인 대마젤란 은하에서 발견된 항성들 중 가장 큰 별로, 황새치자리 방향으로 지구에서 약 16만 3,000 광년 떨어진 곳에 있다. 크기는 태양 반지름의 1,540배로, 만약 태양 자리에 끌어다놓는다면 항성 표면은 토성 궤도까지 미칠 것이다. 이 별의 주위에는 반지름이 최소 120AU~최대 3만AU에 이르는 도넛 모양의 두터운 가스 물질이 둘러싸고 있는데, 이 물질의 총 질량은 태양의 3~9배에 이른다.

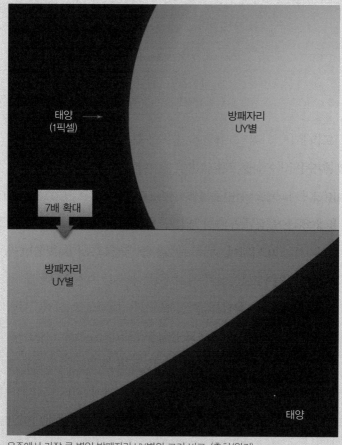

우주에서 가장 큰 별인 방패자리 UY별의 크기 비교. (출처/위키)

2위 : 백조자리 NML별 / NML Cygni(1,650) 백조자리 NML별은 특이하게도 성운으로 둘러싸여 있는 극대거성이다. 크기는 태양의 1,650배, 15.3AU, 22억 9,500만km에 이른다. 태양 자리에다 놓는다면 항성 표면이 목성 궤도를 넘어 토성 궤도 중간까지 육박할 것이다. 부피는 태양의 45억 배에 달한다.

1위 : 방패자리 UY별 / UY Scuti(1,708) 방패자리 UY별은 적색초거성이거나 극대거성으로, 방패자리의 변광성이다. 이제껏 알려진 별 중에서 가장 큰 별로 태양 반지름의 1,708배에 달한다. 지름은 24억km(16AU)이고, 부피는 태양의 50억 배다. 지구에서 가장 가까운 극대거성의 하나로 거리는 약 9,500광년이다. 만약 태양 자리에다 갖다놓는다면 그 광구는 목성 궤도를 삼키고 거의 토성에까지 육박하는 크기다.

끝으로 우주에서 가장 큰 은하는 뱀자리에 있는 IC 1101이라는 은하로, 지름이 약 600만 광년으로 밝혀졌다. 이는 우리은하의 약 60배라는 뜻이다. 인간이 지금껏 만들어낸 가장 빠른 속도는 보이저 1호의 초속 17km다. 총알 속도의 17배인 이것을 타고 이 은하를 가로지르는 데는 무려 60억 년이 걸린다. 이게 바로 인간에게는 무한이고, 영겁이 아닐까?

12 대체 별의 성분을 어떻게 알아냈을까?
별빛에 '답'이 있다!

빛은 낮을 축복하고, 어둠은 밤을 성스럽게 한
다. 이 얼마나 아름다운 세상인가! **- 루이 암스
트롱**('What a wonderful world' 중에서)

천상과 지상의 세계를 통합하다

뉴턴 물리학이 등장한 후 사람들은 지상의 물리학이 천상의 세계에도 그
대로 통한다는 사실을 확인하게 되었다. 태양과 천체들은 지구 물질과는 전
혀 다른 것으로 이루어져 있다는 아리스토텔레스의 말은 더 이상 효력을 가
질 수 없었다. 천문학자들은 태양의 크기와 거리를 측량했고, 만유인력 방정
식으로 그 질량을 알아냈다. 자그마치 지구 질량의 130만 배였다.

여기서 당연한 의문이 제기된다. 태양을 이루고 있는 물질은 무엇인가? 무
엇이 저렇게 엄청난 에너지를 뿜어내고 있는가? 만유인력의 법칙이 우주의
모든 천체에 보편적으로 적용된다손 치더라도, 그것만으로 이들이 모두 똑
같은 기본 물질로 이루어져 있다는 증명은 되지 않는 것이다.

방법은 하나밖에 없는 듯이 보였다. 직접 그 천체의 일부를 채취해와서 화

학적으로 분석해보는 것이다. 하지만 이것은 불가능하다.

그래서 1835년 프랑스의 실증주의 철학자 **오귀스트 콩트**(1798~1857)는 다음과 같이 말했다. "과학자들이 지금까지 밝혀진 모든 것을 가지고 풀려고 해도 결코 해명할 수 없는 수수께끼가 있다. 그것은 '별이 무엇으로 이루어져 있나?' 하는 문제이다."

키르히호프. '별이 무엇으로 이루어졌는가' 하는 수수께끼에 별빛 속에 답이 있음을 밝혀내 천문학사에 불멸의 이름을 남겼다. (출처/위키)

그러나 결론적으로 이 철학자는 좀 신중하지 못했다. "절대 불가능하다"란 말은 참 위험한 말이다. 콩트가 죽은 지 2년 만인 1859년, 독일 하이델베르크 대학의 물리학자 **키르히호프**(1824~1887)가 태양광 스펙트럼 연구를 통해 태양이 나트륨, 마그네슘, 철, 칼슘, 동, 아연과 같은 매우 평범한 원소들을 함유하고 있다는 사실을 발견했다. 인간이 '빛'의 연구를 통해 영원히 닿을 수 없는 곳의 물체까지도 무엇으로 이루어졌나 알아낼 수 있게 된 것이다.

프라운호퍼, "그는 별을 가까이했다!"

키르히호프의 스펙트럼을 얘기하기 전에 우리는 먼저 독일의 어느 불우한 유리 연마공의 라이프 스토리에 잠시 귀 기울여보지 않으면 안 된다. 왜냐하면 이 무학의 유리 연마공이 이미 한 세대 전에 키르히호프의 길을 닦아

요제프 프라운호퍼. 햇빛 스펙트럼의 세밀한 조사를 통해 발견한 324개의 검은 선은 저 천상의 세계가 무엇으로 이루어져 있는지를 밝혀낼 수 있는 열쇠로서, 19세기 천문학상 최대의 발견이었다. (출처/위키)

놓았기 때문이다. 그는 **요제프 프라운호퍼** (1787~1826)다.

유리 공장에서 일하면서 광학과 수학을 독학으로 공부해 망원경 제작자가 된 프라운호퍼는 스펙트럼의 색들이 유리의 종류에 따라 어떻게 굴절하는지 알아보기 위해 망원경 앞에 프리즘을 달았다. 역사상 최초의 분광기라 할 수 있는 것이었다. 이 실험에서 프라운호퍼는 그의 이름을 불멸의 것으로 만든 놀라운 검은 띠들을 발견했다. 빛의 성질에서 유래한 '**프라운호퍼 선**'을 발견한 것이다.

그는 태양 이외의 천체에 대해서도 스펙트럼 조사를 했다. 달과 금성, 화성을 분광기에 넣었을 때도 똑같은 선을 볼 수 있었다. 그러나 망원경을 항성으로 겨누었을 때는 상황이 달랐다. 별마다 각기 특유의 스펙트럼을 보여주는 것이다.

그는 햇빛 스펙트럼의 세밀한 조사를 통해 모두 324개의 검은 선을 발견했다. 이 선들이 무엇을 뜻하는 건지 끝내 알 수 없었지만, 이것이야말로 저 천상의 세계가 무엇으로 이루어져 있는지를 밝혀낼 수 있는 열쇠로서, 19세기 천문학상 최대의 발견이었다. 프라운호퍼의 암선이 뜻하는 것은 그로부터 한 세대 뒤 키르히호프에 의해 완벽하게 해독되었다.

불운한 천재 프라운호퍼는 오래 살지 못했다. 불우한 환경 탓으로 어렸을 때부터 유리 공장에서 혹사당한 바람에 유리 가루로 인한 진폐증으로 일찍 삶을 마감한 것이다. 겨우 39살이었다. 그러나 그는 프라운호퍼 선으로 우주를 인류 앞에 활짝 열어젖힌 천문학사의 거인이었다.

프라운호퍼는 뮌헨 시내에 있는 철학자이자 물리학자였던 라이헨바흐의 묘 옆에 묻혔다. 그의 묘비에는 "그는 별을 가까이했다!"라는 문구가 새겨져 있다.

태양을 해부한 사나이

"별의 물질을 아는 것은 불가능하다"고 단정한 콩트의 말을 보기 좋게 뒤집은 키르히호프는 칸트가 태어난 지 꼭 100년 만인 1824년 칸트의 고향 쾨니히스베르크에서 태어났다. 훗날 쾨니히스베르크 알베르투스 대학에서 전기회로를 연구한 그는 졸업 후에는 하이델베르크 대학의 교수가 되었다.

거기서 키르히호프는 화학자 분젠과 함께 여러 가지 원소의 스펙트럼 속에서 나타나는 프라운호퍼 선의 연구에 몰두했다. 그는 유황이나 마그네슘 등의 원소를 묻힌 백금 막대를 분젠 버너 불꽃 속에 넣을 때 생기는 빛을 프리즘에 통과시키는 방법으로 연구를 진행했다. 그 결과 키르히호프는 각각의 원소는 고유의 프라운호퍼 선을 갖는다는 사실을 발견했다. 말하자면 원소의 지문을 밝혀낸 셈이다.

이어서 그에게 영광의 순간이 찾아왔다. 나트륨 증기가 내보내는 빛을 분광기를 통하게 하니, 그 스펙트럼 안에 두 개의 밝은 선이 나타났다. 프라운

우주의 보석 상자. NGC 290. 우주에서 가장 아름다운 성단 중의 하나로 꼽히는 산개성단이다. 별의 수수께끼는 모두 별빛 속에 답이 있다. 우주 팽창이라든가, 우주의 진화 같은 것들도 모두 별빛이 가르쳐준 것이라 할 수 있다. (사진/NASA)

호퍼가 제작한 지도와 대조해보니, 그 선들이 D1, D2의 장소와 일치했다. 프라운호퍼가 나트륨 화합물을 태웠을 때 발견한 두 개의 밝은 선에 붙여놓은 기호들이었다.

　여기서 키르히호프는 그의 선배보다 한걸음 더 나갔다. 나트륨 불꽃을 통하여 태양빛을 분광기에 넣었더니 스펙트럼 안의 밝은 선이 있었던 장소가 어두운 D선으로 바뀌는 게 아닌가! 이는 어떤 특정한 파장의 빛이 나트륨 가스에 흡수돼버렸음을 뜻하는 것이다. 왜냐하면 이 D선은 태양 주위에 나트륨 가스가 존재한다는 것을 증명하기 때문이다.

그는 "해냈다!"고 외쳤다. 이것이 바로 반세기 전 프라운호퍼가 그토록 알고 싶어 한 수수께끼로, 별의 수수께끼는 모두 **별빛** 속에 그 답이 있었던 것이다. 따지고 보면 우주 팽창이라든가, 우주의 진화 같은 것들도 모두 별빛이 가르쳐준 것이라 할 수 있다. 별빛이 없었다면 천문학은 태어나지도 못했을 것이다. 그리고 보니 우리를 포함해 지구의 모든 생명체를 살리는 것도 태양이라는 별빛 아닌가.

키르히호프는 다음 과제로 '태양광 스펙트럼에서 보이는 검은 선들이 어떤 원소들의 것인가'를 조사한 결과 마그네슘, 철, 칼슘, 동, 아연 같은 원소들을 찾아냈다.

콩트가 죽은 지 2년 후인 1859년 그는 이 같은 사실을 발표했다. 이로써 키르히호프는 태양을 최초로 해부한 사람이 되었고, **항성물리학**의 기초를 놓은 과학자로 기록되었다. 그러나 태양이 무엇을 태워 저처럼 막대한 에너지를 분출하는지와 그 에너지원이 밝혀지기까지는 아직 한 세기를 더 기다려야 했다.

키르히호프는 2년 뒤 스펙트럼 분석을 통해 새 원소 루비듐과 세슘을 발견하는 등 천문학과 물리학의 발전에 크게 공헌했다. 전기회로와 열역학 분야에 서로 다른 두 개의 키르히호프 법칙은 그의 이름을 딴 것이다.

여담이지만, 키르히호프가 이용하는 은행의 지점장이 자기 고객이 태양에 존재하는 원소에 관한 연구를 하고 있다는 말을 듣고는 한마디 내뱉었다고 한다. "태양에 아무리 금이 많다 하더라도 지구에 갖고 오지 못한다면 무슨 소용이 있겠습니까?"

훗날 키르히호프는 분광학 연구 업적으로 대영제국으로부터 메달과 파운드 금화를 상금으로 받게 되자, 그것을 지점장에게 건네며 말했다. "옜소! 태양에서 가져온 금이오."

13 우리가 '별 먼지'라고?

별에서 온 당신

 우리는 뒹구는 돌의 형제요, 떠도는 구름의 사촌이다. - 할로 섀플리(미국 천문학자)

별이 없었다면 인류도 없었다

인류가 처음 지구상에 출현한 이래 밤하늘에서 가장 먼저 본 것은 별이었을 것이다. 때로는 달도 같이 떠 있었겠지만, 달이 없는 밤도 많으니까 주로 별과 함께 상상의 나래를 펼쳐갔을 것이다.

문명 이전의 원시 하늘은 얼마나 맑고 캄캄했을 것인가! 저 별들은 왜 저렇게 반짝거리는 걸까? 누군가 저 멀리 하늘에서 밝은 불을 밝히고 있는 걸까? 어떤 원시인들은 그 누군가가 신이라고도 생각했을 것이다. 그래서 아직까지 별을 보고 제사 지내는 민족도 적지 않다.

별은 하늘을 일주한다. 하루 동안 하늘을 한 바퀴 돌아 정확하게 그 자리에 돌아온다. 원시인 중에도 눈썰미 있는 사람이 왜 없었겠는가. 수많은 별들이 하늘을 가로지르며 도는데, 유독 한자리에 꼿꼿이 버티고 있는 별을 발견했을 것이다. 그것이 바로 북극성이다.

어떤 민족이 위도선 하나를 경계로 서로 총칼을 겨누고 있는 그 어름에서 보면 약 38°의 올려본각으로 보이는 별. 원시인들은 이 별과 해의 길을 결부시켜 동서남북 방위를 정했고, 이것이 사냥과 채취 생활에 많은 도움을 주었을 것이다.

이처럼 별은 인류 문명의 출발과 함께 인류와 긴밀한 관계를 맺어왔다. 우리가 지금 쓰고 있는 달력 역시 가장 가까운 별인 태양에 대한 지구 자전축 각도를 바탕으로 만든 것이다.

흘러간 가요 노랫말 중에 이런 대목이 나온다. "밤하늘에 별처럼 수많은 사람 중에 아~ 당신만을 잊지 못할까…." (정훈희 / '강 건너 등불' 중)

정말 밤하늘의 별들은 셀 수 없을 정도로 많을까? 사실 그렇지는 않다. 가장 맑은 밤하늘에서 사람이 맨눈으로 볼 수 있는 6등성 이상인 별의 개수는 약 6,000개이다. 이 정도만 돼도 사람에게는 셀 수 없이 수많은 별이라는 말이 나오는 것이다.

그런데 별의 개수에 대한 사실을 알면 기절초풍하게 된다. 현대 천문학은 우주의 별이 너무나 많아서 그 정확한 숫자를 안다는 것은 한마디로 '불가능'하다고 판정한다.

그럼에도 온 우주의 별 총수를 계산해낸 사람이 있긴 있다. 호주국립대학의 천문학자들이 그 주인공이다. 이 대학의 사이먼 드라이버 박사는 우주에 있는 별의 총수는 7×10^{22}개라고 발표했다. 이 숫자는 7 다음에 0을 22개 붙이는 수로서, 이것은 7조×100억 개에 해당하며, 지구상의 모든 해변과 사막에 있는 모래 알갱이의 수보다도 10배나 많은 것이다.

왜 별들은 이렇게 어마어마하게 많은 걸까? 별이란 과연 무엇인가? 별과 우주와의 관계는 어떤 걸까? 별들이 수백억, 수천억 개 모여서 은하라는 별들의 부락을 만들고, 역시 수천억 은하들이 여기저기 무리를 만들면서 이 대우주를 이루고 있다. 말하자면 별은 우주라는 집을 만드는 벽돌 같은 존재라할 수 있다.

별에 대해 또 하나 꼭 기억해두자. 오늘날 우리가 갖고 있는 천문학과 우주에 관한 지식은 그 대부분이 별이 가져다준 것이란 점이다. 별을 보고 그 위치를 찾고, 별빛을 분석함으로써 별의 물질, 우주 나이, 은하, 우주 팽창 이런 것들을 다 알아낸 것이다. 그래서 어떤 천문학자는 "천문학은 구름 없는 밤하늘에서 탄생되었다"고 말하기도 했다.

당신이 밤하늘에서 보는 그 별빛은 이처럼 위대하다. 그러고 보니 지구상의 모든 생명을 키우는 저 햇빛도 별빛이 아닌가. 하늘 높이 떠서 보석처럼 반짝반짝 빛나는 별. 우리 인간하고는 별 관계도 없는 듯 아득하게 보이지만, 실은 전혀 그렇지가 않다.

별의 뜻은 심오하다. 별이 없었다면 인류는 물론 어떤 생명체도 이 우주 안에 존재하지 못했을 것이기 때문이다.

별들은 어떻게 태어났나?

태초에 대폭발(빅뱅)이 있었다. 우주의 시공간과 물질은 그로부터 비롯되었다. 폭발과 동시에 엄청난 속도로 팽창하기 시작한 우주는 지금 이 순간에

별들도 사람처럼 태어나고, 늙고, 죽는다. 새 별들이 태어나고 있는 용골자리 성운. (출처/NASA)

도 팽창을 계속하고 있다. 여기에 딴죽을 거는 과학자는 거의 없다.

그런데 왜 그런 폭발이 있었고, 우주가 생겨나게 된 걸까? 요즘 과학자들이 이 질문에 대해 내놓는 답을 한마디로 줄인다면 이것이다.

"우주는 무無에서 저절로, 필연적으로 생겨났다."

이것이 과연 답이 될까? 차라리 우주의 기원 문제에는 답이 없다고 말하는 칼 세이건이 솔직한 것 같다. 우주의 기원은 바로 세계의 제1 원인을 묻는 것이며, 이는 인간 이성의 소실점이기 때문이다.

어쨌든 대폭발로 탄생한 우주는 강력한 복사와 고온, 고밀도의 물질로 가득 찼고, 우주 온도가 점차 내려감에 따라 가장 단순한 원소인 수소와 헬륨이 먼저 만들어져 균일한 밀도로 우주 공간을 채웠다.

대폭발 후 10억 년이 지나자 원시 수소 가스는 인력의 작용으로 이윽고 군데군데 덩어리지고 뭉쳐져 수소 구름을 만들어갔다. 그리하여 대우주는 엷은 수소 구름들이 수십~수백 광년의 지름을 갖는 거대 원자구름으로 채워지고, 이것들이 곳곳에서 서서히 회전하기 시작하면서 거대한 회전 원반으로 변해갔다.

수축이 진행될수록 각운동량 보존 법칙*에 따라 회전 원반체는 점차 회전속도가 빨라지고 납작한 모습으로 변해가다가, 이윽고 수소 구름 덩어리의 중앙에는 거대한 수소 공이 자리 잡게 되고, 주변부의 수소 원자들은 중력의 힘에 의해 중심부로 낙하한다. 이른바 중력 수축이다.

그 다음엔 어떤 일들이 벌어지는가? 수축이 진행됨에 따라 밀도가 높아진 기체 분자들이 격렬하게 충돌하여 내부 온도는 무섭게 올라간다. 가스 공 내부에 고온·고밀도의 상황이 만들어지는 것이다. 이윽고 온도가 1,000만°C에 이르면 '사건'이 일어난다.

수소 원자 네 개가 만나서 헬륨 핵 하나를 만드는 과정에서 결손 질량이 아인슈타인의 그 유명한 공식 $E=mc^2$에 따라 핵에너지를 품어내는 핵융합 반응이 시작되는 것이다. 그리하여 가스 공 중심에 반짝 불이 켜지게 된다.

별은 이때 중력 수축을 멈춘다. 가스 공의 외곽층 질량과 중심부 고온·고압이 평형을 이루어 별 전체가 안정된 상태에 놓이기 때문이다. 그렇다고 금방 빛을 발하는 별이 되는 것은 아니다.

각운동량 보존 법칙 계의 외부로부터 힘이 작용하지 않는다면, 계 내부의 전체 각운동량이 항상 일정한 값으로 보존된다는 법칙.

한스 베테. 수만 년 동안 궁금해했던 별이 반짝이는 이유를 인류에게 알려준 독일 출신의 미국 물리학자. 리처드 파인만, 칼 세이건 등이 그의 후배 교수로 코넬 대학에서 가르쳤다. (출처/위키)

핵융합으로 생기는 에너지가 광자로 바뀌어 주위 물질에 흡수·방출되는 과정을 거듭하면서 줄기차게 표면으로 올라오는데, 태양 같은 항성의 경우 중심핵에서 출발한 광자가 표면층까지 도달하는 데 얼추 100만 년 정도 걸린다. 표면층에 도달한 최초의 광자가 드넓은 우주 공간으로 날아갈 때 비로소 별은 반짝이게 되는데, 이것이 바로 '스타 탄생'이다.

별이 반짝이는 이유를 인류가 알아낸 것은 20세기 중반 제2차 세계대전 발발 직전인 1938년의 일로, 미국의 물리학자 **한스 베테**(1906~2005)가 '항성의 에너지원에 관한 연구'에서 밝혔다. 그 전에는 인류 중 누구도 별이 반짝이는 이유를 알지 못했다. 게다가 태양이 별과 같은 존재라는 사실을 안 것도 몇 세기 되지 않았다. 심지어 어떤 사람은 태양이 이글거리면서 열을 내는 것은 엄청난 석탄을 태우기 때문이라고 주장하기까지 했다.

별도 늙으면 죽는다

새로 태어난 별들은 크기와 색이 제각각이다. 고온의 푸른색에서부터 저온의 붉은색까지 걸쳐 있다. 질량은 보통 태양의 최소 0.085배에서 최대 20배 이상까지 다양하다. 큰 것은 태양의 수천 배에 이르는 초거성도 있다.

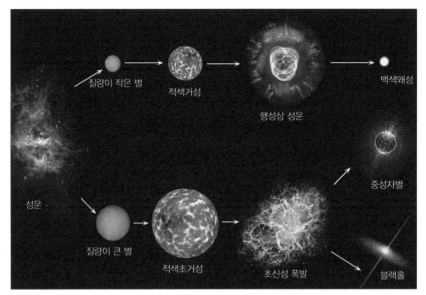

별의 일생. (출처/seasky.org)

항성의 밝기와 색은 표면 온도에 달려 있으며 근본적인 요인은 질량이다. 지름 수백만 광년에 이르는 수소 구름들이 곳곳에서 이런 별들을 만들고 하나의 중력권 내에 묶어둔 것이 바로 은하인 것이다. 지금도 우리은하의 나선 팔을 이루고 있는 수소 구름 속에서는 아기별들이 태어나고 있다. 말하자면 수소 구름은 별들의 자궁인 셈이다.

여담이지만, 모든 별은 왜 공처럼 둥글며 서로에게 끌려가지 않는 걸까? 그 답은 '중력'과 '원심력'이다. 별의 모든 원소들을 중력이 끌어당겨 서로 가장 가깝게 만들 수 있는 모양이 바로 구球인 것이다. 지름 100km 이상의 천체에서는 중력이 지배적 힘으로 형체를 결정한다. 그래서 제 몸을 마구 주물러 둥그스름하게 만들어버리는 것이다.

수소를 융합하여 헬륨을 만드는 과정은 항성 진화의 역사에서 최초이자, 최장의 단계를 차지한다. 항성의 생애 중 99%를 점하는 이 긴 기간을 통해 별의 겉모습은 거의 변하지 않는다. 태양이 50억 년 동안 변함없이 빛나는 것도 그러한 이유에서다.

태양보다 50배 정도 무거운 별은 핵연료를 300만~400만 년 만에 다 소모해버리지만, 작은 별은 수백억, 심지어 수천억 년 이상 살기도 한다. 그러니 덩치 크다고 자랑할 일만은 아닌 것이다. 사람도 이와 크게 다르지 않다. 소식과 체소體小가 장수에 유리한 것은 분명하다.

별의 연료로 쓰이는 중심부의 수소가 다 소진되면 어떻게 될까? 별의 중심핵 맨 안쪽에는 핵폐기물인 헬륨이 남고, 중심핵의 겉껍질에서는 수소가 계속 타게 된다. 이 수소 연소층은 서서히 바깥으로 번져나가고, 헬륨 중심핵은 점점 더 커진다.

이 헬륨 핵이 커져, 별 자체의 무게를 지탱하던 기체 압력보다 중력이 더 커지면 헬륨 핵이 수축하기 시작하고, 이 중력 에너지로부터 열이 나와 바깥 수소 연소층으로 보내지면 수소는 더욱 급격히 타게 된다.

이때 별은 비로소 나이가 든 첫 징후를 보이기 시작하는데, 별의 외곽부가 크게 부풀어 오르면서 뻘겋게 변하기 시작하여 원래 별의 100배 이상 팽창한다. 이것이 바로 **적색거성**[*]이다.

적색거성　중심핵에서의 수소 연소가 완결된 진화 단계에 있는 항성. 헬륨의 중심핵이 고밀도·고온이 되며, 외피(外皮)는 처음 크기의 100배까지 팽창하여 태양의 수백~수천 배 크기가 되는데, 표면 온도는 낮아 붉은빛을 띠는 별이다.

50억 년 후에는 태양이 이 단계에 이를 것이다. 그때 태양은 수성과 금성의 궤도에까지 팽창해 두 행성을 집어삼킬 것이며, 지구 하늘의 반을 뒤덮고, 지구 온도를 2,000°C까지 끌어올릴 것이다. 하지만 걱정하지 않아도 된다. 그 전에 인류는 지구에서 사라질 테니까.

별은 수소가 다 탕진될 때까지 적색거성으로 살아가다가, 이윽고 수소가 다 타버리고 나면 스스로의 중력에 의해 안으로 무너져내린다. 적색거성의 붕괴다.

붕괴하는 별의 중심부에는 헬륨 중심핵이 존재한다. 중력 수축이 진행될수록 내부의 온도와 밀도가 계속 올라가고 헬륨 원자들 사이의 간격이 좁아진다. 마침내 1억°C가 되면 헬륨 핵자들이 밀착하여 충돌하고 핵력이 발동하게 된다. 수소가 타고 남은 재에 불과했던 헬륨에 다시 불이 붙는 셈이다. 헬륨 원자핵 셋이 융합, 탄소 원자핵이 되는 과정에 핵에너지를 품어내는 핵융합 반응이 일어나는 것이다. 이렇게 항성의 내부에 다시 불이 켜지면 진행되던 붕괴는 중단되고 항성은 헬륨을 태워 그 마지막 삶을 시작한다.

태양 크기의 항성이 헬륨을 태우는 단계는 약 1억 년 동안 계속된다. 헬륨 저장량이 바닥나고 항성 내부는 탄소로 가득 차게 된다. 모든 항성이 여기까지는 비슷한 삶의 여정을 밟는다. 하지만 그 다음의 진화 경로와 마지막 모습은 다 같지 않다. 그것을 결정하는 것은 오로지 한 가지, 그 별이 갖고 있는 질량이다.

그 한계 질량이 태양 질량의 1.4배로, 이 한계 이하인 작은 별은 두 번째의 수축으로 비롯된 온도 상승이 일어나지만, 탄소 원자핵의 융합에 필요한

3억°C의 온도에는 미치지 못한다. 하지만 두 번째의 중력 수축에 힘입어 얻은 고온으로 마지막 단계의 핵융합을 일으켜 별의 바깥 껍질을 우주 공간으로 날려버린다. 이때 태양의 경우 자기 질량의 거반을 잃어버린다. 태양이 뱉어버린 이 허물들은 태양계의 먼 변두리, 해왕성 바깥까지 뿜어져나가 찬란한 쌍가락지를 만들어놓을 것이다. 이것이 바로 **행성상 성운**으로, 생의 마지막 단계에 들어선 별의 모습이다.

마지막 팽창된 표피층을 잃어버리고 나면 고밀도의 뜨거운 빛을 내는 중심핵이 남게 되는데, 태양이 이 단계에 이른다면 중심별 근처에는 끔찍한 잔해들이 떠돌 것이다. 그중에는 우리 인류가 살면서 문명을 일구고 희로애락을 누렸던 지구의 잔해들도 분명 포함되어 있을 것이다.

항성의 잔해인 중심별은 서서히 식으면서 수축을 계속, 더 이상 짜부라질 여지가 없을 정도까지 압축된다. 태양의 경우 크기가 거의 지구만 해지는데, 애초 항성 크기의 100만분의 1 공간 안에 물질이 압축되는 것이다. 이 초밀도의 천체는 찻술 하나의 물질이 1톤이나 된다. 인간이 이 별 위에 착륙한다면 5만 톤의 중력으로 즉각 분쇄되고 말 것이다.

이 별의 중심부는 탄소를 핵융합시킬 만큼 뜨겁지는 않으나 표면의 온도는 아주 높기 때문에 희게 빛난다. 곧 행성상 성운 한가운데 자리하는 **백색왜성**이 되는 것이다. 이 백색왜성도 수십억 년 동안 계속 우주 공간으로 열을 방출하면 끝내는 온기를 다 잃고 까맣게 탄 시체처럼 시들어버린다. 그리고 마지막에는 빛도 꺼지고, 하나의 **흑색왜성**이 되어 우주 속으로 그 모습을 영원히 감추어버리는 것이다.

우주의 드라마, 초신성 대폭발

덩치가 작은 별은 조용히 졸아들어 죽고, 태양보다 2~5배 덩치가 큰 별에게는 매우 다른 운명이 기다리고 있다. 장렬한 대폭발로 종말을 맞는 것이다. 이때 자신을 이루고 있던 온 물질을 우주 공간으로 폭풍처럼 내뿜어버린다. 바로 슈퍼노바Supernova, 초신성 폭발이다.

별 속에서 핵융합이 단계별로 진행되다가 이윽고 규소가 연소해서 철이 될 때, 초고밀도의 핵이 중력 붕괴로 급격히 수축했다가 다시 강력한 반동으로 되튀어오르면서 별 전체가 폭발해버린다.

이 최후의 붕괴는 참상을 빚어낸다. 중심부의 철 원자핵들은 중력 수축으로 생긴 에너지를 신속하게 빨아들임으로써 낙하하는 물질은 아무런 저항도 받지 않고 1분에 100만km라는 엄청난 속도로 함몰해간다. 중심부에 초고밀도의 물질이 쌓여 압력이 충분히 커질 때 수축은 멈춰지고, 잠시 잠잠하다가 이내 용수철처럼 튕겨서 격렬하게 폭발한다. 그리고 불과 몇 초 만에 산산조각으로 흩어진다. 대천체로서는 너무나 짧은 임종이다. 그때 빛의 강도는 수천억 개의 별을 가진 온 은하가 내놓는 빛보다 더 밝다고 한다. 참으로 엄청난 대폭발이다. 우주의 최대 드라마라 할 만하다.

이것이 바로 초신성으로, 태양 밝기의 수십억 배나 되는 광휘로 우주 공간을 밝혀 우리은하 부근이라면 대낮에도 맨눈으로 볼 수 있을 정도다. 수축의 시작에서 대폭발까지의 시간은 겨우 몇 분에 지나지 않는다. 100만 년을 살 수 있었던 대천체의 임종으로서는 지극히 짧은 셈이다. 초신성이란 사실 새로운 별이 아니라 늙은 별의 임종인 것이다. 없던 자리에 별이 보여 옛사람들이 그렇게 이름을 붙였을 따름이다.

초신성 폭발의 잔해인 게 성운(M1). 황소자리에 위치하며 지구로부터 3,400광년 떨어져 있다. 성운을 이루고 있는 물질은 1054년에 있었던 초신성 폭발의 잔해이다. (출처/NASA)

지구와의 거리가 16만 8,000광년인 대마젤란 성운의 초신성 1987A가 폭발하면서 만든 고리. 400년 만의 가장 밝은 초신성 폭발로, 주변부 고리는 맨눈으로도 보였다. (출처/NASA)

어쨌든 대폭발의 순간 몇조 도에 이르는 고온 상태가 만들어지고, 이 온도에서 붕괴되는 원자핵이 생기고, 해방된 중성자들은 다른 원자핵에 잡혀 은, 금, 우라늄 같은 더 무거운 원소들을 만들게 된다. 이 같은 방법으로 주기율표에서 철을 넘는 다른 중원소들이 항성의 마지막 순간에 제조되는 것이다. 이리하여 항성은 일생 동안 제조했던 모든 원소들을 대폭발과 함께 우주 공간으로 날려보내고 오직 작고 희미한 백열의 핵심만 남긴다. 이것이 바로 지름 20km 정도의 초고밀도 중성자별로, 각설탕 하나 크기의 양이 1억 톤이나 된다.

한편 태양 질량의 5배 이상 되는 행성들은 중력 붕괴의 세기가 너무나 커서 중력 수축이 멈춰지지 않고, 별의 물질이 한 점으로 떨어져 들어가면서 마침내 빛도 빠져나올 수 없는 블랙홀이 생겨난다.

장대하고 찬란하며 격렬한 별의 여정은 대개 이쯤에서 끝나지만, 그 후일담이 어쩌면 우리에게 더욱 중요할지도 모른다. 적색거성이나 초신성이 최후를 장식하면서 우주 공간으로 뿜어낸 별의 잔해들은 성간물질이 되어 떠돌다가 다시 같은 경로를 밟아 별로 환생하기를 거듭한다. 말하자면 별의 윤회다.

영원할 것만 같은 별들도 수십억~수백억 년의 시간이 지나면 이처럼 죽음을 맞는다. 저 밤하늘에 반짝이는 별들도 태어나서 찬란한 빛을 뿌리며 살다가 죽는 것이다. 이 점에서는 생로병사를 겪는 사람과 다를 게 없는 셈이다. 하지만 수십억~수백억 년을 사는 별에 비한다면 사람은 겨우 찰나를 살다가 가는 셈이다. 별에 비한다면 하루살이다.

천문학을 공부하고 우주를 사색하면 늘 생각이 가닿는 지점 한 곳이 있다. 이 영겁의 시간과 광막한 우주에 비한다면 사람은 참으로 찰나를 살다 간다는 생각이다. 인생은 길지 않다. 사람이 100년을 산다고 칠 때, 초로 환산하면 30억 초다. 애개! 그것밖에 안 돼? 계산기 두드리면 금세 나온다. 더욱이 100년을 살기나 하나. 이것저것 빼고 나면 50% 정도일 것이다. 인생은 50% 세일이다. 그래서 15억 초. 지금 이 순간에도 째깍째깍 초들이 지나간다. 이게 15억 개가 지나면 한 인생이 대충 막을 내린다는 얘기다.

인생은 짧다. 우리 모두는 짧은 인생을 살다 간다. 그래서 이런 말이 있다. **"메멘토 모리**Memento mori". "죽음을 기억하라"는 라틴 말이다. 영어로 하면 "Remember you must die"쯤 된다. 이 말은 원래 고대 로마제국 시대에 개선장군의 뒤에서 노예들이 외치던 말이었다고 한다. 전쟁을 승리로 이끌어 모두의 환호를 받는 순간에도 당신은 잠시 살다 가는 존재임을 잊지 말라는 얘기다.

여담이지만, 어느 날 한 제자가 공자님한테 이런 돌직구를 날렸다고 한다. "죽음이 무엇입니까?" 공자님의 대답이 탁월했다. "삶을 모르는데 죽음을 어찌 알겠는가未知生이니 焉知死이뇨?"

정말 멋진 대답 아닌가? 과연 고수답다. 한 영문학 교수가 공자님 말씀을 영어로 이렇게 옮긴 게 생각난다. "Don't know life, how know death?" 멋지지 않은가?

말 나온 김에 **스피노자**는 죽음에 대해 어떤 생각을 했는지 한번 들어보자. "내일 지구가 멸망한다 해도 오늘 나는 한 그루의 사과나무를 심겠다"고 하신

분. 어릴 때 나는 이 말을 듣고, '그 사람, 사과를 참 좋아하나보다' 생각했었던 기억이 난다. 이 고매하신 분은 죽음에 대해 이렇게 말했다. "자유로운 사람은 죽음을 생각하지 않는다. 그의 지혜는 죽음이 아니라 삶의 숙고에 있다."

죽음이 뭔가 골몰하기보다는 어떻게 살 것인가 고민하는 게 훨씬 더 중요한 일이란 뜻이겠다. 나는 이 말이 공자님 말씀보다 더 영양가가 있지 않나 생각한다.

이분, 하이델베르크 대학에 철학 교수로 초빙받았지만, 자유를 구속받기 싫다고 거절하고는 안경 렌즈 깎는 일로 먹고살다가 44살에 요절했다. 렌즈 깎다가 유리 가루를 너무 많이 마셔 진폐증에 걸린 게 사인이라 한다. 삼가 경의를 표한다.

스피노자가 우주에 대해 한 유명한 말은 다음과 같다. "우주는 자연인 동시에 신이다."

스피노자의 우주관대로라면 우리는 '신' 속에서 살고 있는 셈이다.

별과 나와의 관계

은하 탄생의 시초로 거슬러 올라가면 수없이 많은 초신성 폭발의 찌꺼기들이 태양과 행성 그리고 우리 지구를 만들었을 것이다.

그런데 원래 수소와 헬륨으로만 만들어졌던 별이지만, 폭발 때 내놓는 물질은 아주 다르다. 핵융합으로 수소가 타 헬륨이 되고, 헬륨이 타서 네온, 마그네슘, 규소, 황의 순서대로 무거운 원소들이 합성된다. 여기서 최종적으로 가장 안정된 원소인 철까지 만들어진다. 그러니 사실 별 속은 원소 제조 공장이라 할 수 있다.

별은 삶의 마지막 순간에 초신성 폭발과 함께 그동안 제조만 하고 갈무리해놓았던 온갖 원소들을 내놓는다. 게다가 대폭발 당시에는 엄청난 고온·고압의 상황이 만들어지는데, 이때 철보다 무거운 원소들이 만들어진다. 이른바 초신성의 중원소 합성이다.

그때 만들어진 초신성 물질을 지금 내가 하나 갖고 있다. 바로 금반지. 초신성 폭발의 기념품이다. 50억 년 이전 어떤 초신성이 대폭발을 일으켰고, 그 잔해들이 지구를 만드는 데 흘러들어와 금맥을 만들었고, 어느 광부가 그것을 캐어 금은방으로 넘긴 것이다. 그리고 그것은 지금 내 손가락에 끼워져 있다. 이건 공상이나 소설이 아닌, 어김없는 과학이다.

철보다 무거운 원소들, 곧 금, 은, 우라늄 같은 중원소는 모두 초신성 폭발 당시에 생성된 것이다. 그러니 규소나 철보다 금, 은이 귀한 것은 바로 이런 까닭이다.

이처럼 별은 우주의 부엌이라 할 수 있다. 수소, 헬륨을 제외한 모든 원소들은 별의 내부에서 만들어졌다. 수은 원자핵에서 양성자 한 개와 중성자 세 개를 빼내면 금이 된다. 이것이 연금술사들이 그토록 염원하던 변화의 본질이다. 연금술사들은 말하자면 물질의 거죽만 주물러서 금을 만들겠다고 헛고생한 셈이다. 초신성 폭발과 같은 엄청난 에너지만이 금을 만들 수 있는데 말이다. 그 헛고생한 사람 중에는 인류 최고의 과학 천재라는 말을 듣는 뉴턴도 포함돼 있다고 한다.

그런데 이보다 더 중요한 것은 인간의 몸을 구성하는 모든 원소들, 곧 피

속의 철, 치아 속의 칼슘, DNA의 질소, 갑상선의 요오드 등 원자 알갱이 하나하나는 모두 별 속에서 만들어졌다는 사실이다. 수십억 년 전 초신성 폭발로 우주를 떠돌던 별의 물질들이 뭉쳐져 지구를 만들고, 이것을 재료 삼아 모든 생명체들과 인간을 만든 것이다. 우리 몸의 피 속에 있는 요오드, 철, 칼슘 등은 모두 별에서 온 것들이다. 이건 무슨 비유가 아니라 과학이고, 사실 그 자체다. 그러므로 우리는 어버이 별에게서 몸을 받아 태어난 별의 자녀들인 것이다. 말하자면 우리는 '메이드 인 스타Made in stars'인 셈이다.

멋지지 않은가? 이게 바로 별과 인간의 관계, 우주와 나의 관계인 것이다. 이처럼 우리는 우주의 일부분이다. 그래서 우리은하의 크기를 최초로 잰 미국의 천문학자 **할로 섀플리***(1885~1972)는 이렇게 말했다. "우리는 뒹구는 돌들의 형제요, 떠도는 구름의 사촌이다". 우리 선조님들이 말한 **물아일체**物我一體가 바로 이런 것이 아닐까 싶다.

인간의 몸을 구성하는 원자의 2/3가 수소이며, 별과 행성 등 전 우주를 구성하는 원소들의 90%가 수소다. 모든 수소는 빅뱅 때 만들어진 것이다. 우주에서 빅뱅 공간 외에는 수소가 만들어질 장소가 없다. 그리고 나머지 원소들은 별 속에서 만들어져 초신성이 폭발하면서 우주에 뿌려진 것이다.

이것이 수십억 년 우주를 떠돌다 지구에 흘러들었고, 마침내 나와 새의 몸속으로 흡수되었다. 그리고 그 새의 지저귀는 소리를 별이 빛나는 밤하늘 아래서 내가 듣는 것이다. 별의 죽음이 없었다면 당신과 나 그리고 새는 존재하

할로 섀플리 미국의 천문학자. 미주리 대학과 프린스턴 대학을 졸업했다. 1914년 윌슨 천문대원, 1921~1950년 하버드 천문대장을 지냈다. 구상성단의 거리를 측정하여 처음으로 우리은하계를 발견하고 크기를 쟀다.

동백꽃과 직박구리. 동백꽃을 따 먹는 이 직박구리도 우리처럼 초신성 잔해에서 받은 원소에서 생명을 얻은 것이다. (출처/김향)

지 못했을 것이다. 따라서 별들이 없었다면 인간은 이 우주에 존재할 수가 없었을 것이다. 우주 공간을 떠도는 수소 원자 하나, 우리 몸속의 산소 원자 하나에도 100억 년 우주의 역사가 숨 쉬고 있는 것이다.

생명과 의식은 이런 물질이 자아내는 현상이라 할 수 있다. 그러므로 물질은 바로 그 안에 '나'를 이루어낼 성질을 담고 있다는 것이다. 이처럼 물질은 우리가 감히 짐작했던 것 이상의 존재라는 것을 절실히 깨닫게 된다.

따지고 보면 우리 인간은 백수십억 년에 이르는 우주적 경로를 거쳐 지금 이 자리에 존재하게 된 것이다. 뭇 생명들도 마찬가지다.

이처럼 우주가 태어난 이래 오랜 여정을 거쳐 당신은, 우리 인류는 지금 여기 서 있는 것이다. 생각해보면 우주의 오랜 시간과 사랑이 우리를 키워온 것이다.

물질에서 태어난 인간이 자의식을 가지고 대폭발의 순간까지 거슬러 올라가 자신의 기원을 되돌아보고 있다는 것은, 진정 기적이 아니고 무엇이랴! 아, 얼마나 희한한 세상에 우리는 살고 있는 건가.

오늘 밤 바깥에 나가 하늘의 별을 보라. 저 아득한 높이에서 반짝이는 별들에 그리움과 사랑스러움을 느낄 수 있다면, 당신은 진정 우주적인 사랑을 가슴에 품은 사람인 것이다!

평생을 함께 별을 보다가 나란히 묻힌 어느 두 아마추어 천문가의 묘비에는 이런 글이 적혀 있다 한다.

우리는 별들을 무척이나 사랑한 나머지 이제는 밤을 두려워하지 않게
되었다.

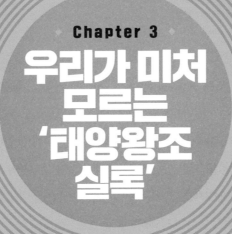

Chapter 3

우리가 미처 모르는 '태양왕조 실록'

14 아니, 태양계가 이렇다고?
지구, 태양계의 곰보빵 부스러기

 세상의 나이를 에펠탑으로 나타내면 인류의 몫은 그 꼭대기에 덮인 페인트칠의 두께에 해당한다. – 마크 트웨인(미국 작가)

태양계는 우주 속의 거품 하나

수천 년 전 지구상에 살았던 고대인들은 밤하늘에서 반짝이는 별들을 지켜보며, 이들 천체 중 밝은 5개의 별들(수성, 금성, 화성, 목성, 토성)이 다른 별들에 대해서 매일 위치를 바꾸며 움직이고 있음을 알아냈다. 그래서 이들을 **떠돌이별**, 즉 행성이라 불렀다.

행성들은 황도를 따라 다른 별들 사이를 가로질러 가다가 때때로 속도를 늦추며 정반대 방향으로 움직이기도 했다. 이른바 **행성의 역행**이다. 사람들은 이러한 행성들의 움직임에 주목하여 천동설과 지동설이라는 두 가지 우주관을 엮어내게 되었던 것이다.

또 그들은 월식 때 지구의 그림자가 달에 드리워지는 모습을 보고 자신들이 사는 땅덩어리가 우주 공간에 덩실 떠 있다는 사실을 깨치고는 전율했을 것이다. 고대인들은 이처럼 밤하늘을 보며 별자리를 만들고, 1년의 길이를 재며 천문학의 여명기를 열었다.

천문학은 이렇게 '인류가 이 우주 속에서 어디에 살고 있는가'를 알고자 하는 오랜 욕구에서 출발했다. 따라서 우주 속에서 인류가 있는 위치를 알아내는 것이 천문학의 소명이라고 할 수 있다.

오늘날 우리는 지구가 태양계에 속해 있으며, 이 태양계는 또 **미리내 은하**라 불리는 우리은하의 작은 한 부분이라는 사실을 알고 있다. 그리고 이런 은하가 수천억 개 모여 이 광대한 우주를 만들고 있다.

인류가 태양계의 존재를 인식하기 시작한 것은 16세기에 들어서였다. 그전에는 인류 문명 수천 년 동안 태양계라는 개념은 형성되지 않았다는 얘기다. 그들은 지구가 우주의 중심에 부동자세로 있으며, 하늘에서 움직이는 다른 천체와는 절대적으로 다른 존재라고 믿었다.

우주 속에서 태양계가 차지하는 부분은 그야말로 망망대해 속의 거품 하나에 지나지 않지만, 그럼에도 인간의 척도로 볼 때 태양계는 우리가 생각하는 것보다 훨씬 광대하다.

1977년 발사된 보이저 1호는 초당 17km의 속도로 40년 가까이 날아간 끝에 겨우 태양계를 빠져나가 성간 공간에 진입했다. 이 거리는 태양-지구 거리의 130배인 190억km로, 초속 30만km의 빛이 20시간은 달려야 하는 먼 거리다. 보이저 1호는 인간이 만든 물건으로는 가장 우주 멀리 날아간 셈이다. 앞으로 보이저 1호가 태양계 외곽을 감싸고 있는 **오르트 구름**Oort cloud을 벗어나는 데는 상당한 세월이 걸릴 것으로 보이는데, 이 우주 암석

태양계 개념도. 궤도와 크기는 비율에 맞지 않다. (출처/NASA)

태양 플레어. 오른쪽 위는 같은 비례의 지구다. (출처/NASA)

구역을 벗어나는 데만도 1만 4,000년에서 2만 8,000년이 걸릴 것으로 추산되고 있다.

지구는 태양계의 곰보빵 부스러기

태양계를 일별해보면, 먼저 태양계의 가족은 어머니 태양과 그 중력장 안에 있는 모든 천체, 성간물질 등이 그 구성원들이다. 태양 이외의 천체는 크게 두 가지로 분류되는데, 8개의 행성이 큰 줄거리로 본책이라 한다면 나머지, 곧 약 160개의 위성, 수천억 개의 소행성, 혜성, 유성과 운석 그리고 행성간 물질 등은 부록이라 할 수 있다.

이 태양계라는 동네에서 가장 중요한 존재는 지구도 아니고, 인간도 아니다. 그것은 오늘도 하늘에서 빛나는 저 태양이다. 그런데 태양계라는 동네의 이장님은 별나도 보통 별난 게 아니다. 무엇보다 태양계 모든 천체들이 가진 전체 질량 중에서 태양이 차지하는 비율이 무려 **99.86%**나 된다는 사실이다. 나머지는 빼보면 바로 나온다. **0.14%**. 아무리 이장님이라 해도 그렇지, 이건 너무하다 싶다.

8개 행성과 수많은 위성 및 수천억 개에 이르는 소행성, 성간물질 등, 태양 외 천체의 모든 질량을 합해봤자 0.14%에 지나지 않는다니, 이건 거의 큰 곰보빵에 붙어 있는 부스러기 수준이다. 더욱이 그 부스러기 중에서 목성과 토성이 또 90%를 차지한다는 점을 생각하면, 우리 70억 인류가 아웅다웅하며 붙어사는 지구는 부스러기 중에서도 상부스러기인 셈이다.

우리 지구는 태양 질량의 33만 3,000분의 1밖에 되지 않는다. 지름은 109

대 1로 무려 139만km다. 이게 과연 얼마만한 크기인가? 천문학적 숫자는 상상력을 발휘하지 않으면 실감을 못한다. 지구에서 달까지 거리가 38만km 이니, 그것의 3.5배란 말이다. 과연 입이 딱 벌어지는 크기다. 이것이 태양의 실체고, 태양계라는 우리 동네의 대체적인 사정이다.

그런데 태양에는 이보다 더 중요한 점이 있다. 바로 태양계에서 유일하게 스스로 빛을 내는 존재, 즉 **항성**이라는 특권이다. 빛을 낸다는 것은 그럼 무슨 뜻인가? 유일한 에너지원이란 뜻이다. 말하자면 태양계의 유일한 물주다. 어느 모로 보든 태양계의 절대 지존이시다.

만일 태양이 빛을 내지 않는다면 이 넓은 태양계 안에 인간은커녕 바이러스 한 마리 살 수 없을 것이다. 지구에 존재하는 거의 모든 에너지, 곧 수력, 풍력까지 태양으로부터 나오지 않는 것이 없다. 고로 태양은 모든 살아 있는 것들의 어머니시다. 그러나 이런 태양도 우리은하에 있는 3,000억 개의 별들 중 지극히 평범한 하나의 별에 지나지 않는다.

지구의 자전, 공전도 45억 년 전의 그 힘

그럼 우리 동네에서 이 문제적 천체인 태양은 과연 언제, 어떻게 생겨나서 우리은하 중심으로부터 3만 광년 떨어진 변두리에서 주야장천 뜨거운 햇빛을 태양계 공간에다 흩뿌리고 있는 걸까? 이것은 말하자면 태양과 태양계의 역사가 되겠다.

먼저 이 태양계는 언제, 어떻게 만들어졌을까? 물론 지구에 사는 어느 누

원시 행성계 원반 상상도. 거대한 크기의 원시 구름이 원반 모양으로 회전하며 뭉쳐져 태양계를 만들었다.
(출처/NASA–Pat Rawling)

구도 그것을 직접 목격한 사람은 없다. 하지만 현대 과학은 거의 사실에 가깝게 태양계 생성의 수수께끼를 풀어냈다. **'성운설'**로 일컬어지는 그 내용을 간략히 정리하면 다음과 같다.

까마득한 옛날 한 46억 년 전쯤 어느 시점에, 정체를 알 수 없는 일단의 거대한 원시 구름이 우주 공간에서 중력으로 서로 이끌리면서 서서히 뺑뺑이 운동을 시작했다고 한다. 바야흐로 태양이 잉태되는 순간이다. 수소로 이루어진 이 원시 구름은 지름이 무려 32조km, 거의 3광년의 크기였다.

이 거대 원시 구름은 중력으로 뭉쳐지면서 제자리 맴돌기를 시작했고, 각운동량 보존의 법칙에 따라 뭉쳐질수록 회전 속도는 점점 더 빨라지게 되었다. 원반이 빠르게 회전할수록 성운은 점점 편평해진다. 피자 반죽을 빠르게 돌릴수록 두께가 더욱 얇아지는 것과 같은 이치다.

이 먼지 원반의 중심에 수소 공이 만들어진다. 이른바 **원시별**이다. 이 빠르게 회전하는 원시별이 주변의 가스와 먼지 구름의 납작한 원반에서 물질을 흡수하면서 2,000만 년쯤 뺑뺑이를 돌다 보니 지금의 태양 크기로 뭉쳐지기에 이르렀다.

원시행성계 원반으로도 불리는 이 원반 고리에는 수많은 물질이 서로 충돌하는 등 중력 작용으로 뭉치면서 자잘한 **미행성**들을 형성한다. 이들 행성이 원반으로부터 점점 더 많은 물질을 흡수하면서 원반에는 공간이 생성된다. 이 행성들이 더 자라면 우리 지구나 목성, 토성과 같은 행성을 형성하는 것이다.

미처 태양에 합류하지 못한 성긴 부스러기들은 이 같은 경로를 거쳐 각각 뭉쳐져 행성과 위성, 기타가 되었다. 그것이 모두 합해야 0.14%라는 것이다.

이런 경로를 거쳐 태양계 행성들도 태양과 같은 시기에 형성되었다. 행성들이 태양의 자전축을 중심으로 거의 같은 평면상 궤도를 돌고 있다는 사실이 그것을 말해준다. 물론 이 공전의 힘은 원시 태양계 구름의 그 뺑뺑이 힘이다. 그 힘이 여전히 지속되어 모성의 자전과 행성들은 공전으로 나타난 것이다. 그리고 그 각운동량은 27일마다 한 바퀴 자전하는 태양의 자전운동을 비롯, 태양계 모든 천체의 운동량으로 아직껏 남아 있다.

지금도 현재진행형인 지구의 자전, 공전 역시 원시 구름의 뺑뺑이에서 나온 바로 그 힘이다. 우리는 이처럼 장구한 시간의 저편과 엮여져 있는 존재인 것이다.

먼지에서 태어나 먼지로…

사람의 일생처럼 태양계의 구성원들도 결국은 모두 죽는다. 약 64억 년 후 태양의 표면 온도는 내려가며, 부피는 크게 확장된다. **적색거성**으로의 길을 걷게 되는 것이다. 물론 그 전에 지구는 바다가 말라붙고, 생명들은 멸종을 피할 수가 없다.

78억 년 후 태양은 대폭발과 함께 자신의 외곽층을 **행성상 성운**의 형태로 날려보낸 후 **백색왜성**으로 알려진 별의 시체를 남긴다. 그리고 성운의 고리는 저 멀리 해왕성 궤도까지 미치게 된다.

외층이 탈출한 뒤 남은 태양의 뜨거운 중심핵은 수십억 년에 걸쳐 천천히 식는 동시에 어두워지면서 백색왜성이 되어 120억 년 전 원시 구름에서 시작되었던 태양의 120억 년에 걸친 장대한 일생을 마감하는 것이다.

애초에 먼지에서 태어나 찬연한 빛을 뿌리며 살다가 장엄하게 죽어 다시 먼지로 돌아가는 것, 이것이 모든 별의 일생이다. 어떤 물리학자는 이러한 별의 일생을 다비 후 사리를 남기는 고승의 삶과 흡사하다고 표현하기도 했다.

행성들 역시 태양과 같은 소멸의 길을 걷게 되는데, 머나먼 미래에 태양 주변을 지나가는 항성의 중력으로 서서히 행성 궤도가 망가지고, 행성 중 일부는 파멸을 맞게 될 것이며, 나머지는 우주 공간으로 내팽개쳐질 것이다.

방대한 '태양왕조실록' 속에 잠시 지구상에 생존했던 인류의 역사는 한 줄 정도로 기록되지 않을까 싶다. "인류라는 지성을 가진 생명체가 한 행성에 나타나 잠시 문명을 일구고 우주를 사색하다가, 탐욕으로 자신들의 행성을 망가뜨리고는 멸망에 이르렀다"는 식으로.

15 행성, 태양계의 '운수납자雲水衲子'
언젠가 헤어질 지구의 오랜 '도반道伴들'

 내게는 천문학이 경이롭고, 어쩌면 종교를 대체
할 수 있는 영적 여행이라고 생각한다. — 에드
거 스미스(미국 천문학자)

지구는 별이 아니다?

지구와 금성을 흔히 초록별이니 샛별이니 하는데, 과연 행성도 별일까?

관례적으로 그렇게 말하긴 하지만, 엄격히 말하자면 행성은 별이 아니다. 보통 태양처럼 천체 내부의 에너지 복사로 스스로 빛을 내는 천체, 곧 항성을 별이라고 한다. 따라서 항성의 빛을 반사시켜 빛을 내는 행성, 위성, 혜성 등은 별이라고 할 수 없다. 태양계에서 빛을 내는 천체는 태양이 유일하다.

예로부터 인류와 가장 가까운 천체는 해와 달을 비롯해 수성, 금성, 화성, 목성, 토성이었다. 옛사람들은 밤하늘이 통째로 바뀌더라도 별들 사이의 상대적인 거리는 변하지 않는다는 사실을 알았다. 그래서 별은 영원을 상징하는 존재로 인류에게 각인되었다. 하지만 위의 5개 행성은 일정한 자리를 지키지 못하고 별들 사이를 유랑하는 것을 보고, 떠돌이란 뜻의 그리스 어인 플

토성에서 보는 지구의 모습. 토성의 고리 틈으로 보이는 하얀 점 하나가 우리가 지금 살고 있는 지구다. (출처/NASA)

라네타이Planetai, 곧 떠돌이별이라고 불렀다.

플라톤 시대 이후부터 서구인들은 이들 행성은 지구에서 가까운 쪽부터 달, 수성, 금성, 태양, 화성, 목성, 토성이 차례로 늘어서 있다고 생각했다. 물론 동양에서도 5개 행성은 쉽게 관측되었으므로 오래전부터 잘 알려져 있었다.

드넓은 밤하늘에서 수많은 별들 사이를 움직여 다니는 5개의 별을 본 고대 동양인은 이 별들에게 **음양오행설**에 따라 '화(불)', '수(물)', '목(나무)', '금(쇠)', '토(흙)'라는 특성을 각각 부여했고, 결국 이들은 별을 뜻하는 한자 별

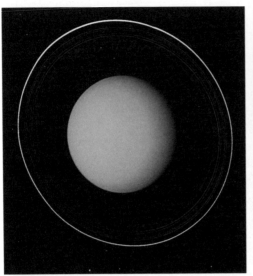

보이저 2호가 1999년에 찍은 천왕성. 고리와 위성들이 보인다. 　천왕성 발견자 윌리엄 허셜. (출처/위키)
(출처/NASA)

'성星' 자가 뒤에 붙여져 '화성', '수성', '목성', '금성', '토성'이라는 이름을 얻
게 된 것이다. 단, 지구만은 예외인데, 그 이유는 고대 사람들이 지구가 행성
이라는 사실을 몰랐기 때문이다.

　망원경이 발명된 이후에 발견된 천왕성, 해왕성, 명왕성은 일본을 거쳐 우
리나라로 들어왔다. 서양에 대해 가장 먼저 문호를 개방한 일본은 서양 천문
학을 받아들이면서 이 세 행성의 이름을 자국어로 옮길 때, 우라노스가 하늘
의 신이므로 천왕天王, 포세이돈이 바다의 신이므로 해왕海王, 플루토가 명
계冥界의 신이므로 명왕冥王이라는 한자 이름을 만들어 붙였고, 한국에서는
이를 그대로 받아들여 오늘날까지 사용하게 된 것이다.

요일 이름에는 '천동설'이 숨어 있다

우리가 쓰는 요일 이름이 해와 달을 포함하여 5개 행성들의 이름으로 지어진 것은 천동설의 후유증이라 할 수 있다. 요일 이름이 지어질 당시에는 천동설이 대세를 이루어 태양과 달도 지구 둘레를 도는 행성이라고 믿었기 때문이다. 오늘날 우리가 애용하는 '일', '월', '화', '수', '목', '금', '토'는 그렇게 해서 만들어진 것이다.

지구가 행성으로 낙착된 것은 17세기 초 망원경이 발명되면서, 수천 년 동안 인류의 머리를 옥죄어온 천동설의 굴레가 벗겨지고 지동설이 확립된 이후의 일이다. 태양계의 개념이 인류에게 자리 잡은 것도 이때부터였다. 그러니까 태양계라는 말의 역사가 겨우 400년밖에 되지 않았다는 얘기다.

토성까지 울타리 쳐진 이 아담한 태양계가 우주의 전부인 줄 알고 인류가 나름 평온하게 살았던 시간은 200년이 채 안 된다. 인류의 이 평온한 꿈을 일거에 깨뜨린 사람은 탈영병 출신의 한 음악가였다. 유럽에서 터진 **'7년 전쟁'**에 종군하다가 영국으로 도망친 독일 출신의 **윌리엄 허셜**(1738~1822)이 오르간 연주로 밥벌이하는 틈틈이 자작 망원경으로 밤하늘을 열심히 쳐다보다가 그만 횡재를 하게 됐는데, 그게 바로 1781년의 **천왕성** 발견이다.

그 행성은 토성 궤도의 거의 두 배나 되는 아득한 변두리를 천천히 돌고 있었다. 그전까지 사람들은 토성 바깥으로 행성이 더 있으리라고는 상상조차 하지 못했다.

어쨌든 한 천체의 발견으로 신분이 혁명적으로 바뀐 예는 허셜 외에는 없을 것이다. 한 무명 아마추어 천문가에 지나지 않던 허셜은 천왕성 발견 하나로 문자 그대로 팔자를 고쳤다. 하루아침에 유명 인사가 되었을 뿐 아니라 왕립협회 회원으로도 가입하고, 영국 왕 조지 3세의 부름으로 궁정에서 왕을 알현하고는 연봉 200파운드의 어엿한 왕실 천문관에 임명된 것이다.

이로써 허셜은 음악가라는 직업을 벗어던지고 명실공히 프로 천문학자로서의 길에 들어서게 된다. 천문학상의 발견으로 이처럼 신분의 수직 상승을 이룬 예는 전무후무한 일이었다.

어쨌든 천왕성의 발견이 당시 사회에 던진 충격은 신대륙 발견 이상으로 엄청나게 컸다. 인류가 수천 년 동안 믿어온 아담하던 태양계의 크기가 갑자기 두 배로 확장되는 바람에 세상 사람들은 잠시 어리둥절할 수밖에 없었다.

하지만 이것은 시작에 불과했다. 그로부터 반세기 남짓 만인 1846년에 영국의 **존 애덤스**(1819~1892)와 프랑스의 **위르뱅 르베리에**(1811~1877)에 의해 8번째 행성인 **해왕성**이 발견되었고, 다시 20세기에 들어선 1930년에 미국의 **클라이드 톰보**(1906~1997)에 의해 명왕성이 발견되어 태양계의 9번째 행성이 되었다.

가난한 고학생 출신의 톰보를 일약 천문학 교수로 만들어준 이 명왕성의 영광은 그러나 한 세기를 넘기지 못했다. 2006년 국제천문연맹이 행성의 정의를 새로이 함으로써 명왕성이 행성 반열에서 퇴출되어 '134340 플루토'라는 이름의 **왜소행성**으로 강등된 것이다.

연맹은 태양계 안에 있는 천체에 국한하여 행성을 다음과 같이 정의했다.

1. 항성 주위를 돈다.

태양계 운수납자인 행성 가족들. 그림 속의 크기와 거리의 비례 관계는 정확하지 않다. (출처/NASA)

2. 충분한 질량을 가져서 구형에 가까운 형태를 이루어야 한다.

3. 궤도 주변의 다른 천체들을 모두 청소해야 한다.

위의 요건을 모두 만족시키는 태양계 행성은 모두 8개로, 물리적 특성에 따라 **지구형 행성**과 **목성형 행성**으로 분류되는데, 전자는 암석형 행성으로 수성, 금성, 지구, 화성이고, 후자는 가스형 행성으로 목성, 토성, 천왕성, 해왕성이다. 또한 지구를 기준으로 궤도가 안쪽이면 **내행성**, 바깥쪽이면 **외행성**이라 부르기도 한다.

이 8개의 행성은 태양을 중심으로 짧게는 88일(수성), 가장 길게는 165년

(해왕성)을 주기로 공전하고 있는데, 그 궤도는 가장 안쪽에 있는 수성을 제외하곤 몇 도 내로 하나의 평면상에 있으며, 거의 완전한 원에 가깝다. 지구의 궤도는 완전 원에서 겨우 2%만 어긋나며, 금성의 궤도는 0.7% 벗어날 따름이다.

햇빛이 지구까지 오는 데는 약 8분 걸리지만, 해왕성까지 가는 데는 4시간 정도 걸린다. 지름 10만 광년인 우리은하 크기에 비한다면 태양계 우리 동네는 모래알이나 다름없다. 우리은하 역시 지름 940억 광년인 우주에 비한다면 망망대해 속의 한 조약돌이고. 어느 스님*의 말마따나 망망대해수중포다.

태양계라는 광대한 우주 공간에서 태양과 그 행성들이 차지하는 상대적인 크기는 얼마나 될까? 천체의 크기와 거리 관계를 정확한 축도로 한 장의 종이 위에 표현한다는 것은 불가능하다. 우주는 우리의 어떠한 상상력도 넘어설 만큼 광대하기 때문이다.

예컨대 태양을 귤 크기로 줄인다면, 지구는 9m 떨어진 주위를 원을 그리며 도는 모래알이다. 목성은 앵두 씨가 되어 60m 밖을 돌며, 가장 바깥의 해왕성은 360m 거리에서 도는 팥알이다. 게다가 항성 간의 평균 거리는 무려 3,000km나 되며, 태양에서 가장 가까운 별인 4.2광년 떨어진 센타우루스자리의 프록시마 별은 2,000km 밖에다 그려야 한다. 이 척도로 보면 우리은하는 평균 3,000km 서로 떨어진 귤들의 집단이며, 그 크기는 무려 3,000만 km다.

한암선사(1876~1951)의 게송 중 한 구 茫茫大海水中泡(망망대해수중포) / 寂寂山中峰頂雲(적적산중봉정운) / 此是吾家無盡寶(차시오가무진보) / 灑然今日持贈君(쇄연금일지증군)

이 귤들과 모래, 팥알 사이의 공간에는 무엇이 있나? 1m³당 수소 원자 10개 정도가 떠돌고 있을 뿐이다. 거의 완벽에 가까운 진공 상태다. 광대한 공간에 귤 하나, 수십 미터 밖에 모래알과 앵두 씨 몇 개가 빙빙 돌고, 3,000km 떨어져 또 귤 한 개가 적막한 공간을 떠도는 곳. 이것이 우주 공간의 공허인 것이다.

행성은 절대로 '혹성'이 아니다

마지막으로 하나 짚어둘 것은, 이 '행성'을 아직까지 '혹성惑星'이라고 하는 책(특히 일본의 책을 번역한 전문 사전류들)이나 사람들이 꽤 있는데, 이건 절대 써서는 안 되는 용어로 순 일본말이다. 영화 〈혹성탈출〉도 당연히 잘못된 제목이다. 일본 것을 보고 그대로 베껴서 그렇다. 혹성의 '혹惑' 자는 '혹시'라는 뜻인데, '혹시 별?' 이런 엉거주춤한 용어다.

행성을 영어로는 플래닛Planet이라 하는데, '떠돌이'라는 뜻을 가진 그리스 어 '플라네타이Planetai'에서 온 것이다. 그러니 우리말인 떠돌이별, '행성行星'이란 말이 더 아름답고 맞는 말이다.

태양에서 가장 가까운 행성인 수성은 초속 60km로 88일 만에 태양을 한 바퀴 돌지만, 가장 멀리 있는 해왕성은 초속 5km로 165년을 달려야 태양을 한 바퀴 돌 수 있다. 해왕성의 공전 주기로 봤을 때 2011년이 해왕성 발견 1주기였다. 지금쯤 해왕성이 심우주의 머나먼 궤도를 한 바퀴 돌아와 70억 인구가 사는 지구를 내려다보고 있겠지만, 그 전에 보았던 얼굴은 하나도 찾을 수 없으리라.

캄캄한 우주 공간을 쉼 없이 달리며 태양을 도는 이들 지구의 형제, 행성들을 생각하면 마치 운수납자雲水衲子와 같다는 느낌이 들기도 한다. 구름 가듯 물 흐르듯 떠돌아다니며 수행하는 스님을 일컫는 아름다운 말이다.

지구와 같은 궤도 평면을 떠나지 않고 46억 년 동안이나 변함없이 지구와 길동무해서 같이 가고 있는 저 화성이나 천왕성 같은 행성이 바로 태양계의 운수납자가 아닐까?

'지구의 보디가드' 목성
– 목성의 중력이 지구 궤도를 바꿔

태양계의 '큰형님'은 단연 목성이다. 태
양계의 5번째 궤도를 돌고 있는 목성은
태양계에서 가장 거대한 행성으로, 태양
계 8개 행성을 모두 합쳐놓은 질량의 2/3
이상을 차지한다. 또한 지름이 약 14만
3,000km로 지구의 약 11배에 이른다. 탁
구공과 수박만큼이나 차이가 난다.

그런데 이 목성이 지구의 보디가드라는
사실을 모르는 사람들이 더러 있다. 시도 때도 없이 내부 태양계 안으로 날아드는
소행성, 혜성 등등을 1차로 목성이 막아주고, 2차로 달이 또 막아준다. 이 둘이 없
었더라면 지구는 소행성 포격으로 오래전에 거덜났을지도 모른다. 그러므로 우리
는 밤하늘에서 목성과 달을 보면 감사의 인사를 올려야 마땅하다.

더욱이 얼마 전에는 목성 덕분에 지구에 생명체가 생겨날 수도 있었다는 연구 결
과가 나왔다.

호주 뉴사우스웨일스 대학의 공동 연구팀이 목성의 위치를 실제보다 지구와 가깝
게 혹은 멀리 설정해 100년 단위로 컴퓨터 시뮬레이션으로 분석한 결과, 목성의
위치에 따라 지구의 기후가 태양의 영향으로 크게 변하는 것으로 드러났다.

허블 우주망원경으로 본 목성과 그 위성들의 모습. 아래 왼쪽으로부터 유로파, 칼리스토, 이 오이고, 그 그림자들이 목성 위에 드리워져 있는 아름다운 사진이다. 아래 그림자는 유로파, 위의 그림자는 칼리스토의 것이다. (출처/NASA)

이 결과는 지구보다 약 2.5배 강한 목성의 중력에 의한 영향으로, 지구 궤도가 변해 태양의 영향을 덜 받거나 더 받는 등의 변화가 나타났다. 이는 목성이 지구와 태양과의 적절한 거리를 유지시켜주는 역할을 한다는 것을 뜻한다. 이래저래 목성은 인류의 생존과도 긴밀히 엮여져 있는 존재임을 다시 한 번 입증한 예라 하겠다.

16 달도 지구를 떠난다

1년에 3.8cm씩, 15억 년 후엔 지구와 이별

자연을 바라보고 그것을 이해하는 즐거움은 신이
우리에게 준 가장 아름다운 선물이다. – 존 드라
이튼(영국 시인)

달의 기원은 '거대 충돌설'

달이 언제, 어떻게 생겨나게 되었나 하는 것에 대해서는 대체로 잘 알려져
있다. 태양계 초기인 45억 년 전, 화성 크기만 한 천체가 초속 15km의 속력
으로 지구를 들이받아 만들어졌다는 설이 대략 자리를 잡았다. 이른바 '거대
충돌설'이다.

이름 붙이기를 좋아하는 학자들은 그 난데없는 천체에다 '테이아'라는 멋
진 이름까지 붙여주었다. 테이아는 그리스 신화에서 달의 여신 셀레네의 어
머니다.

그 후 45억 년 동안 지구와 마주 보며 서로 껴안듯이 돌았던 이 달이 지구
에 끼친 영향이란 참으로 엄청난 것이었다. 하루가 24시간으로 된 것도, 지
구 바다의 밀물과 썰물도 모두 달로부터 비롯된 것이다. 뿐만 아니라 지구 자

개기월식이 진행 중인 달. 미국 뉴멕시코의 아파치 포인트 천문대에서 달을 향해 쏘는 레이저 광선 줄기. 1971년 아폴로 15호 우주선의 승무원들이 달 표면에 장치해둔 역반사 거울에 레이저 광선이 반사되어 오는 시간을 재면 달까지 거리를 mm 단위까지 정확히 알 수 있다. (출처/NASA)

전축을 23.5°로 안정되게 잡아줌으로써 사계절이 있도록 한 것도 오로지 달의 공덕이다.

　그런데 영원히 지구랑 같이 갈 것 같던 이 달이 지구로부터 점점 멀어져가고 있다는 사실을 아는 사람은 그리 많지 않은 것 같다. 더욱이 그 속도가 갈수록 빨라지고 있다고 한다. 얼마나 빨리 멀어져가고 있다는 말인가?

　수십 년에 걸친 측정 결과 1년에 3.8cm의 비율로 멀어지고 있음이 밝혀졌다. 이 벼룩 꽁지만 한 길이를 어떻게 쟀는가 하면, 1971년 우주선 아폴로 15호의 승무원들이 달에 설치한 레이저 역반사 거울이 그 답이다. 역반사 거울은 빛이 온 방향 그대로 반사시켜주는 특별한 반사체다.

지구에서 달까지 왕복 거리는 약 80만km고, 지구에서 쏘는 레이저빔이 이 역반사 거울까지 갔다가 되돌아오는 시간이 약 2.7초다. 반사되어 돌아오는 레이저 광선의 시간으로 지구에서 달까지의 거리를 1mm 오차도 없이 정밀하게 잴 수 있다. 그 측정 결과가 1년에 3.8cm씩 달이 지구로부터 멀어져가고 있다는 사실을 명확히 보여주고 있는 것이다.

밀물과 썰물이 달을 밀어낸다

그런데 대체 달은 왜 멀어져가는 걸까? 달도 이젠 인간들이 난리 치는 지구가 지겹다는 건가? 이유는 달리 있다. 달이 만드는 지구의 밀물과 썰물 때문이다. 풀이하자면, 이 밀물과 썰물이 지표와의 마찰로 지구 자전운동에 약간 브레이크를 걸어 감속시키고, 그 반작용으로 달은 지구에서 에너지를 얻어 앞으로 약간 밀리게 된다. 원운동하는 물체를 앞으로 밀면 그 물체는 더 높은 궤도, 더 큰 원을 그리게 되는 이치와 같다. 달이 그 힘을 받아 해마다 3.8cm씩 지구와의 거리를 넓혀가고 있는 것이다.

작지만, 이 3.8cm의 뜻은 심오하다. 티끌 모아 태산이라고, 이것이 차곡차곡 쌓이다 보면 10억 년 후에는 달까지 거리의 1/10인 3만 8,000km가 되고, 100억 년 후에는 38만km가 된다. 달이 지구에서 두 배나 멀어지게 되는 셈이다. 아니, 그 전인 10억 년 후 달이 지금 위치에서 10% 더 벌어져 44만km만 떨어져도 지구는 일대 혼란 속으로 빠져들게 된다.

아폴로 17호가 인류에게 준 최고의 선물, 푸른 구슬(The Blue Marble, 블루 마블). 우주에서 본 이 지구의 모습은 1972년 12월 7일, 아폴로 17호의 승무원이 지구로부터 4만 5,000km 떨어진 곳에서 찍은 지구의 가장 유명한 사진이다. (출처/NASA)

아폴로 11호 미션에서 찍은 사진. 앞에 달 착륙선 이글이 보인다. (출처/NASA)

그동안 자전축을 잡아주어 23.5°를 유지하게 해서 계절을 만들어주던 달이 사라진다면 자전축이 어떻게 기울지 알 수가 없다. 만약 태양 쪽으로 기울어진다면 지구에 계절이란 건 다 없어지고, 북극과 남극의 빙하들이 다 사라져 동식물의 멸종을 피할 수 없을 거라고 과학자들은 전망한다.

이처럼 달이 없는 지구는 상상하기조차 힘들다. 달이 지구로부터 멀어지면 지구는 대재앙을 피할 길이 없을 것이다. 기온은 극단적으로 변해 물을 증발시키고, 얼음을 녹여 해수면이 수십m 상승하게 된다. 또한 흙먼지 폭풍과 허리케인이 몇 세대 동안 이어지게 된다. 달의 보호가 없다면 결국 지구의 생명체는 완전히 사라지게 될지도 모른다.

15억 년 후 목성이 달을 떼어내간다

15억 년쯤 후 달은 지구에서 상당히 멀어져 목성의 중력이 지구와 달을 떼어낼 것이다. 최악의 상황은 지구의 자전축이 90°로 기울어지는 것이다. 그러면 어떤 일이 일어나는가? 극점이 정확히 태양을 바라보게 되어 양극의 빙원이 녹아버리고, 지구의 반은 얼고, 나머지 반은 사막이 된다.

똑바로 내리쬐는 태양은 지구의 상당 부분을 사막으로 만들고 모든 것을 모래로 뒤덮어 지구의 1/10을 없애버린다. 게다가 햇빛 부족으로 전에 없던 엄청난 겨울을 경험할 것이다. 식물들은 고사하거나 동사하고, 뒤이어 동물들은 대량 멸종의 나락으로 떨어지게 된다.

하지만 이런 혼돈은 시작에 불과하다. 달이 멀어졌을 때 지구의 움직임은 예측 불가이지만, 한 가지 분명한 것은 그 시기가 분명히 다가오고 있으며 점점 빨라지고 있다는 사실이다.

그러면 결국엔 어떻게 되는가? 확실한 것은 언제가 되든 달이 결국은 지구와 이별할 거란 점이다. 그 후 태양 쪽으로 날아가 태양에 부딪쳐 장렬한 최후를 맞을 것인지, 아니면 외부 태양계 쪽으로 날아가 광대한 우주 바깥을 헤맬 것인지 그 행로야 알 수 없지만, 문제는 45억 년이란 장구한 세월 동안 지구와 같이 껴안고 같이 돌던 달도 언제까지나 그렇게 있을 존재는 아니라는 얘기다.

오늘 밤이라도 바깥에 나가 하늘의 달을 봐보라. 우리 지구의 동생인 저 달도 언젠가는 형과 작별을 고할 것이다. 회자정리會者定離다. 여기에는 사람은 물론 천체들도 예외가 없다. 그런 생각으로 달을 바라보면 더 유정하고, 더 아름답게 느껴질 것이다.

달이 떠난 후에도 지구에 생명이 살 수 있을까? 100억 년 사는 별에 비하면 고작 몇십 년 사는 하루살이 인생이 몇억, 몇십억 년 후의 일을 걱정한다는 것은 부질없는 일일지도 모르겠다.

17 혜성, 우주의 '공포 대마왕'인가?

태양계 탄생 비밀을 간직한 '태양계 화석'

 아마추어 천문학은 가슴으로 하는 것을 의미한다. 즉, 반
드시 그렇게 해야 한다고 느낀다. 그것은 가슴과 영혼을
하늘에 연결시킨다. – 데이비드 레비(혜성 사냥꾼)

공포의 대마왕

우주에는 그 규모나 내용에서 우리의 상상을 초월하는 엄청난 사건들이
일어나고 있지만, 사람의 눈으로 볼 수 있는 천체 현상 중 최고의 장관은 단
연 혜성 출현일 것이다.

어떤 장대한 혜성의 꼬리는 태양에서 지구까지 거리의 두 배에 달하며, 그
주기가 수십만 년을 헤아리는 것도 있다 하니 참으로 상상하기조차 힘든 일
이다. 혜성이 남기고 간 부스러기라 할 수 있는 별똥별을 보며 소원을 빌어온
우리에겐 입이 딱 벌어질 스케일이라 하겠다.

태양계의 방랑자, 혜성은 태양이나 큰 질량의 행성에 대해 타원이나 포물
선 궤도를 도는 태양계에 속한 작은 천체를 뜻하며, 우리말로는 '살별'이라고
한다. 혜성彗星의 '혜彗'가 '빗자루'라는 뜻에서도 알 수 있듯이, 빛나는 머리

핼리 혜성. 주기와 다음 접근 시기를 예측한 에드먼드 핼리의 이름을 딴 혜성으로, 76년을 주기로 지구에 접근하는 단주기 혜성이다. 명이 긴 사람은 생애에 두 번은 볼 수 있다. (출처/NASA)

와 긴 꼬리를 가지고 밤하늘을 운행하는 혜성은 예로부터 고대인들에 의해 많이 관측되었다.

연대가 확실한 가장 오랜 혜성 관측 기록으로는 기원전 1059년, 중국의 "주나라 때 빗자루별이 동쪽에서 나타났다"는 기록이다. 유럽에서는 기원전 467년 그리스 사람들이 혜성 기록을 남겼다. 그리스 어로 혜성을 코멧Komet 이라 하는데, 이는 머리털을 뜻한다.

묘하게도 동서양이 혜성에 대해서는 하나의 일치된 관념을 갖고 있었는 데, 그것은 혜성 출현이 불길한 징조라는 것이다. 왕의 죽음이나 망국, 큰 화 재, 전쟁, 전염병 등 재앙을 불러오는 별이라고 믿었다. 고대인에게 혜성은 '공포의 대마왕'으로 두려움의 대상이었던 것이다.

에드먼드 핼리. 혜성이 불길한 일을 예시하는 별이 아니라 태양계의 구성원임을 입증했다. (출체/위키)

마크 트웨인. 초등학교 졸업 이후 독서와 막노동을 바탕으로 대작가의 반열에 올랐다. (출처/위키)

혜성의 시차를 측정하여 혜성이 지구 대기상에서 나타나는 현상이 아닌 천체의 일종임을 최초로 밝혀낸 사람은 16세기 덴마크의 천문학자 튀코 브라헤였다. 이는 아리스토텔레스의 우주관을 뒤엎은 대단한 발견이었다. 아리스토텔레스는 달을 경계 삼아 지상과 천상의 세계를 엄격하게 나누었는데, 무상한 지상의 세계와는 달리 천상의 세계는 변화가 없는 완전한 세계라고 주장했던 것이다. 그러나 브라헤의 이 발견으로 천상의 세계 역시 무상하다는 것이 밝혀진 셈이다.

혜성이 태양계의 구성원임을 입증한 사람은 17세기 영국의 천문학자 에드먼드 핼리(1656~1742)였다. 1682년, 핼리는 어느 날 혜성을 본 후 옥스퍼드 대학 도서관에 있던 옛날 혜성 기록을 뒤져 연구했다. 그 결과 1456년, 1531년, 1607년에 목격된 혜성이 자기가 본 것과 비슷하다는 점을 깨닫고,

"이 혜성은 불길한 일을 예시하는 별이 아니라, 76년을 주기로 지구 주위를 타원 궤도로 도는 천체로, 1758년 다시 올 것이다"라고 예언했다.

그는 자신의 예언을 확인하지 못하고 죽었지만, 과연 1758년 크리스마스 밤에 이 혜성이 나타난 것을 독일의 한 농사꾼 아마추어 천문가가 발견했다. 이로써 이 혜성이 태양을 끼고 도는 하나의 천체임이 증명되었고, 핼리의 업적을 기리는 뜻에서 '핼리 혜성'이라 이름 지어졌다.

이 핼리 혜성에는 한 소설가의 슬픈 사연이 얽혀 있다. 『톰 소여의 모험』, 『허클베리 핀의 모험』 등으로 우리에게도 친숙한 마크 트웨인이 그 주인공으로, 그는 핼리 혜성이 온 1835년에 태어나서, 혜성이 다시 찾아온 1910년에 세상을 떠났다.

76년 주기인 혜성과 주기를 같이한 트웨인은 만년에 불우한 삶을 살았다. 70세 때 아내와 장녀인 수지가 같은 시기에 세상을 떠나고, 몇 년 후에는 셋째 딸마저 간질로 그 뒤를 따랐다. 남은 자식이라고는 둘째 딸 클라라뿐이었다. 그는 실의에 빠진 채 만년을 보냈는데, 유일한 즐거움은 과학 관련 책을 읽는 것이었다.

"나는 1835년 핼리 혜성과 함께 왔다. 내년에 다시 온다고 하니, 나는 그와 함께 떠나려 한다. 내가 만일 핼리 혜성과 함께 가지 못한다면 그것은 내 인생에서 가장 실망스러운 일이 될 것이다"라고 말했던 트웨인은 1910년 어느날 밤 별이 뜰 무렵 둘째 딸 클라라의 손을 잡고 "안녕, 클라라. 우린 꼭 다시 만날 수 있을 거야"라는 말을 남겼는데, 그때 핼리 혜성이 다시 지구를 찾아왔고, 트웨인은 그 이튿날 세상을 떠났다. 그날이 1910년 4월 21일이었다.

핼리 혜성이 가장 최근에 나타난 해는 1986년이었고, 다음 방문은 2061년으로 예약되어 있다. 필자뿐 아니라 현재 지구 행성에서 살고 있는 70억 인구 중 1/3은 그때 핼리 혜성이 태양을 향해 달려가는 장관을 볼 수 없을 것이다. 핼리 혜성은 7만 6,000년 후에 그 수명을 다하게 된다.

혜성의 '맨얼굴'

핼리 혜성처럼 태양계 내에 붙잡혀 기다란 타원 궤도를 가지고 주기적으로 태양을 도는 혜성을 '주기 혜성'이라 하고, 포물선이나 쌍곡선 궤도를 갖고 있어 태양에 딱 한 번만 접근하고는 태양계를 벗어나 다시는 돌아오지 않는 혜성을 '비주기 혜성'이라 한다. 또 주기 혜성은 200년 이하의 주기를 가지는 단주기 혜성과, 200년 이상 수십만 년에 이르는 주기를 가진 장주기 혜성으로 나누어진다.

혜성은 크게 머리와 꼬리로 구분된다. 머리는 다시 안쪽의 핵과, 핵을 둘러싸고 있는 코마로 나누어진다. 핵이 탄소와 암모니아, 메탄 등이 뭉쳐진 얼음덩어리라는 사실이 최초로 밝혀진 것은 1950년 미국의 천문학자 위플에 의해서였다. 그러니 혜성의 정체가 제대로 알려진 것은 반세기 남짓밖에 되지 않은 셈이다.

핵을 둘러싼 코마는 태양열로 인해 핵에서 분출되는 가스와 먼지로 이루어진 것으로, 혜성이 대개 목성 궤도에 접근하는 7AU 정도 거리가 되면 코마가 만들어지기 시작한다. 우리가 혜성을 볼 수 있는 것은 이 부분이 햇빛을 반사하기 때문이다. 코마의 범위는 보통 지름 2만~20만km 정도로 목성 크

주기가 3,000년인 헤일-밥 혜성. 사진에서 하얀색이 먼지 꼬리이고, 푸른색이 가스 꼬리다. (출처/위키)

기만 하기도 하고, 때로는 지구와 달까지 거리의 약 세 배나 되는 100만km 를 넘는 것도 있다.

혜성의 꼬리는 코마 물질들이 태양풍의 압력에 의해 뒤로 밀려나서 생긴 다. 이 황백색을 띤 꼬리는 태양과 반대 방향으로 넓고 휘어진 모습으로 생기 며, 태양에 다가갈수록 길이가 길어진다. 꼬리가 긴 경우에는 태양에서 지구 까지 거리의 두 배만큼 긴 것도 있다니, 참으로 장관이 아닐 수 없겠다.

1994년 7월 16일 목성과 충돌한 슈메이커-레비9 혜성. 21개로 쪼개진 이 혜성의 조각들이 목성의 남반구에 충돌했는데, 충돌 당시 전 세계 천문학자들의 관심을 모았으며, 방송에서 큰 화제가 되었다. 외계 물체 중 최초로 태양계의 물체에 충돌하는 것이 직접적으로 관측된 것이었다. (출처/NASA)

태양에 가까이 다가가면 두 개의 꼬리가 생기기도 하는데, 먼지 꼬리 외에 가스 꼬리 또는 이온 꼬리라고 불리는 것이 생긴다. 태양 반대쪽으로 길고 좁게 뻗는 가스 꼬리는 이온들이 희박하여 눈으로는 잘 보이지 않지만, 사진을 찍어보면 푸른색을 띤 꼬리가 길게 뻗어 있는 것을 볼 수 있다.

근래에 온 혜성으로 단연 화제를 모았던 것은 1994년 7월 16일 목성과 충돌한 '슈메이커-레비9' 혜성이었다. 21개로 쪼개진 이 혜성의 조각들이 목성의 남반구에 차례로 충돌했는데, 충돌 당시 전 세계의 관심을 모았으며, 방송에서 큰 화제가 되기도 했다. 외계 물체 중 최초로 태양계의 물체에 충돌하는 장관을 실감 나게 보여주었던 것이다.

혜성 탐사선으로는 미국의 스타더스트 호가 1999년 2월에 발사되었다. 이 탐사선은 2004년 1월에 혜성 '와일드 2'로부터 표본을 채취해 지구로 돌아왔다. 또한 '67P/추류모프-게라시멘코' 혜성에 착륙을 시도하기 위한 유럽우주국ESA의 **로제타 호**는 2004년 3월에 발사되었는데, 지난 2014년 11월 12일 로제타 호의 탐사 로봇 **'필레'**가 역사상 최초로 67P/추류모프-게라시멘코 혜성에 성공적으로 착륙했다.

혜성들의 고향

혜성은 어디에서 오는가? 혜성의 고향을 알기 위해서는 먼저 그 기원을 알아야 한다. 널리 받아들여지는 혜성 기원론에 따르면, 혜성은 행성과 위성들이 만들어지고 남은 잔해이기 때문에 태양계만큼이나 오래된 천체라는 것이다. 이 잔해들이 해왕성 너머 30~50AU 공간에 납작한 원반 모양으로 분포하고 있는데, 이곳이 바로 단주기 혜성들의 고향으로 카이퍼 대라 한다.

장주기 혜성의 고향은 그보다 훨씬 멀리 5만~15만AU가량 떨어진 오르트 구름이다. 지름 약 2광년으로 거대한 둥근 공처럼 태양계를 둘러싸고 있는 오르트 구름은 수천억 개를 헤아리는 혜성의 핵들로 이루어져 있다. 탄소가 섞인 얼음 덩어리인 이 핵들이 가까운 항성이나 은하들의 중력으로 이탈하여 태양계 안쪽으로 튕겨들어 혜성이 되는 것이다.

이 혜성은 온도가 매우 낮은 태양계 바깥쪽에 있었기 때문에 태양계가 탄생할 때의 물질과 상태를 수십억 년 동안 그대로 지니고 있는 만큼 태양계 탄생의 비밀을 간직한 '태양계 화석'이라 할 수 있다.

단주기 혜성의 경우 태양에서 목성과 해왕성 사이를 타원 궤도를 그리며 운동한다. 태양계 내의 천체가 태양에서 가장 멀리 떨어져 있을 때의 거리를

원일점, 가장 가까이 있을 때의 거리를 **근일점**이라 하는데, 단주기 혜성은 원일점의 위치에 따라 목성족, 토성족, 천왕성족, 해왕성족으로 나누어진다. 예컨대 가장 짧은 3.3년 주기의 엥케 혜성은 목성족, 76년 주기의 핼리 혜성은 해왕성족에 속한다.

장주기 혜성은 해왕성 바깥까지 갔다가 되돌아오는 길쭉한 타원 궤도로 움직이는데, 대부분의 혜성이 이에 속한다. 원일점은 대략 1만~10만AU 정도 거리에 있다.

우주 속에 영원한 것이 어디 있을까마는 혜성의 경우는 더욱 극적이다. 태양의 인력에 이끌려 태양계 안으로 들어온 혜성들은 각기 다른 운명을 겪는다. 태양과 행성들의 인력에 따라 궤도가 달라져 어떤 것은 태양계 밖으로 밀려나 다시는 돌아오지 못하고 우주의 미아가 되거나, 행성의 강한 인력으로 쪼개지기도 한다. 또 어떤 것은 태양이나 행성에 충돌하여 최후를 맞는 경우도 있다.

보통 혜성은 서울시만 한 크기로, 혜성이 태양을 방문할 때마다 핵에서 약 1억 톤가량의 물질을 방출하기 때문에 핵 표면이 약 3m씩 줄어든다고 한다. 엥케 혜성은 1,000번의 주기, 곧 3,300년 후, 핼리 혜성은 7만 6,000년 후엔 수명을 다하게 된다. 수백억 년을 사는 별에 비해서는 참으로 찰나의 삶을 사는 존재라 하겠다.

혜성은 궤도를 운행하면서 티끌이나 돌조각들을 궤도상에 흩뿌리는데, 이러한 혜성의 입자들이 혜성 궤도 주위에 모여 있는 것을 유성류流星流라 한다. 공전하는 지구가 이 유성류 속을 지날 때 지구 대기와의 마찰로 불타며

주기가 무려 55만 8,300년인 웨스트 혜성. 1975년에 왔다. 다음 오는 해는 서기 569282년이다. 아마추어 천문학자인 존 라보데가 1976년 3월 9일에 찍은 사진에 의하면, 이 혜성은 푸른색과 흰색의 꼬리 두 개를 가지고 있다. (출처/위키)

떨어지는데, 이것을 유성 또는 별똥별이라 하며, 많은 유성이 무더기로 떨어지는 것을 유성우流星雨라 한다.

유성우는 지구 대기권으로 평행하게 떨어지지만, 우리가 보기에는 하늘의 한 곳에서 떨어지는 것처럼 보인다. 이 중심점을 **복사점**이라 하고, 복사점이 자리한 별자리의 이름을 따라 유성우의 이름이 정해진다.

유성우 중에서는 특히 **사자자리 유성우**가 유명한데, 주기 33년의 **템펠 - 터틀 혜성**이 연출하는 것으로 매년 11월 17일과 18일을 전후해 시간당 십수 개에서 많은 경우 수십만 개의 유성이 떨어진다. 평상시에는 시간당 10~15개의 유성이 떨어지는 볼품없는 유성우이지만, 33년을 주기로 공전하는 템펠-터틀 혜성이 통과한 직후에는 시간당 수백에서 수십만 개의 유성이 떨어져 장대한 천체 쇼를 연출한다. 1966년에는 북아메리카 동부 지역에서 분당 1,000개 이상의 엄청난 유성우가 온 하늘을 뒤덮을 정도의 대장관을 펼쳤다고 한다.

혜성이 지구가 형성되기 전부터 존재했다는 것은 알려져 있지만 아직도 혜성의 많은 부분은 신비에 싸여 있다. 어떤 학자들은 혜성이 가져다준 물이 지구의 바다를 만들었다고 주장하기도 하고, 또 어떤 학자들은 지구에 생명의 씨앗과 생명의 물질을 공급해왔다는 주장도 한다.

한편 중생대 말 공룡을 비롯한 지구상의 생물 대부분을 멸종시킨 거대한 재앙의 근원이 혜성 충돌 때문이라는 주장은 거의 정설로 굳어가고 있다. 만약 이러한 주장들이 사실이라면 혜성은 지구 생명의 창조자이자 파괴자이며, 인류의 미래와 운명에 직결되어 있는 존재인 셈이다.

마지막으로 장주기 혜성 하나. 1975년에 발견된 **웨스트 혜성**은 원일점이 1만 3,560AU로, 현재까지 가장 긴 주기를 가진 혜성의 하나로 기록되고 있는데, 그 주기가 무려 55만 8,300년이다. 지난 1975년에는 태양을 지나친 뒤 네 조각으로 쪼개지면서 장관을 연출했던 웨스트 혜성의 다음 도래 년은 서기 569282년이다.

우리 인류가 문명사를 엮어온 것이 고작 5,000년인데, 과연 그때까지 살아남아 56만 년 후 웨스트 혜성이 태양을 향해 시속 34만km로 돌진해가는 장관을 다시 볼 수 있을까?

18 물이 이처럼 유구한 역사를 갖고 있을 줄이야!

지구의 바다는 소행성이 가져왔다

물 한 방울이 떨어질 때 우주의 모든 물이 지닌
속성을 본다. **– 단제 선사(당나라 선승)**

지구의 물은 태양보다 오래되었다

당신이 오늘 아침에도 마시고 세수한 그 물이 얼마나 오래된 것인지 아는가? 물은 지구나 태양보다 더 전에 만들어진 것이며, 지구의 바다는 최소한 지구 역사에 버금가는 40억 년이 넘는 역사를 가진 것이라는 학설이 최근에 발표되어 학계의 이목을 끌고 있다.

사실 지구의 바다는 최대 미스터리 중의 하나다. 지구 행성의 지표 면적 중 70%를 넘게 차지하고 있는 바다는 지구상의 모든 생명을 보듬고 있는 어머니 같은 존재다. 지구가 푸른 행성으로 불리는 것도 이 바다 때문이다.

그럼 물의 행성이라 불리는 우리 지구의 바다는 어디에서 온 것일까?

대부분의 과학자들은 지구의 바다가 원래 지구에 있던 물에서 비롯되었다고는 보지 않는다. 태양계 내의 어디로부터 온 것이라는 생각을 갖고 있지만 그것이 소행성에서 온 건지, 혜성에서 온 건지는 아직까지 밝혀지지 않은 미스터리로 남아 있다.

하지만 이제 과학자들은 그 답을 알아냈다고 생각하고 있다. 물은 혜성이 가져온 게 아니라 소행성들이 가져왔으며, 그 시기는 지구에 막 암석층이 형성될 무렵이었다고 믿고 있다.

38억 년 전 엄청나게 큰 소행성과 혜성들의 충돌로 격변의 시기를 겪은 원시 지구는 뜨거운 열기로 인해 바위들이 녹아버린 상태여서, 당시 지구상에 존재했던 물 분자들은 모두 증발해 우주 공간으로 날아가버렸고, 지금 지구상을 덮고 있는 물은 훨씬 뒤에 온 것이라고 과학자들은 추정하고 있다.

그렇다면 지구의 바다는 어떻게 생겨나게 되었는가? 경우의 수는 그리 많지 않다. 혜성이나 소행성이 가져왔다고 생각할 수밖에 없는 것이다. 이들 천체는 거의 얼음으로 이루어진 것으로, 어느 정도 식은 원시 지구에 대량 충돌해 바다를 만들었다는 가설이 나왔다. 원시 지구는 이런 천체들이 무수히 와서 충돌하는 포격 시대를 겪었다는 것이 정설이다. 말하자면 얼음과 가스 덩어리인 소행성이나 혜성들이 지구에 '바다'를 가져온 것이라고 보고 있다.

과학자들은 이 문제를 풀기 위해 지구 바다의 또 다른 잠재적인 근원을 연구하고 있다. 원시 태양계 구성 물질과 아주 흡사한 소행성은 탄소질의 콘드라이트로서 행성들이 형성되기 훨씬 이전, 그러니까 46억 년 전 태양계의 성운이 막 태양을 잉태하려고 회전할 무렵 소용돌이 안에서 만들어진 것이다.

원시 태양계를 묘사한 다음의 그림에서 보이는 흰 점선은 설선雪線이다. 이 선의 안쪽은 따뜻한 내부 태양계로, 외부 태양계에 비해 얼음이 안정되

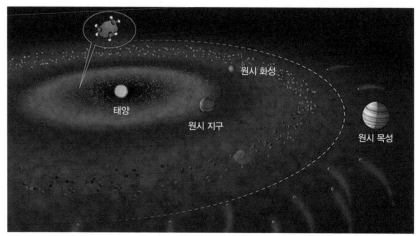

태양계가 생성되던 때의 물을 보여주는 그림. 지구 바다를 채우고 있는 물은 태양보다 더 오래된 것이라 한다. 그림에서 흰 점선은 설선이다. 이 선 안쪽은 따뜻한 내부 태양계로, 외부 태양계에 대해 얼음이 안정되지 않은 상태로 있는 데 반해, 푸른색의 외부 태양계는 얼음이 안정된 상태다. (출처/WHOI-Jack Cook)

지 않은 상태로 있는 데 반해, 푸른색의 외부 태양계는 얼음이 안정된 상태다. 내부 태양계가 물을 수용할 수 있는 방법은 두 가지로, 하나는 설선 안에서 물 분자가 먼지 입자에 들러붙는 것이고(말풍선 그림), 다른 하나는 원시 목성의 중력 영향으로 탄소질 콘드라이트가 내부 태양계로 밀어넣어지는 것이다. 이 두 가지 요인에 의해 태양계가 형성된 지 1억 년 안에 물이 내부 태양계에서 만들어진 것으로 보인다.

지구 바다의 근원을 결정짓기 위해 과학자들은 수소와 그 동위원소인 **중수소**의 비율을 측정했다. 중수소란 수소 원자핵에 중성자 하나가 더 있는 수소를 말한다. 그 결과 지구 바다의 물과 운석이나 혜성의 샘플이 공히 태양계가 형성되기 전에 물이 생겨났음을 보여주는 화학적 지문을 갖고 있는 것으로 밝혀졌다.

물은 다 같이 비슷한 수준의 중수소를 갖고 있다. 이 중수소는 성간 우주에서밖에는 만들어지지 않는 물질이다. 이러한 사실은 적어도 지구와 태양계 내 물의 일부는 태양보다도 더 전에 만들어진 것임을 뜻한다. 이 같은 상황은 지구상에 생명체가 기존에 생각했던 것보다 훨씬 빨리 나타났을 수도 있음을 시사하는 대목이기도 하다.

지구의 바다는 소행성이 가져왔다

이처럼 물이 내부 태양계에 일찍 생겨난 것을 고려해볼 때 다른 내부 행성들 역시 초창기에는 물을 갖고 있어, 오늘날처럼 환경이 가혹하게 되기 전엔 생명체가 존재했을 가능성을 배제할 수 없다. 행성 형성 과정에서 물이 이처럼 광범하게 존재할 수 있다는 점은 은하 전역에 생명체가 분포해 있을 희망적인 예측이 가능하다는 것을 의미한다.

문제는, 그렇다면 지구에 바다를 가져온 것이 과연 소행성인가, 혜성인가 하는 것이다. 이에 대한 답은 2015년에 67P/추류모프-게라시멘코 혜성을 탐사하고 착륙선을 내린 ESA의 혜성 탐사선 **로제타 호**가 보내왔다.

로제타 호에 장착된 이온 및 중성입자 분광 분석기를 이용해 혜성의 대기 성분을 분석한 결과, 지구의 물과는 다른 중수소 비율을 가진 것으로 밝혀졌다. 중수소의 비율은 물의 화학적 족보에 해당하는 것으로, 지구상의 물은 거의 비슷한 중수소 비율을 갖고 있다.

이 같은 로제타 호의 분석은 혜성이 지구 바다의 근원이라는 가설을 관에 넣어 마지막 못질을 한 것으로 받아들여지고 있다. 이는 또한 우리 행성에 생

로제타 혜성 탐사선과 착륙선 필레. 로제타 호의 장비가 분석한 자료에 따르면, 지구 바다의 근원은 혜성이 아니라 소행성임을 시사하고 있다. (출처/ESA)

명을 자라게 한 장본인은 소행성임을 증명하는 것이기도 하다.

결론은 물의 행성이라고 불리는 이 지구의 바다는 소행성들이 가져다준 것이며, 물의 역사는 태양보다 오래된 것이라는 사실이다. 우리가 매일 마시고 쓰는 물이 이처럼 유구한 역사를 가졌다니 참으로 놀라운 일이 아닐 수 없다.

19 태양의 마지막 모습을 보고 싶다면…

70억 년 후 태양의 운명

우주가 소멸할 때 부디 순환하는 불덩이가 없기
를. 나는 저 길고 어두운 우주의 잠에 들 준비가
되어 있다. **－쳇 레이모(미국 천문학자)**

　앞으로 70억 년 후 우리 태양이 맞을 최후의 모습을 그대로 보여주는 별의
이미지가 잡힌 적이 있는데, 이른바 '목성의 유령'이라는 별명의 백색왜성이
그 주인공이다. 목성의 유령이라는 별명은 이 행성상 성운의 크기가 밤하늘
에서 보는 목성과 거의 같기 때문에 붙여진 것이다.

　별들도 태어나서 살다가 죽는 것은 인간과 다를 바가 없지만 그 임종의 모
습이 다 같지는 않다. 무엇이 별들의 운명을 결정하는가? 바로 덩치다. 즉, 별
의 질량이 그 별의 운명을 결정짓는 것이다.

　태양보다 수십 배 큰 별은 장렬한 폭발로 그 삶을 마감한다. 초신성 폭발이
다. 반면 태양 같은 작은 별들은 비교적 조용히 생을 마감한다. 별이 핵융합
으로 중심핵에 있던 수소가 바닥나면 핵융합의 불길은 그 외곽으로 옮겨가
고, 별의 바깥층이 크게 가열되어 팽창하기 시작하는데, 이때 별의 표면 온도

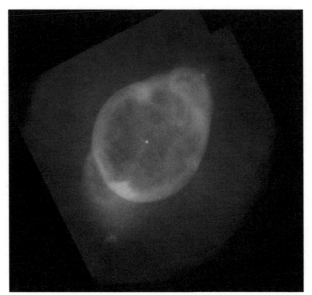

3,000광년 거리에 있는 '목성의 유령'은 바깥층을 우주 공간으로 날려버린 백색왜성이다. 거품 안쪽을 채우고 있는 푸른빛은 뜨거운 가스로부터 방출되는 X-선으로, 200만°C에 달하는 고온이다. (출처/NASA, ESA)

가 떨어져 붉은색을 띠게 된다. 이른바 **적색거성**이 되는 것이다.

그리고 별의 표면층이 중력을 벗어나 우주 공간으로 탈출하기 시작하고, 별 속에서 진행되던 핵융합이 멈춤에 따라 별은 스스로의 중력을 지탱하지 못하고 수축하기 시작한다. 태양 정도 크기의 별은 대략 지구 정도의 크기까지 줄어든다.

이렇게 지구 크기로 줄어든 별은 작지만 매우 온도가 높은 **백색왜성**이 되고, 우주 공간으로 탈출한 별의 외곽층은 밝게 빛나는 성운이 된다. 바로 **행성상 성운**이다. 하지만 행성하고는 아무 관련이 없다. 옛날 작은 망원경으로 보았을 때 행성처럼 둥근 모양으로 보여 붙인 이름일 뿐이다.

'목성의 유령'도 그런 백색왜성 중 하나다. 앞의 이미지가 보여주듯이 지금이 백색왜성에서 일어나고 있는 일들은 70억 년 후 우리 태양이 맞을 운명을 그대로 보여주는 것이다.

거품 안쪽을 채우고 있는 푸른빛은 뜨거운 가스로부터 방출되는 X-선으로, 200만°C에 달하는 고온이다. 이 같은 고온은 초속 2,000km가 넘는 항성풍이 가스 고리에 부딪쳐 만들어지는 것이다.

이미지는 안쪽 고리 가장자리의 가스가 빠르게 흩어지면서 바깥 가스 고리를 만들고 있음을 보여준다. 아래위로 붉은 가스 뭉치를 달고 있는 이 두 가스 고리는 차가운 가스를 품고 있는 주머니로, 초록색으로 보이는 것은 질소 분자가 내는 빛 때문이다. '목성의 유령'은 지구로부터 3,000광년 떨어진 큰물뱀자리에 있다.

'지구 종말의 날' CNN 고별 방송

앞으로 70억 년 후면 수소를 다 태운 우리 태양도 바깥 껍질이 떨어져나가 이와 비슷한 행성상 성운을 만들 것이고, 나머지 중심 부분은 수축하여 지구 크기의 백색왜성이 될 것이다.

그때가 되면 수성과 금성은 부풀어오른 태양 적색거성의 불길 속으로 들어가게 될 것이고, 지구는 바다와 대기가 증발하여 우주 공간으로 날아가고 지각은 녹아내릴 것이다. 그리고 태양의 행성상 성운은 나선성운과 같은 아름다운 우주 쇼를 펼치다가 몇만 년 후면 완전히 소멸할 것이다. 하지만 걱정할 필요는 없다. 이런 일은 몇십억 년 후에나 일어날 테니까.

나선성운 NGC 7293. 70억 년 후 우리 태양도 이렇게 최후를 맞게 된다. 이 사진은 칠레에 있는 유럽남반구천문대의 라실라 천문대에서 광각으로 찍은 것이다. 마치 거대한 우주의 눈처럼 보여 '신의 눈'이라는 별명을 갖게 되었다. (출처/ESO)

하지만 여러분은 지금 태양의 70억 년 후 운명을 본 것이나 진배없다. 우주의 법칙은 냉엄하니까. 그러니 오늘 지구와 인류가 티끌처럼 날려 사라진다 해도 내일 우주에는 아무 변화도 없을 것이다. **노자**老子는 이를 **천지불인**天地不仁이라 했다.

여담이지만, 미국의 케이블 뉴스 전문 채널 CNN이 지구 종말의 날이 찾아올 경우 방영하기 위해 준비했다는 영상이 공개되어 화제가 된 적이 있다. CNN이 지구 종말을 앞두고 마지막 방송을 하려 했던 것은 '내 주를 가까이

하게 함은Nearer My God to Thee'이란 찬송가 연주다. 이 곡은 1912년 타이타닉 호가 침몰할 때 배의 악단이 마지막까지 남아서 연주했다고 전해지는 노래이기도 하다.

CNN을 출범시킨 테드 터너의 지시에 의해 1980년 제작됐다는 이 영상에서 연주하는 악단은 미국의 육군·해군·해병대·공군 군악대로, CNN 본사 앞에서 여성 지휘자의 지휘로 1분간 연주했다. 들어보면 왠지 울컥하는 기분이 든다.

*유튜브 검색어→Turner doomsday video

Chapter 4

까마득한
우주 거리,
어떻게
쟀을까?

20 천문학자들의 줄자, '우주 거리 사다리'
우주 거리가 가르쳐준 '지동설'

 별들 사이의 아득한 거리에는 신의 배려가 깃
들어 있는 것 같다. – 칼 세이건(미국 천문학자)

기준은 '미래에도 영원히 바뀌지 않을 것'

100억 광년 밖의 은하를 관측했다느니, 1,000만 광년 거리의 은하에서 초신성이 터졌다느니 하는 기사를 자주 보게 된다. 1광년이라면 1초에 30만 km, 지구를 7바퀴 반이나 돈다는 빛이 1년을 내달리는 거리다. 이것만 해도 우리의 상상력으로는 잘 가늠이 안 되는 거리인데, 천문학자들은 10억 광년이니, 100억 광년이니 하는 그 엄청난 거리를 도대체 어떻게 재는 걸까?

물론 하루아침에 우주 측량술이 등장한 것은 아니다. 수많은 천재들의 열정으로 갖가지 다양한 기법들이 차례로 개발되면서 이 엄청난 우주의 크기를 가늠할 수 있는 우주 측량술이 정립되었다.

태양이나 달까지의 거리를 측정하려는 시도는 고대 그리스 시대부터 행해져왔지만, 하늘의 단위와 지상의 단위를 결부시키는 것은 쉬운 일이 아니었

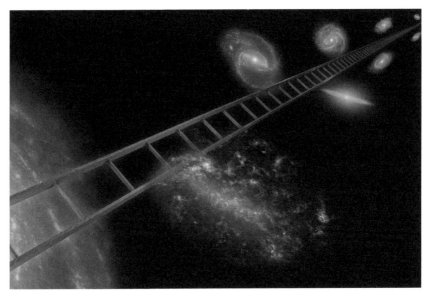

우주 거리 사다리. 먼저 지구의 크기와 달과 태양까지의 거리를 구한 다음, 그것들을 기초로 삼아 가까운 별에서 더 먼 천체까지 차례로 거리를 측정하는 단계별 측량 방식이다. (출처/NASA)

다. 천문학자들은 먼저 지구의 크기와 달과 태양까지의 거리를 구한 다음, 그것들을 기초 삼아 가까운 별에서 더 먼 천체까지 차례로 거리를 측정하는 과정을 밟아왔다. 이런 식으로 단계별로 척도를 늘려나가는 측량 방식을 **우주 거리 사다리**Cosmic distant ladder라 한다.

측량은 인류의 역사만큼이나 오랜 것이다. 사람은 늘 측량한다. 인류가 지상에 나타난 그 순간부터 측량은 시작되었다. 측량이 생존과 직결된 문제이기 때문이다.

그런데 이 측량에도 '천문'은 깊이 개입되어 있다. 달이 차고 기우는 것을 기준으로 삼은 한 달의 날수가 바로 천문학적인 것이다. 또 미국과 미얀마 등

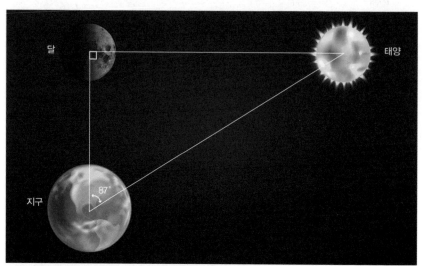

삼각형 하나가 알려준 지동설. 아리스타르코스의 지구-달-태양 사이의 거리 측정. 거리를 알면 상대적인 크기도 알 수 있다. 여기서 태양은 지구보다 19배가 크다는 계산이 나왔고, 이를 근거로 아리스타르코스는 지동설을 주장했다.

몇 나라만 빼고 전 세계가 쓰고 있는 미터법은 바로 지구의 크기에서 나온 것이다.

프랑스 대혁명의 불길이 채 잦아들기도 전인 1790년, 혁명정부가 도량형 통일을 위해 '미래에도 영원히 바뀌지 않을 것'을 기준으로 1m를 정했는데, 그게 바로 북극과 파리, 적도에 이르는 자오선 길이의 1,000만분의 1을 1m로 한 것이다. 곧 북극점에서 적도에 이르는 거리의 1만분의 1이 1km인 셈이다. 그러니까 지구 한 바퀴는 4만km가 된다. 오늘날 우리는 이 미터법으로 원자의 크기를 재고, 우주의 넓이를 잰다.

삼각형 하나가 가르쳐준 '지동설'

역사상 최초로 '우주 거리'를 잰 사람은 기원전 3세기 고대 그리스의 천문학자 **아리스타르코스**(기원전 310경~기원전 230경)였다. 그가 우주 측량에 사용한 도구는 삼각형과 원, 그리고 하늘의 달이었다. 그러나 그 측량의 결과는 놀라웠다.

먼저 그가 월식을 관측하고 얻은 결과물을 살펴보도록 하자. 월식 때 월면은 지구에 대한 거울 구실을 한다. 월면에 지구 그림자가 그대로 나타나는 것이다. 이때 지구 그림자를 보면 원형이다. 지구가 만약 삼각형이라면 그림자도 삼각형일 것이요, 편평한 판이라면 그림자도 길쭉하니 비칠 게 아닌가. 그런데 월식 때 보면 지구 그림자는 언제나 둥그렇다. 고대의 천문학자들은 이를 지구가 구체라는 움직일 수 없는 증거로 보았다.

아리스타르코스의 월식 관찰은 여느 사람과는 달랐다. 월식으로 지구 그림자가 달의 가장자리에 올 때 두 천체의 원호 곡률을 비교함으로써 달과 지구의 상대적인 크기까지 알아냈던 것이다. 가히 천재의 발상법이라 하지 않을 수 없다. 그가 알아낸 값은 지구 크기가 달의 3배라는 사실이다. 참값은 4배지만, 기원전 사람이 맨눈으로, 게다가 오로지 추론만으로 그 정도 알아냈다는 것은 참으로 놀라운 지성이라 하지 않을 수 없다.

아리스타르코스의 천재성은 여기서 멈추지 않았다. 그는 달이 정확하게 반달이 될 때 태양과 달, 지구는 직각삼각형의 세 꼭짓점을 이룬다는 사실을 추론하고, 이 직각삼각형의 한 예각을 알 수 있으면 삼각법을 사용하여 세 변의 상대적 길이를 계산해낼 수 있다고 생각했다.

그는 먼저 지구와 태양, 달이 이루는 각도를 쟀다. 87°가 나왔다(참값은

89.5°). 세 각을 알면 세 변의 상대적 길이는 삼각법으로 금방 구해진다. 그런데 희한하게도 달과 태양은 겉보기 크기가 거의 같다. 이는 곧 달과 태양의 거리 비례가 바로 크기의 비례가 된다는 뜻이다.

아리스타르코스는 이 점에 착안해 다음과 같이 세 천체의 상대적 크기를 또 구했다. 태양은 달보다 19배 먼 거리에 있으며(참값은 400배), 지름 또한 19배 크다. 고로 달의 3배인 지구보다는 7배 크다(참값은 109배). 따라서 태양의 부피는 7^3으로 지구의 약 300배에 달한다고 결론지었다.

그의 수학은 정확했지만 도구가 좀 부실했다. 하지만 본질적인 핵심은 놓치지 않았다. "지구보다 300배나 큰 태양이 지구 둘레를 돈다는 것은 모순이다. 태양이 우주의 중심에 자리하고 있으며, 지구가 스스로 하루에 한 번 자전하며, 1년에 한 번 태양 둘레를 돌 것이다."

이로써 인간의 감각에만 의존해왔던 오랜 천동설을 제치고 인류 최초의 지동설이 탄생하게 된 것이다. 그러나 당시 이러한 아리스타르코스의 주장은 큰 반발을 불러일으켰을 뿐만 아니라, 신성 모독이므로 재판에 부쳐야 한다는 말까지 들어야 했다.

어쨌든 우주의 중심에서 인류의 위치를 몰아낸 지동설은 이렇게 한 천재의 기하학으로부터 탄생했다. 따지고 보면 직각삼각형 하나가 인류에게 지동설을 알려준 것이라고도 할 수 있다. 우리는 이런 천재에게 마땅히 경의를 표해야 한다.

천문학사에 불멸의 이정표를 세운 아리스타르코스는 달 구덩이 가운데 하나에 그 이름이 붙여져 영원히 남게 되었는데, 그 중심 봉우리는 달에서 가장 밝은 부분이다.

작대기 하나로 지구의 크기를 잰 사람

아리스타르코스의 뒤를 이어받은 또 다른 천재는 한 세대 뒤에 나타났다. 그가 바로 역사상 최초로 한 천체의 크기를 잰 그리스의 천문학자이자 수학자인 **에라토스테네스**(기원전 273경~기원전 192경)였다. 그가 잰 천체는 물론 지구였다.

에라토스테네스는 터무니없이 간단한 방법으로 인류 최초로 지구 크기를 쟀는데, 참값에 비해 10% 오차밖에 나지 않았다. 그가 이용한 방법은 작대기 하나를 땅에다 꽂는 거였다. 이른바 해의 그림자를 이용한 측정법이었다.

구체적으로는 이 역시 기하학을 이용한 건데, 어느 날 도서관에서 책을 뒤적거리다가 "남쪽의 시에네(아스완) 지방에서는 하짓날인 6월 21일 정오가 되면 깊은 우물 속 물에 해가 비치어 보인다"는 문장을 읽었다. 이것은 무엇을 뜻하는가?

그리스 인들은 지역에 따라 북극성의 높이가 다른 사실 등을 근거로 지구가 공처럼 둥글다는 것을 알고 있었다. 그리고 구체인 지구의 자전축은 궤도 평면상에서 23.5° 기울어져 있다. 하짓날 시에네 지방에 해가 수직으로 꽂힌다는 것은, 곧 시에네의 위도가 23.5°란 뜻이다(이 지점이 바로 북회귀선, 곧 하지선이 지나는 지역이다). 여기서 천재다운 발상법이 나온다.

그는 실제로 6월 21일을 기다렸다가 막대기를 수직으로 세워보았다. 하지만 시에네와는 달리 알렉산드리아에서는 막대 그림자가 약간 생겼다. 그는 여기서 지구 표면이 판판하지 않고 휘어진 곡면이기 때문이라는 점을 깨달았다.

그리하여 에라토스테네스가 파피루스 위에다 지구를 나타내는 원 하나를

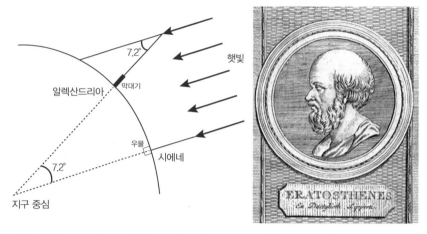

막대기 하나와 각도기 하나로 맨 처음 지구의 크기를 잰 에라토스테네스와 그가 사용한 방법. (출처/위키)

컴퍼스로 그리던 그 순간, 엄청난 일이 일어났다. 이것은 수학적 개념이 정확한 관측과 결합되었을 때 얼마나 큰 위력을 발휘하는가를 확인해주는 수많은 사례 중의 하나다.

에라토스테네스가 그림자 각도를 재어보니 7.2°였다. 햇빛은 워낙 먼 곳에서 오기 때문에 두 곳의 햇빛이 평행하다고 보고, 두 엇각은 서로 같다는 원리를 적용하면, 이는 곧 시에네와 알렉산드리아 사이의 거리가 7.2° 원호라는 뜻이 된다.

에라토스테네스는 걸음꾼을 시켜 두 지점 사이의 거리를 걸음으로 재본 결과 약 925km라는 값을 얻었다. 그 다음 계산은 간단하다. 여기에 곱하기 360/7.2 하면 답은 약 46,250이라는 수치가 나오고, 이는 실제 지구 둘레 4만km에 10% 미만의 오차밖에 안 나는 것이다.

이로써 인류는 우리가 사는 행성의 크기를 최초로 알게 되었고, 이를 아리스타르코스의 태양과 달까지 상대적 거리에 대입시켜, 비록 큰 오차가 나는 것이긴 하지만 그 실제 거리를 알게 된 것이다.

2,300년 전 고대에 막대기 하나와 각도기, 사람의 걸음으로 지구의 크기를 이처럼 정확히 알아낸 에라토스테네스야말로 위대한 지성이라 하지 않을 수 없다. 이분은 또 수학사에도 이름을 남겼는데, 소수素數를 걸러내는 '에라토스테네스의 체'를 고안해낸 수학자이기도 하다.

달까지 거리를 '줄자'로 재듯이 잰 사람

에라토스테네스 다음으로 약 한 세기 만에 나타난 걸출한 천재는 에게 해 로도스 섬 출신의 **히파르코스**(기원전 190경~기원전 120경)였다. 그가 남긴 천문학 업적은 **세차운동** 발견, 최초의 항성 목록 편찬, 별의 밝기 등급 창안, 삼각법에 의한 일식 예측 등 그야말로 눈부신 것이다. 그는 지구 표면에 있는 위치를 결정하는 데 엄밀한 수학적 원리를 적용하여 오늘날과 같이 경도와 위도를 이용해 위치를 나타낸 최초의 인물이기도 하다.

그는 돌던 팽이가 멈추기 전에 팽이 축을 따라 작은 원을 그리듯이 지구 자전축의 북극점도 그러한 모습으로 회전한다는 세차운동의 이론을 정립하고, 그 값을 계산해냈다. 1년 동안 춘분점이 이동한 각도를 구하고, 360°를 이 값으로 나누어 구한 값이 2만 6,000년이었다(오늘날 그 참값은 2만 5,800년).

히파르코스의 측량술은 달에까지 미쳤다. 그는 간단한 기법으로 달까지의

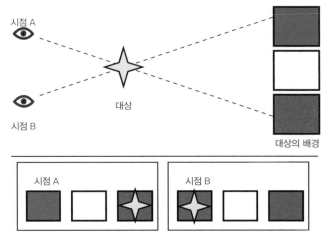

시차. 시점 A, B에서 보면 각각 배경이 달라 보인다. (출처/위키)

거리를 구했다. 그가 사용한 방법은 **시차**視差였다. 한 물체를 거리가 떨어진 두 지점에서 바라보면 시차가 발생한다. 눈앞에 연필을 놓고 오른쪽 눈, 왼쪽 눈으로 번갈아보면 위치 변화가 나타나는데, 이것이 바로 시차이다.

그는 두 개의 다른 위도상 지점에서 달의 높이를 관측해 그 시차로써 달이 지구 지름의 30배쯤 떨어져 있다는 계산을 해냈다. 이 역시 줄자를 갖다대 잰 듯이 참값인 30.13에 놀랍도록 가까운 값이었다. 이로써 그는 아리스타 르코스가 구한 값(지구 지름의 9배)을 크게 수정한 셈이다. 이는 지구 바깥 천 체까지의 거리를 최초로 정밀하게 측정한 빛나는 업적이었다.

히파르코스는 나이 쉰 살이 되어 로도스 섬 해변 가까운 산꼭대기에 천문 대를 세우고 은둔 생활에 들어갔다. 히파르코스 이후 적어도 300년 동안 그 를 능가하는 천문학자는 태어나지 않았다. 그는 고대 그리스 시대 최고의 천 문학자였다.

21 태양계의 크기, 이렇게 알아냈다!
– 목성의 위성 이오가 가르쳐준 '광속'

 뉴턴 선생님, 용서하십시오. 당신은 당신의 시대에 가
장 높은 사상과 창의력을 가진 사람에게만 허용되는
유일한 길을 찾으셨습니다. – 아인슈타인

삼각법으로 알아낸 태양계의 크기

달까지의 거리를 자로 재듯이 정확하게 측정한 히파르코스의 후예는 무
려 1,800년 뒤에야 나타났다. 이탈리아 출신의 천문학자 **지오반니 카시니**
(1625~1712)가 그 주인공으로, 그가 발견한 토성의 **카시니 간극**으로 우리에게
도 낯익은 사람이다.

1625년 니스에서 태어난 카시니는 일찍이 천재성을 유감없이 발휘하여
겨우 25살 나이에 볼로냐 대학의 천문학 교수가 되었다. 그는 특히 행성 관
측에 남다른 열정을 쏟아, 1665년 목성의 대적점 변화를 관찰, 목성의 자전
주기가 9시간 56분임을 밝혔고, 이듬해에는 비슷한 방법으로 화성의 자전
주기가 24시간 40분임을 확인했다.

카시니가 태양까지의 거리를 재겠다는 야심 찬 계획에 도전한 것은 그가

프랑스의 왕 루이 14세의 초청을 받아 파리 천문대장에 취임, 거금을 마음껏 사용할 수 있게 된 최초의 천문학자가 되었을 때였다. 당시 태양과 각 행성들 간의 거리는 케플러의 제3법칙, '행성과 태양 사이 평균 거리의 세제곱은 그 공전 주기의 제곱에 비례한다'는 공식에 의해 상대적인 거리는 알려져 있었지만, 실제 거리가 알려진 게 없어 태양까지의 절대 거리를 산정하는 데는 쓸모가 없었다.

카시니는 먼저 화성까지의 거리를 알아내고자 했다. 방법은 역시 시차를 이용한 삼각법이었다. 시차를 알고 두 지점 사이의 거리, 곧 기선의 길이를 알면 그것을 밑변으로 하여 삼각법을 적용해 목표물까지의 거리를 구할 수가 있다. 이 기법은 이미 1,800여 년 전 **히파르코스**가 38만km 떨어진 달까지의 거리를 측정하는 데 써먹은 방법이었다. 그러나 좀 더 멀리 떨어져 있는 천체와의 거리를 정확하게 재기 위해서는 좀 더 긴 기선이 필요하다.

카시니는 제1단계로 시차를 이용해 화성까지의 거리를 구하기로 했다. 마침 화성이 지구에 접근하고 있었다. 이는 곧 큰 시차를 얻을 수 있는 기회임을 뜻한다.

1671년, 카시니는 조수 **장 리셰르**를 남아메리카에 있는 프랑스령 기아나의 카옌으로 보냈다(기아나는 영화 〈빠삐용〉에 나오는 유명한 유형지인 악마의 섬이 있는 곳이다). 파리와 카옌 간의 거리 9,700km를 기선으로 사용하기 위해서였다. 리셰르는 화성 근처에 있는 몇 개의 밝은 별들을 배경으로 해서 화성의 위치를 정밀 관측했고, 동시에 파리에서는 카시니가 그와 비슷한 측정을 해서 화성의 시차를 구했다.

계산 결과는 놀랄 만한 것이었다. 화성까지의 거리는 6,400만km라는 답이 나왔다. 이 수치를 '행성의 공전 주기의 제곱은 행성과 태양 사이 평균 거리의 세제곱에 비례한다'는 케플러의 제3법칙에 대입하니, 지구에서 태양까지의 거리는 1억 4,000만km로 나왔다. 이것은 실제값인 1억 5,000만km에 비하면 오차 범위 7% 안에 드는 훌륭한 근사치였다. 오차는 화성의 궤도가 지구와는 달리 길쭉한 타원인 데서 생겨난 것이었다.

어쨌거나 이는 태양과 행성 그리고 행성 간의 거리를 최초로 밝힌 의미 있는 결과로, 인류에게 최초로 태양계의 규모를 알려주었다는 점에서 특기할 만한 일이었다. 당시 태양계는 토성까지로, 지구-태양 간 거리의 약 10배였다. 이로써 인류는 태양계의 크기를 최초로 알게 되었다.

'광속'도 천문이 알려준 것이다

태양-지구 간 거리는 천문학에서 **천문단위** AU : Astronomical Unit라 하며, 태양계를 재는 잣대로 쓰인다. 천문단위는 단지 길이의 단위일 뿐만 아니라 천문학에서 중요한 상수이다. 태양계 내의 행성이나 혜성 등의 천체 사이의 거리는 이 천문단위를 이용함으로써 취급하기 쉬운 크기의 값으로 나타낼 수 있다.

예를 들어 화성이 지구에 가장 가까이 접근할 때, 화성과 지구 사이의 거리는 0.37AU 정도이고, 태양에서 토성까지는 약 9.5AU, 가장 먼 행성 해왕성까지는 약 30AU가 된다. 30AU부터 100AU까지에는 명왕성을 비롯한 태양계 외부 천체가 분포하고 있다. 태양계의 경계이며 혜성의 고향이라고 여겨지는 **오르트 구름**은 수만 천문단위에 걸쳐져 있으며, 천문단위가 사용되는 한

갈릴레오가 발견한 목성과 그 위성들. 가까운 위성이 이오이다. 올레 뢰머가 이오를 관측하다가 빛의 속도를 발견하게 되었다. 사진은 2015년 2월 6일 경기도 광주에서 찍었다. (사진/김석희)

계이다.

빛이 8분 20초를 달리는 거리인 1AU, 곧 1억 5,000만km는 시속 100km의 차로 밤낮 없이 달려도 170년이 걸리는 엄청난 거리지만, 우주를 재기에는 턱없이 작은 단위다. 그래서 별이나 은하까지 거리를 재는 데는 **광년**LY : Light Year을 쓴다. 이는 빛이 1년간 달리는 거리로, 약 10조km쯤 된다.

그런데 카시니 시대에 이르도록 빛이 입자인지 파동인지, 또는 속도가 있는 건지 무한대인지조차도 알려지지 않고 있었다. 인류에게 빛이 속도가 있다는 사실을 알려준 것도 역시 '천문'이었다.

카시니는 갈릴레이가 발견한 목성의 네 개 위성에 대한 운행표를 계산했는데, 이것은 해상에서의 경도經度 결정에 중요한 자료가 되었다. 이의 보정을 위해 카시니는 제자인 덴마크 출신의 천문학자 **올레 뢰머**(1644~1710)에게 목성의 위성을 관측하는 임무를 맡겼다.

뢰머는 1675년부터 목성에 의한 위성의 식蝕을 관측하여, 식에 걸리는 시간이 지구가 목성과 가까워질 때는 이론치에 비해 짧고, 멀어질 때는 길어진다는 사실을 알게 되었다. 목성의 제1위성 **이오**의 식을 관측하던 중 이오가 목성에 가려졌다가 예상보다 22분이나 늦게 나타났던 것이다.

그 순간 그의 이름을 불멸의 존재로 만든 한 생각이 번개같이 스쳐 지나갔다. "이것은 빛의 속도 때문이다!"

이오가 불규칙한 속도로 운동한다고 볼 수는 없었다. 그것은 분명 지구에서 목성이 더 멀리 떨어져 있을 때, 그 거리만큼 빛이 달려와야 하기 때문에 생긴 시간 차였다. 뢰머는 빛이 지구 궤도의 지름을 통과하는 데 22분이 걸린다는 결론을 내렸으며, 지구 궤도 반지름은 이미 카시니에 의해 1억 4,000만km로 밝혀져 있는 만큼 빛의 속도 계산은 어려울 게 없었다.

그가 계산해낸 빛의 속도는 초속 21만 4,300km였다. 오늘날 측정치인 29만 9,800km에 비해 28%의 오차를 보이지만, 당시로 보면 놀라운 정확도였다. 무엇보다 빛의 속도가 무한하다는 기존의 주장에 반해 유한하다는 사실을 최초로 증명한 것이 커다란 과학적 성과였다. 이는 물리학에서 획기적인 기반을 이룩한 쾌거였다. 1676년 '광속 이론'을 논문으로 발표한 뢰머는 하루아침에 광속도 발견으로 과학계의 스타로 떠올랐다.

우주에서 광속보다 빠른 것은 없다. 그러나 이 광속으로도 우주의 크기를 재기에 버거울 만큼 우주는 광대하다. 3,000억 개의 별들이 버글거리고 있는 우리은하지만 별들과의 평균 거리는 약 4광년이다. 그러니 다른 은하와 충돌하더라도 별들끼리 부딪힐 확률은 아주 낮다. 동해 바다에서 미더덕 두 개가 우연히 부딪힐 확률과 비슷하다.

태양에서 가장 가까운 별은 **프록시마 센타우리**란 별인데, 거리는 4.22광년 이다. 빛이 거기까지 갔다 오는 데 8년이 걸린다는 뜻이다. 바로 이웃에 다녀 오는 데 8년이 걸린다면 광속도 우주에 비하면 달팽이 걸음과 다를 게 없다.

한편 카시니는 행성 관측에 매진해 토성 근처에서 4위성을 발견하고, 토 성 고리에서 이른바 카시니 간극을 발견하는 등, 천문학사에 뚜렷한 발자국 을 남기고 1712년 생을 마감했다. 향년 87세. 그의 이름은 1997년에 발사된 토성 탐사선 카시니-하위헌스와 화성의 지명에 남아 있다.

중학교 중퇴자가 최초로 별까지의 거리를 재다

별까지의 거리를 재려면 시차를 알아야 한다. 그러면 지구 궤도 반지름을 기선으로 삼아 별까지의 거리를 계산해낼 수 있다. 이 궤도 반지름을 기선으 로 삼는 별의 시차를 **연주시차**라 한다. 다시 말하면 어떤 천체를 태양과 지구 에서 봤을 때 생기는 각도의 차이가 연주시차라는 말이다.

'연주年周'라는 호칭이 붙는 것은 공전에 의해 생기는 시차이기 때문이다. 실제로 연주시차를 구할 때 관측자가 태양으로 가서 천체를 관측할 수 없기 때문에, 지구가 공전 궤도의 양 끝에 도달했을 때 관측한 값을 1/2로 나누어 구한다. 이것만 알면 삼각법으로 바로 목표 천체까지의 거리를 구할 수 있다.

1543년 코페르니쿠스가 지동설을 발표한 이래 천문학자들의 꿈은 연주

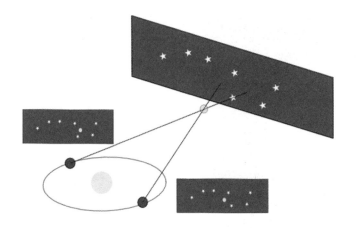

연주시차. 어떤 천체를 바라보았을 때 지구의 공전에 따라 생기는 시차를 뜻하며, 이는 지구 공전의 결정적 증거이다. (출처/위키)

시차를 발견하는 것이었다. 지구가 공전하는 한 연주시차는 없을 수 없는 것이다. 그것이 지구 공전에 대한 가장 확실하고도 직접적인 증거이기 때문이다. 그러나 그 후 3세기가 지나도록 수많은 사람들이 도전했지만 연주시차는 난공불락이었다. 천왕성을 발견한 불세출의 관측 천문가 **윌리엄 허셜**도 평생을 바쳐 추구했지만 끝내 이루지 못한 것이 연주시차의 발견이었다.

그도 그럴 것이 가장 가까운 별들의 평균 거리가 10광년으로 칠 때 약 100조km가 되는데, 기선이 되는 지구 궤도의 반지름이라 해봐야 겨우 1억 5,000만km이다. 무려 100만 대 3이다. 어떻게 그 각도를 잴 수 있겠는가. 그야말로 극한의 정밀도를 요구하는 대상이다.

코페르니쿠스가 지동설을 발표한 지 거의 300년 만에야 이 연주시차를 발견한 천재가 나타났다. 놀랍게도 중학교를 중퇴하고 천문학을 독학한 **프리**

프리드리히 베셀. 최초로 별의 연주시차 측정에 성공함으로써 지구의 공전 사실을 확고히 증명했다. (출처/위키)

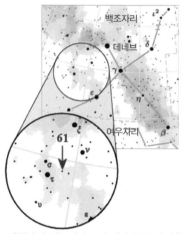

베셀의 별. 백조자리 61번 별의 위치. 이 별은 쌍성으로 서로를 약 659년 주기로 공전한다. (출처/위키)

드리히 베셀(1784~1846)이 바로 그 주인공이다. 이 천재는 삶의 내력도 재미있을 뿐 아니라 인간적으로도 매력적인 사람이었다.

베셀의 최대 업적이 된 연주시차 탐색은 그가 독일의 쾨니히스베르크 천문대 대장으로 있을 때인 1837년부터 시작되었다. 별들의 연주시차는 지극히 작으리라고 예상됐던 만큼 되도록 가까운 별로 보이는 것들을 대상으로 선택해야 했다. 고유 운동이 큰 별일수록 가까운 별임이 분명하므로 베셀은 가장 큰 고유 운동을 보이는 **백조자리 61번 별**을 목표로 삼았다.

베셀은 1837년 8월에 백조자리 61번 별의 위치를 근접한 두 개의 다른 별과 비교했으며, 여섯 달 뒤 지구가 그 별로부터 가장 먼 궤도상에 왔을 때 두 번째 측정을 했다. 그 결과 배후의 두 별과의 관계에서 이 별의 위치 변화를 분명 읽을 수 있었다. 데이터를 통해 나타난 백조자리 61번 별의 연주시차는 약 0.314초각이었다! 이 각도는 빛의 거리로 환산하면 약 10.28광년에 해당한다. 실제의 10.9광년보다 약간 작게 잡혔지만 당시로서는 탁월한 정확도였다. 이 별은 그 후 **베셀의 별**이라는 별명을 얻게 되었다.

지구 궤도 지름 3억km를 1m로 치면, 백조자리 61번 별은 무려 30km가 넘는 거리에 있다. 그러니 그 연주시차를 어떻게 잡아내겠는가. 그 솜털 같은 시차를 낚아챈 베셀의 능력이 놀라울 따름이다. 이 10광년의 거리는 사람들을 경악케 했다. 그러나 그 거리 또한 알고 보면 우주에서는 솜털 길이에 지나지 않는다는 사실을 머지않아 알게 된다.

천왕성을 발견한 허셜의 아들이자 런던 왕립천문학회 회장인 존 허셜 경은 베셀의 업적을 이렇게 평했다. "이것이야말로 실제로 천문학이 성취할 수 있는 가장 위대하고 영광스러운 성공이다. 우리가 살고 있는 우주는 그토록 넓으며, 우리는 그 넓이를 잴 수 있는 수단을 발견한 것이다."

베셀의 연주시차 측정은 우주의 광막한 규모와 지구의 공전 사실을 확고히 증명한 천문학적 사건으로 커다란 의미를 갖는다. 별들의 거리에 대한 측정은 천체와 우주를 물리적으로 탐구해나가는 데 필수적인 요소라는 점에서 베셀은 천문학의 새로운 길을 열었던 것이다.

22 우주의 끝을 밝혀준 '표준 촛불'

'빅뱅의 첫 단추'를 꿴 불우한 여성 천문학자

천문학자는 낭만주의자이다. 우주를 이해하지 못
하면 우리 자신을 이해할 수 없다고 천문학자는
믿는다. - 울리히 뵐크(독일 천문학자)

천문학 역사상 가장 중요한 '한 문장'

연주시차가 0.01초이면 326광년이고, 0.1초면 32.6광년, 1초면 3.26광년
이 된다. 이와 같이 광년의 단위도 별까지의 거리가 멀어지면 숫자가 매우 커
지므로 연주시차가 1초일 때 **1파섹**pc으로 정했다. 시차parallax와 초second,
두 낱말의 머리를 따서 만든 말이다. 별의 절대등급은 10pc, 곧 32.6광년의
거리에 위치한다고 가정하여 정한 별의 밝기이다.

그러나 이 연주시차로 천체의 거리를 구하는 것은 한계가 있다. 대부분의
별은 매우 멀리 있어 연주시차가 아주 작기 때문이다. 지구 대기의 산란 효과
등으로 인한 오차 때문에 미세한 연주시차는 계산할 수 없으므로, 100pc 이
상 멀리 떨어진 별에 적용하기는 어렵다. 따라서 더 먼 별에는 다른 방법을
쓰지 않으면 안 된다.

그렇다면 대체 어떤 방법을 쓸 수 있을까? 사실 시차만 하더라도 일종의 '상식'을 관측으로 찾아낸 것이라 할 수 있다. 그러나 더 먼 우주의 거리를 재는 잣대는 이런 상식에서 나온 것이 아니라 우주 속에서 발견한 것이었다. 그리고 그 발견에는 당시 천문학계의 기층민이었던 '여성 컴퓨터'의 땀과 희생이 서려 있었다.

이 놀라운 우주의 잣대를 발견한 주역은 한 귀머거리 여성 천문학자였다. 그러나 청력과 그녀의 지능은 아무런 관련도 없었다.

1868년 미국 매사추세츠 주 랭커스터에서 태어난 헨리에타 레빗(1868~1921)은 1892년 대학을 졸업한 후 하버드 대학 천문대에서 일하게 되었다. 업무는 주로 천체를 찍은 사진 건판을 비교·분석하고 검토하는 일이었다. 시간당 0.3달러라는 저임의 이런 직종을 당시 '컴퓨터'라고 불렀다. 그러나 단조롭기 한량없는 그 작업이 그녀의 영혼을 구원해주었을지도 모른다.

페루의 하버드 천문대 부속 관측소에서 찍은 사진 자료를 분석하여 변광성을 찾는 작업을 하던 레빗은 소마젤란 은하에서 100개가 넘는 **세페이드형 변광성**을 발견했다. 이 별들은 적색거성으로 발전하고 있는 늙은 별로서, 주기적으로 광도의 변화를 보이는 특성을 가지고 있다.

이 별들이 지구에서 볼 때 거의 같은 거리에 있다는 점에 주목한 그녀는 변광성들을 정리하던 중 놀라운 사실 하나를 발견했다. 한 쌍의 변광성에서 변광성의 주기와 겉보기등급 사이에 상관 관계가 있다는 점을 감지한 것이다. 곧 별이 밝을수록 주기가 느려진다는 점이다. 레빗은 이 사실을 공책에다 "변광성 중 밝은 별이 더 긴 주기를 가진다는 사실에 주목할 필요가 있다"고 짤막하게 기록해두었다. 그리고 이 한 문장은 후에 천문학 역사상 가장 중요한 문장으로 꼽히게 되었다.

레빗은 수백 개에 이르는 세페이드 변광성의 광도를 측정했고, 여기서 독특한 주기-광도 관계를 발견했다. 3일 주기를 갖는 세페이드의 광도는 태양의 800배이다. 30일 주기를 갖는 세페이드의 광도는 태양의 1만 배이다.

1908년 레빗은 세페이드 변광성의 '주기-광도 관계' 연구 결과를 『하버드 대학교 천문대 천문학 연감』에 발표했다. 그녀는 지구에서부터 마젤란 성운 속의 세페이드 변광성들 각각까지의 거리가 모두 대략적으로 같다고 보고, 변광성의 고유 밝기는 그 겉보기 밝기와 마젤란 성운까지의 거리에서 유도될 수 있으며, 변광성들의 주기는 실제 빛의 방출과 명백한 관계가 있다는 결론을 이끌어냈다.

레빗이 발견한 이러한 관계가 보편적으로 성립한다면, 같은 주기를 가진 다른 영역의 세페이드 변광성에 대해서도 적용이 가능하며, 이로써 그 변광성의 절대등급을 알 수 있게 된다. 이는 곧 그 별까지의 거리를 알 수 있게 된다는 뜻이다. 이것은 우주의 크기를 잴 수 있는 잣대를 확보한 것으로, 천문학을 송두리째 바꿔버릴 대발견이었다.

레빗이 발견한 세페이드형 변광성의 주기-광도 관계는 천문학 역사상 최초의 **표준 촛불**이 되었으며, 이로써 인류는 연주시차가 닿지 못하는 심우주 은하들까지의 거리를 알 수 있게 되었다. 또한 천문학자들은 표준 촛불이라는 우주의 자를 갖게 됨으로써 시차를 재던 각도기는 더 이상 필요치 않게 되었다.

레빗이 '표준 촛불' 변광성을 발견한 소마젤란 은하. 천구 남극 부근의 큰부리새자리에 있으며, 거리는 21만 광년이다. (출처/NASA, ESA, HST)

레빗이 밝힌 표준 촛불은 그녀가 암으로 세상을 떠난 지 2년 뒤에 그 위력을 발휘했다. 1923년 윌슨 산 천문대의 에드윈 허블이 표준 촛불을 이용해, 그때까지 우리은하 내부에 있는 것으로 알려졌던 안드로메다 성운이 외부 은하임을 밝혀냈던 것이다. 이로써 우리은하는 우주의 중심에서 끌어내려지고, 우리은하가 우주의 전부인 줄로만 알았던 인류는 은하 뒤에 또 무수한 은하들이 줄지어 있는 대우주에 직면하게 되었다.

밤하늘에서 빛나는 모든 것들이 우리은하 안에 속해 있다고 믿고 있던 인류에게 이 발견은 청천벽력과도 같은 것이었다. 갑자기 우리 태양계는 자디잔 티끌 같은 것으로 축소돼버리고, 지구상에 살아 있는 모든 것들에게 빛을 주는 태양은 우주라는 드넓은 바닷가의 한 알갱이 모래에 지나지 않은 것이 되었다.

따지고 보면 우주의 팽창이라든가 빅뱅 이론 같은 것도 레빗의 표준 촛불이 있음으로써 가능한 것이었다. 레빗이 변광성의 밝기와 주기 사이의 관계를 알아냄으로써 빅뱅의 첫 단추를 꿰었다고 할 수 있다. 허블은 이러한 레빗에 대해 그의 저서에서 "헨리에타 레빗이 우주의 크기를 결정할 수 있는 열쇠를 만들어냈다면, 나는 그 열쇠를 자물쇠에 쑤셔넣고 뒤이어 그 열쇠가 돌아가게끔 하는 관측 사실을 제공했다"라며 그녀의 업적을 기렸다.

이처럼 허블 본인은 레빗의 업적을 인정하며, 레빗은 노벨상을 받을 자격이 있다고 자주 말하곤 했다. 그러나 스웨덴 한림원이 노벨상을 주려고 그녀를 찾았을 때는 이미 세상을 떠난 지 3년이 지난 후였다. 하지만 불우한 여성 천문학자 헨리에타 레빗의 이름은 천문학사에서 찬연히 빛나고 있을 뿐만 아니라, 소행성 5383 레빗과 월면 크레이터 레빗으로 저 우주 속에서도 빛나고 있다.

우주 팽창을 가르쳐준 '적색편이'

우주 거리 사다리에서 변광성 다음의 단은 **적색편이**다. 이것은 별빛 스펙트럼을 분석해 그 별까지의 거리를 알아내는 방법으로, 이른바 **도플러 효과**라는 원리를 바탕으로 하고 있다.

도플러 효과를 설명할 때 주로 소방차 사이렌 소리가 예로 제시된다. 소방차가 관측자에게 다가올 때 소리가 높아지다가, 멀어져가면 급속히 소리가 낮아진다는 것을 알 수 있다. 이것은 파원이 관측자에게 다가올 때 파장의 진

폭이 압축되어 짧아지다가, 반대로 멀어질 때는 파장이 늘어남으로써 나타나는 현상이다. 이것이 바로 도플러 효과로, 1842년에 이 원리를 처음으로 발견한 오스트리아의 과학자 **크리스티안 도플러**(1803~1853)의 이름을 딴 것이다.

도플러 효과는 모든 파동에 적용되는 원리이다. 빛도 파동의 일종인 만큼 도플러 효과를 탐지할 수 있다. 도플러가 제시한 이 원리를 이용한 장비가 실생활에서도 여러 방면에 쓰이고 있는데, 만약 당신에게 어느 날 느닷없이 속력 위반 딱지가 날아왔다면, 그것은 바로 도플러 원리를 장착한 스피드건이 찍어서 보낸 것이다.

현재 천문학에서 천체들의 속도를 측정하는 데 이 도플러 효과가 널리 사용되고 있다. 우주 팽창으로 인해 후퇴하는 천체가 내는 빛의 파장은 늘어나게 되는데, 일반적으로 가시광선 영역에서 파장이 길수록 (진동수가 작을수록) 붉게 보인다. 따라서 후퇴하는 천체가 내는 빛의 스펙트럼이 붉은색 쪽으로 치우치게 되는데, 이를 '적색편이'라고 한다. 이 적색편이의 값을 알면 천체의 후퇴 속도를 측정할 수 있다.

천문학에서의 도플러 효과에 의한 적색편이는 1848년 프랑스의 물리학자 **아르망 피조**(1819~1896)에 의해 처음으로 관측되었다. 그는 별빛의 선스펙트럼 파장이 변하는 것을 발견했는데, 이 효과는 '도플러-피조 효과'라고 불린다.

그러나 적색편이가 천문학에 거대한 변혁을 몰고 온 것은 미국의 천문학자 **베스토 슬라이퍼**(1875~1969)에서 시작되었다. 그는 1912년, 당시 나선성운이라고 불리던 은하들이 상당히 큰 적색편이 값을 보인다는 것을 발견했다. 슬라이퍼는 그의 논문에서 온 하늘에 고루 분포하는 나선은하들의 속도를 측정했는데, 그중 세 개를 제외하고는 모든 은하가 우리은하로부터 초속 수백~수천km의 속도로 멀어지고 있는 것을 발견했다.

그 뒤를 이어 1924년 초 에드윈 허블은 은하들의 적색편이(속도)와 은하들까지의 거리가 비례한다는 **허블의 법칙**을 발견했다. 이러한 발견들은 우주가 정적이지 않고 팽창하고 있다는 가설을 관측으로 뒷받침하는 것으로, 우주의 팽창과 빅뱅 이론의 문을 활짝 열어젖힌 가장 중요한 근거로 받아들여지고 있다.

우주 거리 사다리의 마지막 단은 '초신성'

우주에서 가장 먼 거리를 재는 우주 줄자는 **초신성**이다. 초신성이란 진화의 마지막 단계에 이른 별이 폭발하면서 그 밝기가 평소의 수억 배에 이르렀다가 서서히 낮아지는 별을 가리키는데, 마치 새로운 별이 생겼다가 사라지는 것처럼 보이기 때문에 이런 이름이 붙었다. 하지만 사실은 늙은 별의 임종인 셈이다. 우리나라에서는 잠시 머물렀다 사라진다는 의미로 객성客星, 손님별이라고 불렀다.

그러면 어떤 별이 초신성이 되는가? 몇 가지 유형이 있는데, 먼저 태양 질량의 9배 이상인 무거운 별이 마지막 순간에 중력 붕괴를 일으켜 폭발하는 것이 있다.

다음으로는 쌍을 이루는 백색왜성에서 물질을 끌어와 그 한계 질량이 태

우주의 가속 팽창을 발견한 연구팀이 찍은 초신성 SN 1994D. 옆의 나선은하는 M 101. (출처/NASA, ESA)

양 질량의 1.4배를 넘는 순간 폭발하는 유형이 있는데, 이것이 바로 거리 측정에 사용되는 **1a형 초신성**이다. 이는 같은 한계 질량에서 폭발하여 같은 밝기를 보이므로, 그 광도를 측정하면 그 별까지의 거리를 알아낼 수가 있기 때문이다. 따라서 1a형 초신성은 자신이 속해 있는 은하까지의 거리를 측정할 수 있게 해주는 중요한 지표가 된다.

1929년 허블이 적색편이를 이용해 우주의 팽창을 처음으로 알아낸 이후 우주의 팽창 속도가 어떻게 변화하고 있는지가 중요한 관심사가 된 가운데, 1a형 초신성은 먼 은하까지의 거리를 측정하고 우주의 팽창 속도를 알아낼 수 있는 최적의 도구가 되었다.

1990년대에 들어 과학자들은 멀리 있는 1a형 초신성 수십 개의 거리와 후퇴 속도를 분석한 결과, 초신성들이 우주가 일정한 속도로 팽창하는 경우에 비해 밝기가 더 어둡다는 사실을 밝혀냈다. 이것은 이 초신성들이 예상보다 멀리 있다는 것을 말하며, 이는 곧 우주의 팽창 속도가 점점 빨라지고 있음을 뜻한다. 말하자면 우주는 가속 팽창되고 있다는 것이다. 이 획기적인 사실을 발견한 두 팀의 천문학자들은 뒤에 노벨 물리학상을 받았다.

이전까지는 우주에 있는 물질들의 인력 때문에 우주의 팽창 속도가 일정하게 유지되거나 줄어들 것으로 생각되었다. 그런데 실제 관측 결과는 이와 정반대로 나타난 셈인데, 우주의 이 같은 가속 팽창에는 분명 어떤 힘이 계속 작용하고 있음을 뜻한다. 지금으로서는 이 힘의 정체가 무언지 알 길이 없지만, 과학자들은 이 정체불명의 힘에 **암흑 에너지**라는 이름을 붙였다.

이 암흑 에너지는 우주가 팽창하면 팽창할수록 점점 더 커진다. 그러므로 우리 우주는 앞으로 영원히 가속 팽창할 운명이다. 이런 놀라운 우주의 비밀을 밝혀준 것이 바로 우주의 가장 긴 줄자인 초신성인 것이다. 우주의 가속 팽창 그 끝에는 무엇이 기다리고 있을지는 신만이 알 것이다.

23 사람이 만든 것으로 가장 멀리 날아간 물건
인류의 '우주 척후병' 보이저 1호의 대장정

 경이로움이 없는 삶은 살 가치가 없다.
- 아브라함 여호수아 헤셸(유대인 신
학자)

태양에서 약 232억km

미국의 무인 우주탐사선 보이저 1호가 2022년 4월 현재 지구로부터 232억km 떨어진 우주 공간을 날고 있는 중이다.

초속 17km, 시속 6만km의 속도로 날아가고 있는 보이저 1호는 인간이 만든 물건으로는 가장 우주 멀리 날아간 기록을 세우고 있다. 이 거리는 초속 30만km인 빛이 달리더라도 22시간이 넘게 걸리며, 지구-태양 간 거리의 156배(156AU)가 넘는 거리다. 보이저 1호가 지구를 떠난 것이 지난 1977년이니까 꼬박 45년을 날아가고 있는 셈이다.

보이저 1호가 태양계를 벗어나 성간 공간으로 진입한 것은 2012년으로, 탐사선을 스치는 태양풍 입자들의 움직임으로 확인되었다. 태양계 최외각의 행성들을 지나온 보이저 1호는 최초로 성간 공간으로 진입한 우주선으로서

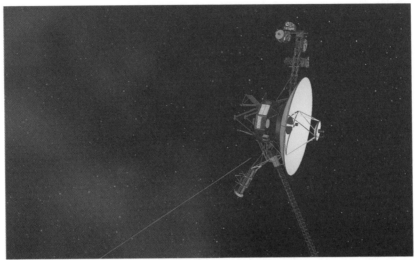

인간이 만든 물건으로서 가장 우주 멀리 날아간 보이저 1호. 태양계를 벗어나 성간 공간을 달리고 있다. (출처/NASA)

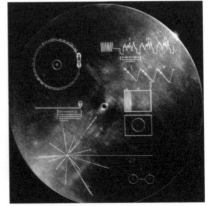

보이저 1호에 실어 우주로 띄워 보낸 '병 속의 편지' 보이저 금제 음반의 앞면(왼쪽)과 뒷면(오른쪽). 지구상의 생명체와 문화의 다양성을 알리기 위한 소리와 영상이 기록되어 있다. (출처/NASA)

각종 데이터를 지구로 보내오고 있는 중이다. 데이터로부터 최근 확인된 상황은 태양으로부터 온 '거품Bubbles' 효과의 관측으로, 이것이 바로 보이저 1호가 성간 공간으로 들어섰다는 사실을 확인해준 것이다.

인간의 모든 신화와 문명에서 절대적 중심이었던 태양, 그 영향권으로부터 최초로 벗어난 722kg짜리 인간의 창조물이 지금 호수와도 같이 고요한 성간 공간을 주행하고 있다.

인류의 우주 탐사 꿈을 싣고 한 세대를 지나는 세월 동안 고장 한 번 나지 않은 기적의 항해를 이어가고 있는 보이저 1호는 목성, 토성을 지나며 보석 같은 과학 정보들을 지구로 보낸 후, 인류 역사상 처음으로 태양계를 벗어나 미지의 영역인 '검은 우주' 속으로 돌진하고 있는 것이다.

보이저 1호는 그간 수많은 탐사 신기록을 세웠다. 1979년 목성에 약 35만 km까지 다가가 아름다운 목성의 모습을 촬영했다. 당시만 해도 미지의 행성이었던 목성의 대적반(거대 폭풍, 대적점)과 대기가 보이저 1호에 처음 포착되면서 목성의 비밀이 하나씩 벗겨지기 시작했다. 이듬해에는 토성에서 12만 km 지점에 접근해 토성의 고리가 1,000개 이상의 선으로 이뤄졌고, 고리 사이에는 간극이 있다는 사실을 밝혀냈다.

파이어니어 10호, 200만 년 후 알데바란에 도착

보이저 1호 다음으로 먼 곳을 달리는 것은 태양으로부터 200억km 떨어져 있는 파이어니어 10호다. 방향은 보이저 1호의 정반대편이다. 하지만 파이어니어 10호는 2003년 1월 23일 마지막으로 희미한 신호를 보내온 후 교신이 끊어졌다. 지구에서 100AU나 떨어진 깜깜한 우주 공간에서 영원히 우주의 미아가 되어버린 것이다. 1972년 3월 지구를 떠난 지 꼭 31년 만이다.

미국 아이오와 대학 반알렌 교수는 "탐사선은 아직도 태양의 온기를 쐬고 있을 것"이라며 파이어니어 10호가 태양계 언저리 어디쯤에 있을 것이라고 추측했다.

시속 4만 5,000km의 맹렬한 속도로 우주 공간을 주파하고 있는 파이어니어 10호는 3만 년쯤 후에는 황소자리 붉은 별 로스Ross 248을 스쳐 지나고, 그 후 100만 년 동안 10개의 별 옆을 더 지나갈 것이다. 그리고 또 200만 년 후에는 지구로부터 65광년 떨어진 황소자리 1등성 알데바란 옆통이에 다다를 것이다. 겨울철 남쪽 하늘 오리온자리 옆구리에서 밝게 반짝이는 별 말이다.

한편, 보이저 1호에 이어 2018년 태양권 경계를 지나 성간 우주에 도달했던 보이저 2호와 목성, 토성 탐사를 마친 파이어니어 11호는 심우주 속으로 뛰어들어 2022년 현재 지구로부터 각각 130AU, 102AU 떨어진 성간 공간을 날고 있는 중이다.

또 다른 탐사선 뉴호라이즌스는 2015년 7월, 우주선이 태양으로부터 39.2AU에 있을 때 명왕성을 근접비행하면서 처음으로 명왕성과 그 위성 카론을 클로즈업한 모습으로 탐사했다. 이로써 인류는 태양계의 모든 행성들을 빠짐없이 탐사한 것이 되었다.

명왕성 탐사선 뉴호라이즌스는 덤으로 2019년 새해 첫날, 태양으로부터 43.4AU 거리에 있는 카이퍼 벨트의 작은 천체 아로코스를 근접 관측했다.

뉴호라이즌스가 태양으로부터 100AU 떨어지는 2030년대가 되면 전력이 너무 낮아 모든 기기는 작동을 멈추게 된다.

이상에서 본는 바와 같이 우주의 한 변방, 모래알만 한 지구에 거주하는 인류라는 지성체가 바야흐로 그의 광막한 고향, 대우주를 탐색하기 위해 용약 분투하고 있는 중이다.

우주의 당구공 치기

본래 태양계 바깥쪽의 거대 행성들인 목성, 토성, 천왕성, 해왕성을 탐사하기 위해 발사된 보이저 1호는 당시 최신 기술이던 '중력 보조'를 사용하도록 설계된 탐사선이다. 중력 보조란 탐사선의 속도를 높이기 위해 중력을 이용한 **슬링 숏 기법**(새총 쏘기)을 말하는 것으로 중력 보조, 곧 행성의 중력을 이용해 우주선의 가속을 얻는 기법이다. **스윙바이**Swingby 또는 **플라이바이**Flyby라고도 하는 이것은, 말하자면 우주의 당구공 치기쯤 되는 기술이다.

탐사선이 행성의 중력을 받아 미끄러지듯 가속을 얻으며 낙하하다가 어느 지점에서 진행 각도를 바꾸면 그 가속을 보유한 채 튕기듯이 탈출하게 된다. 보이저 호는 이 기법을 이용해 목성 중력에서 시속 6만km의 속도 증가를 공짜로 얻었다. 보이저 호가 목성의 중력을 이용해 추진력을 얻을 때, 목성은 그만큼 에너지를 빼앗기는 셈이지만, 그것은 50억 년에 공전 속도가 1mm 정도 뒤처지는 것에 지나지 않는다.

현재까지 인류가 개발한 추진 로켓의 힘은 겨우 목성까지 날아가는 게 한계지만, 이 스윙바이 항법으로 우리는 전 태양계를 탐험할 수 있게 된 것이다.

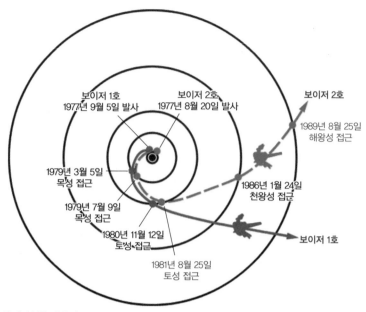

보이저 호의 궤적/ (출처/위키)

　일명 '행성 간 대여행'이라 불리는 행성의 배치가 행성 간 탐사선의 개발에
영향을 주었는데, 이 행성 간 대여행은 연속적인 중력 보조를 활용함으로써,
한 탐사선이 궤도 수정을 위한 최소한의 연료만으로 화성 바깥쪽의 모든 행
성(목성, 토성, 천왕성, 해왕성)을 탐사할 수 있는 여행이다.

　이 항법을 활용하기 위해 보이저 호는 행성들이 직선상 배열을 이루는 드
문 기회(몇백 년에 한 번꼴)를 이용했는데, 목성의 중력이 보이저 호를 토성으
로 내던지고, 토성은 천왕성으로, 천왕성은 해왕성으로, 그 다음은 태양계 밖
으로 차례로 내던지게 되는 것이다. 하늘의 당구 치기를 하면서 날아갈 보이
저 1호와 2호는 이 여행을 염두에 두고 설계됐으며, 발사 시점도 대여행이
가능하도록 맞춰졌다.

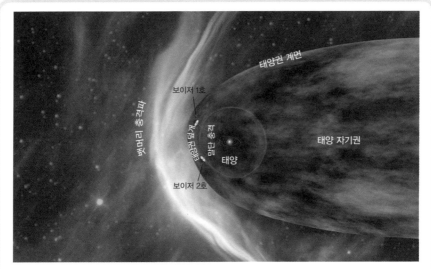

태양권 개념도. (출처/NASA)

말단 충격(Termination Shock) 태양 영향력의 한계를 구분 짓는 경계의 일종. 이 경계면은 초음속이던 태양풍 입자가 은하의 성간매질과의 충돌에 의해 아음속으로 떨어지는 지점이다. 이러한 충돌은 압축, 가열 그리고 자기장의 변화를 유도한다. 말단 충격은 태양으로부터 100AU 정도일 것이라고 추측된다.

태양 자기권(Heliospere) 태양풍은 자기장을 가진 행성과 상호작용하고, 행성 자기권을 형성하고 있다. 태양풍은 명왕성의 궤도를 훨씬 넘는 곳에까지 형성하고 있는 거대한 자기권을 말한다. 즉, 태양풍에 의해 지배되고 있는 영역이다.

태양권 계면(Heliopause) 태양풍의 영향과 태양계 이외의 성간물질의 영향이 거의 같아지는 경계 영역. 곧 태양풍의 영향이 없어지는 경계 부분이다.

태양권 덮개(Heliosheath) 태양권 계면과 말단 충격 사이의 영역으로 태양권의 가장 바깥 층이다. 태양권 계면 밖은 은하로, 태양의 자기장이 미치지 않는다. 태양에서의 거리는 대략 80~100AU.

뱃머리 충격파(Bow Shock) 태양풍이 행성 간 공간에서 행성의 자기권이나 이온층과 부딪힐 때 발생하는 충격파의 일종으로, 초음속으로 비행하는 비행기의 앞부분에 생기는 충격파와 비슷한 원리로 발생된다.

보이저 2호, 30만 년 후 시리우스에 도착

쌍둥이 탐사선 보이저 2호는 1호보다 16일 먼저 지구를 떠났지만 1호와는 다른 경로를 택했다. 목성과 토성까지는 비슷한 경로로 날아갔지만 그 뒤 보이저 1호는 태양계 밖으로 향했고, 2호는 천왕성과 해왕성을 차례로 관측하는 경로를 택했다.

현재 보이저 2호는 지구로부터 110AU, 165억km 떨어진 '태양권 덮개 Heliosheath'에 있으며, 성간가스의 압력에 의해 태양풍이 있는 태양권의 가장 바깥 자리에서 항해 중이다. 빛의 속도로 약 30시간이 걸리는 거리다. 이는 인류가 만든 물체 중 지구로부터 두 번째 멀리 떨어져 있는 것이다.

29만 6,000년 후 보이저 2호는 지구로부터 4.7광년 떨어진, 밤하늘에서 가장 밝은 별인 큰개자리의 시리우스에 도착한다.

태양계를 완전히 벗어난 뒤 외계의 지적 생명체와 조우할 경우를 대비해 보이저 1호에는 외계인들에게 보내는 지구인의 메시지를 담은 금제 음반도 싣고 있다. 이 음반의 내용은 칼 세이건이 의장으로 있던 위원회에서 결정되었는데, 115개의 그림과 파도, 바람, 천둥, 새와 고래의 노래와 같은 자연적인 소리들이 실려 있으며, 함께 수록된 55개 언어로 된 지구인의 인사말에는 한국어도 포함되어 있다.

하지만 보이저 1호가 가장 가까운 별인 프록시마 센타우리까지 가는 데만도 4만 년 정도가 걸리고, 탐사선의 크기도 너무 작아 발견될 가능성은 극히 낮다. 이 음반을 정말 누군가가 받는다고 해도 아주 먼 미래일 것이다. 따라서 정말로 외계인과 교신하기 위한 시도라기보다는 상징적인 뜻이 더 많다.

인류의 '우주 척후병' 보이저 1호의 최후는?

태양계를 벗어난 보이저 1호는 어느 천체의 중력권에 붙잡힐 때까지 관성에 의해 계속 어둡고 차가운 우주로 나아갈 운명이다. 연료인 플루토늄 238이 바닥나는 2020년경까지 보이저 1호는 아무도 가보지 못한 태양계 바깥의 모습을 지구로 타전할 것이다.

지난 30여 년간 보이저 1호가 보내온 각종 영상과 데이터는 태양계에 대한 인간의 인식을 넓혀주었다. 1980년엔 최초로 완벽한 태양계의 모습을 촬영했다. 지구에서 60억km쯤 떨어진 명왕성 궤도 부근에서 찍어 보낸 그 유명한 지구 사진, 흑암의 무한 공간 속에 한낱 먼지처럼 부유하는 '창백한 푸른 점'도 보이저 1호의 작품이다.

또한 목성에도 토성과 비슷한 고리가 있다는 사실, 토성의 고리가 1,000개 이상의 가는 선으로 이뤄졌다는 사실, 목성의 위성 유로파가 얼어붙은 바다로 덮여 있다는 사실 등이 모두 보이저 1호가 밝혀낸 것들이다.

보이저 프로젝트의 책임자인 에드 스톤 박사는 "지금까지 보이저 1, 2호가 우주에서 발견한 것들은 우리가 세상을 바라보는 생각을 변하게 했다"면서 보이저 1호 대장정의 의미를 규정했다.

세 개의 원자력 전지가 전력을 공급받고 있는 보이저 1호는 2020년경까지는 지구와의 통신을 유지하는 데 충분한 전력을 공급받을 수 있을 것으로 보이지만, 2025년 이후에는 전력 부족으로 더 이상 어떤 장비도 구동할 수 없게 되고, 결국 지구와의 연결선이 완전 끊어지게 된다. 그러나 보이저 1호의 항해는 그 후로도 여전히 계속될 것이다.

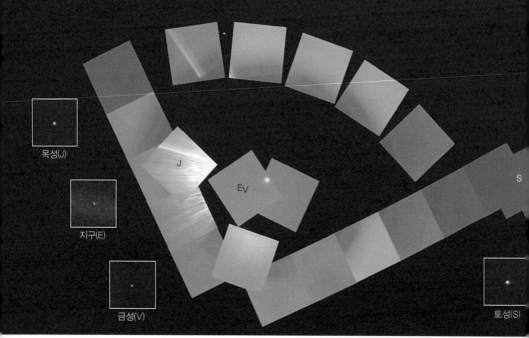

보이저 1호가 지구를 찍을 때 함께 찍은 태양계 가족사진. 60장의 사진으로 겨우 다 담았다. 빗살 중앙은 태양. 사진의 글자가 각 행성 위치이다. 수성은 태양에 너무 가까워 들어가지 못했고, 화성은 운 나쁘게 렌즈 빛 얼룩에 묻혀버렸다. (출처/NASA)

보이저 호가 1광년 거리를 가는 데는 약 1만 7,500년이 걸린다. 태양계를 벗어난 보이저 1호는 적어도 10억 년 이상은 아무런 방해도 받지 않고 우리 은하의 중심을 돌 것이다. 어쩌면 50억 년쯤의 시간이 흐르는 동안까지 누구의 손에 의해서도 회수되는 일 없이 보이저 1호의 항진은 계속될지도 모른다. 그러면 인류의 메시지를 담은 음반이 재생되는 일도 영원히 없을 것이다.

50억 년이란 인류에겐 긴 세월이다. 장엄하게 빛나던 태양도 종말을 맞을 것이며, 이미 지구는 바짝 구워져 염열지옥이 되어버렸을 시간이다.

그럼 그때쯤 인류는 어떻게 되었을까? 다른 행성으로 떠나갔거나, 지구에서 멸종되었거나 둘 중 하나일 것이다. 그때면 보이저 1호만이 사라져버린 지구 문명의 희미한 잔영을 지닌 채 우리은하를 벗어나 심우주로 몇조 년을

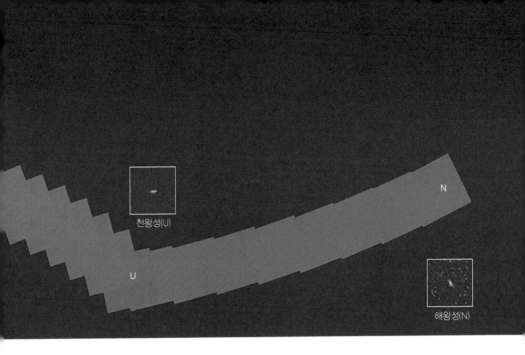
천왕성(U)

N

U

해왕성(N)

그대로 항행할지도 모른다.

지금 이 순간에도 태양계의 변방에서 검은 우주를 향해 맹렬히 달리고 있을 인류의 '우주 척후병' 보이저 1호가 과연 우주의 어느 언저리에서, 언제 그 오랜 항해를 멈추고 영원한 잠에 빠져들는지는 오직 신만이 아는 일일 것이다.

보이저 1호가 촬영한 지구와 태양계 '가족사진'

– 가장 철학적인 천체 사진 '창백한 푸른 점'

지구 행성 위에서 인간이 찍었건, 우주 공간에서 망원경이 찍었건 간에 지금까지 찍어온 모든 천체 사진 중 가장 '철학적인 천체 사진'으로 꼽히는 것이 바로 '창백한 푸른 점Pale Blue Dot'이다. 이 사진이 2016년 2월 14일 밸런타인데이에 26번째 생일을 맞았다.

이 사진이 촬영된 날은 1990년 2월 14일, 대중 천문학 책 『코스모스』의 저자로 유명한 칼 세이건의 제안으로 이루어진 일이었다. 당시 명왕성 부근을 지나고 있던 보이저 1호의 망원 카메라를 지구 쪽으로 돌려 지구의 모습을 찍어보자고 칼 세이건이 제안했던 것이다. '그러면 이 우주 속에서의 지구 위치를 보다 잘 알 수 있지 않을까' 하고 세이건은 생각했던 것이다.

그러나 반대가 만만찮았다. 그것이 인류의 의식을 약간 바꿀 수는 있을지 모르지만, 과학적으로는 별로 의미가 없다는 게 그 이유였다. 게다가 망원경을 지구 쪽으로 돌린다면 자칫 태양빛이 망원경 주경으로 바로 들어갈 위험이 크기 때문이다. 이는 끓는 물에 손을 집어넣는 거나 다름없는 위험한 행위라고 NASA의 과학자들은 생각했다. 조그만 망원경으로 태양을 바로 보더라도 실명의 위험이 있을 만큼 태양빛은 망원경과는 상극이다.

이런 상황이라 칼 세이건도 아쉽지만 한 발 뒤로 물러설 수밖에 없었는데, 마침 새로 부임한 우주인 출신 리처드 트룰리 신임 국장이 결단을 내렸다. "좋아, 그 멀리

서 지구를 한번 찍어보자구!"

그날 태양계 바깥으로 향하던 보이저 1호에게 카메라를 지구 쪽으로 돌리라는 명령이 떨어졌다. 지구-태양 간 거리의 40배나 되는 60억km 떨어진 곳에서 보이저 1호가 잡은 지구의 모습은 그야말로 '먼지 한 톨'이었다.

칼 세이건은 이 광경을 보고 "여기 있다! 여기가 우리의 고향이다"라고 시작되는 감동적인 소감을 남겼을 뿐만 아니라, 『창백한 푸른 점』이라는 제목으로 책을 쓰기도 했다.

이때 보이저 1호가 찍은 것은 지구뿐이 아니었다. 해왕성과 천왕성, 토성, 목성, 금성 들도 같이 찍었다. 이 모든 태양계 행성들은 우주 속에서는 역시 먼지 한 톨이었다. 지구 주변의 붉은 빛은 행성들이 지나는 길인 황도대에 뿌려진 먼지들이 태양빛을 받아 만들어내는 빛깔이다.

무인 외태양계 탐사선 보이저 1호는 쌍둥이 탐사선으로 1977년 9월 5일, 보이저 2호(8월 20일 발사)보다 보름 늦게 발사됐는데도 '1호'라는 명칭을 얻었다. 1호는 2호보다 더 빨리 우주를 탐험하도록 설계돼 현재 태양계를 벗어나 지구-태양 간 거리의 130배가 넘는 204억km 거리에서, 그리고 2호는 165억km 거리에서 태양계 바깥을 향해 날아가고 있는 중이다.

보이저 1호의 수명은 애초 20년으로 예상됐으나, 플루토늄 배터리를 이용해 여행을 계속하고 있다. 수명 예측은 이제 2025년 혹은 2030년까지 늘어났다. 그

'창백한 푸른 점'의 기획자 칼 세이건. 뉴멕시코의 거대 전파망원경(VLA) 앞에서. (출처/NASA)

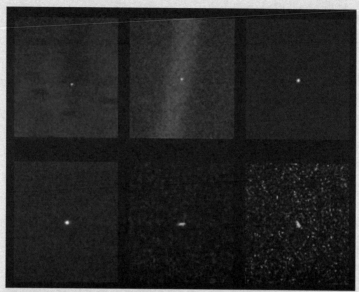

1990년 2월, 60억km 떨어진 명왕성 궤도에서 보이저 1호가 찍은 지구 사진(위 중앙). 저한 점 티끌이 70억 인류가 사는 지구다. 인류가 우주 속에서 얼마나 외로운 존재인가를 말해준다. 위 왼쪽부터 금성, 지구, 목성, 아래 왼쪽부터 해왕성, 천왕성, 토성. (출처/NASA, JPL-Caltech)

때까지 보이저 호가 지구로 보내올 최초의 태양계 밖 탐사 자료를 기다리는 천문학계의 기대는 상당하다.

아래는 고故 칼 세이건 박사의 '창백한 푸른 점' 육성 소감이다.

다시 저 점을 보라.

저것이 여기다. 저것이 우리의 고향이다. 저것이 우리다.

당신이 사랑하는 모든 사람들, 당신이 아는 모든 이들,

예전에 그네들의 삶을 영위했던 모든 인류들이 바로 저기에서 살았다.

창백한 푸른 점. 1990년 밸런타인데이에 60억km 떨어진 명왕성
궤도에서 보이저 1호가 찍은 지구 사진. (출처/NASA)

우리의 기쁨과 고통의 총량, 수없이 많은 그 강고한 종교들,

이데올로기와 경제 정책들,

모든 사냥꾼과 약탈자, 영웅과 비겁자, 문명의 창조자와 파괴자,

왕과 농부, 사랑에 빠진 젊은 연인들,

아버지와 어머니들, 희망에 찬 아이들,

발명가와 탐험가, 모든 도덕의 교사들, 부패한 정치인들,

모든 슈퍼스타, 최고 지도자들,

인류 역사 속의 모든 성인과 죄인들이

저기-햇빛 속을 떠도는 티끌 위-에서 살았던 것이다.

지구는 우주라는 광막한 공간 속의 작디작은 무대다.

승리와 영광이란 이름 아래, 이 작은 점 속의 한 조각을 차지하기 위해
수많은 장군과 황제들이 흘렸던 저 피의 강을 생각해보라.
이 작은 점 한구석에 살던 사람들이,
다른 구석에 살던 사람들에게 보여주었던 그 잔혹함을 생각해보라.
얼마나 자주 서로를 오해했는지,
얼마나 기를 쓰고 서로를 죽이려 했는지,
얼마나 사무치게 서로를 증오했는지를 한번 생각해보라.

이 희미한 한 점 티끌은
우리가 사는 곳이 우주의 선택된 장소라는 생각이
한갓 망상임을 말해주는 듯하다.
우리가 사는 이 행성은 거대한 우주의 흑암으로 둘러싸인
한 점 외로운 티끌일 뿐이다.
이 어둠 속에서, 이 광대무변한 우주 속에서
우리를 구해줄 것은 그 어디에도 없다.

지구는 지금까지 우리가 아는 한에서,
삶이 깃들일 수 있는 유일한 세계다.
가까운 미래에 우리 인류가 이주해 살 수 있는 곳은
이 우주 어디에도 없다.
갈 수는 있겠지만, 살 수는 없다.
어쨌든 우리 인류는 당분간 이 지구에서 살 수밖엔 없다.

천문학은 흔히 사람에게 겸손을 가르치고
인격 형성을 돕는 과학이라고 한다.

우리의 작은 세계를 찍은 이 사진보다
인간의 오만함을 더 잘 드러내주는 것은 없을 것이다.

우리가 아는 유일한 고향을 소중하게 다루고,
서로를 따뜻하게 대해야 한다는 자각을
이 창백한 푸른 점보다 절절히 보여주는 것이 달리 또 있을까?

*유튜브 검색어→칼 세이건-창백한 푸른 점

Chapter 5

신비를
넘어
감동으로
...

24 현대판 '피사의 사탑 낙체 실험'
'낙하'에 이런 심오한 뜻이 있다니…

 중력의 놀라운 성질 중의 하나는, 참으로 놀라운 것인데, 중력은 멀리 떨어져서도 작용한다는 사실이다. – **월터 르윈**(미국 물리학자)

아직도 풀리지 않은 '중력 미스터리'

손에 들었던 물건을 놓으면 곧장 아래로 떨어진다. 바로 중력 때문이다. 한 살배기 아기도 중력을 안다. 아기가 계단을 내려갈 때 조심하는 것은 잘못 하다간 아래로 굴러떨어질까봐 그러는 거다. 중력을 알기 때문이다.

자연계에 있는 네 가지 힘, 곧 중력·전자기력·강력(강한 상호작용)·약력(약한 상호작용) 중 중력이 가장 약하다. 네 가지 힘의 크기를 비교하면 강력>전자기력>약력>중력 순서인데, 중력을 1로 해서 숫자로 나타내보면 강력(10^{38})>전자기력(10^{36})>약력(10^{25})>중력(10^0)이다. 10^0은 1이다.

강력과 약력은 원자 내에서만 존재하는 힘으로, 중력이 지름 1cm의 포도 알만 하다면 강력은 이 우주보다도 더 크다. 여기서는 어마무시한 차이라는 점만 기억해두도록 하자.

조그만 말굽자석 하나가 대못을 매달고 있는 것은 지구의 중력을 이기고 있다는 증거다. 이처럼 중력은 자연계의 네 가지 힘 중에서 가장 약하지만, 그래도 당신이 낙상한다면 골반뼈나 손목뼈를 부러뜨릴 만큼 강하다는 사실을 알아야 한다.

중력은 또한 전자기력과는 달리 어떠한 조작으로라도 상쇄하거나 차단할 수가 없는 힘이다. 중력 차단에 성공한 예는 아직까지 없다. 그러므로 공중부양을 한다고 흰소리하는 사람은 100% 사기꾼이라고 보면 틀림없다.

실제로 이런 초능력을 과학적으로 증명하면 100만 달러를 주겠다는 '100만 달러 파라노말 챌린지One Million Dollar Paranormal Challenge' 가 있지만, 공중부양이든 염력이든 빙의든 간에 이러한 초능력으로 상금을 탄 사람은 아직까지 한 명도 없다. 1천여 명이 도전했지만 모두 실패했다. 이 도전은 아직까지 계속되고 있다.

중력의 또 다른 특징은 인력만으로 작용한다는 점이며, 이 우주에 가장 보편적 힘으로 천체들을 운행하고 있다는 사실이다. 그런데 이 중력이 어떻게 작용하는지는 아직도 오리무중이다.

사과를 땅으로 떨어지게 하는 힘이나, 달이 지구를 돌게 하는 힘이 다 같은 중력이라고 뉴턴이 밝혀냈지만, 그 힘이 어떻게 전해지는지는 천하의 뉴턴도 알 수 없었다. 달과 지구 사이, 지구와 태양 사이, 무수한 천체들 사이에 작용하는 중력은 말하자면 원격 작용을 하는 셈이다. 리모컨은 전자기파를 매개로 하여 작동하지만, 중력에는 그런 매개체가 여태 발견되지 않고 있는 것이다.

중력이 이처럼 원격 작용을 하는 원리를 끝내 알아내지 못한 뉴턴은 이렇게 면피용 멘트를 한 번 날린 후 이 문제를 접고 말았다. "나는 가설을 만들지 않는다". 뉴턴의 중력 방정식은 말하자면 제품의 사용 설명서일 뿐, 제품 성분을 밝힌 것은 아니란 뜻이다.

아리스토텔레스에게 도전한 갈릴레오

이 골치 아픈 중력은 고대 세계의 최고 천재라는 아리스토텔레스까지 실족하게 만들었다. 무슨 얘긴고 하면, 아리스토텔레스는 물체의 경중에 따라 중력의 크기가 다르게 작용한다고 큰소리쳤던 것이다.

그런데 실험도 해보지 않은 채 그냥 직관으로 그렇게 단정해버린 데 문제가 있었다. 경험으로 볼 때 무거운 물체는 가벼운 물체보다 빨리 떨어지지 않는가. 망치와 깃털을 동시에 떨어뜨릴 때 당연히 망치가 더 빨리 떨어진다.

하지만 인간의 감각이나 직관이란 그렇게 믿을 만한 게 못 된다. 천동설이 수천 년 위세를 떨친 것만 봐도 알 일이다. 하늘의 태양을 보고 누가 지구가 그 둘레를 돈다고 생각하겠는가.

어쨌든 지엄한 아리스토텔레스에게 2,000년 만에 최초로 도전장을 내민 사람은 17세기의 사람 갈릴레오 갈릴레이였다.

갈릴레오가 피사의 사탑에서 무거운 물체와 가벼운 물체를 떨어뜨려 두 물체가 동시에 떨어진다는 것을 증명했다는 얘기는 제자이며 전기 작가였던 비비아니가 쓴 갈릴레오의 전기에나 나오지, 전혀 증거가 없는 것으로 보아 창작일 확률이 높다는 것이 대체적인 시각이다. 원래 글쟁이들은 거짓말을 곧잘 하는 버릇이 있다. 제 입맛에 맞을 때 특히 그렇다.

그런데 갈릴레오가 물체의 낙하 실험을 했다는 것은 사실이다. 단, 피사의 사탑에서 한 게 아니라 집에서 경사로를 만들어놓고 그 위에 무게가 다른 공들을 굴렸다. 수없이 공을 굴려본 결과 무거운 공이든, 가벼운 공이든 같은 속도로 굴러떨어진다는 것을 확인했다.

그는 또한 『새로운 두 과학에 대한 대화』라는 책에서 무거운 물체가 가벼운 물체보다 빨리 떨어진다는 것은 논리적으로 모순이라는 것을 설명하기도 했다. 후에 뉴턴이 이를 수학적으로 증명했다.

중력은 공평하게도 먼지든, 바윗덩이든 간에 모든 물체에 같은 크기로 작용한다. 다만 공기 저항이라는 요소만 제거한다면 우리는 눈으로도 그것을 확인할 수 있다.

현대에 와서 우리는 그 실험을 직접 눈으로 볼 수 있었다. 공기가 없는 달에서 낙체 실험이 이루어졌던 것이다. 1971년 아폴로 15호의 우주인이었던 데이비드 스콧은 우주선에 실어갔던 망치와 깃털을 달 표면 위에서 떨어뜨리는 실험을 했다. 전 세계 시청자들이 TV로 지켜보는 가운데 그는 어깨 높이에서 망치와 깃털을 떨어뜨렸고, 두 물체는 동시에 달 표면에 떨어졌다. 그러자 스콧이 지구인들을 향해 외쳤다. "갈릴레오가 옳았습니다!"

현대판 '피사의 사탑 낙체 실험'

이 같은 낙체 실험은 지구에서도 행해졌다. 지구에도 공기가 전혀 없는 공

NASA 진공실에서 낙체 실험을 하는 영국의 물리학자 브라이언 콕스. (출처/BBC)

간들이 있다. 그중 가장 큰 공간은 NASA의 진공실이다. 바닥 면적이 30.5m ×37.2m로 농구장의 두 배가 넘는다. 이 세계 최대의 진공실은 미국 오하이오의 NASA 우주발전소에 있다.

여기에서 실험을 진행한 사람은 영국의 훈남 물리학자 브라이언 콕스로, 볼링공과 깃털을 동시에 떨어뜨리는 실험이었는데, 영국의 BBC TV에서 전 과정을 담은 영상을 방송했다.

실험 결과는 아름다웠다. 공기 저항이 있을 때는 깃털이 늦게 착지했지만, 공기를 다 빼고 진공 상태에서 한 실험에서는 볼링공과 깃털이 사이좋게 똑같이 착지한 것이다. 이는 400년 전 '피사의 사탑 낙체 실험' 전설의 현대판이라 할 만하다.

비디오의 끝부분에는 아인슈타인의 **등가 원리**가 잠깐 언급된다. 등가 원리란 중력을 만드는 만유인력과 관성력은 구별할 수 없다는 원리이다. 아인슈타인의 일반상대성 이론에 나오는 것으로, 자유 낙하하는 놀이기구에 탄 사람이 무중력 상태를 경험하는 현상이 대표적인 예라 할 수 있다.

만약 당신이 지구 표면에 서 있다면 당신의 체중을 느낄 것이고, 이는 곧 지구의 중력으로, 둘은 구별할 수가 없다는 것이다. 이는 매우 심오한 현상으로 아인슈타인의 일반상대성 원리로 발전하게 되었다. 브라이언 콕스는 이 단순한 실험을 해 보임으로써 그 같은 심오한 자연의 법칙을 대중에게 소개한 것이다.

중력 미스터리는 아직까지 건재하다. 중력을 매개한다는 중력자와 아인슈타인이 일반상대성 이론에서 예측한 중력파와 중력자를 찾는 것이 현대 물리학의 최대 화두가 되고 있는 것만 봐도 그 같은 사실을 알 수 있다.

얼마전 중력파를 최초로 검출하는 데 성공했다는 소식이 지구촌을 뒤흔들었다. 아인슈타인이 중력파를 예언한 지 100년 만에 비로소 발견한 것이다. 미국의 레이저 간섭계 중력파 관측소LIGO가 검출한 중력파는 1억 3,000만 광년 거리에 있는 두 블랙홀이 충돌하면서 만들어낸 것이었다. 중력파의 발견으로 인류는 우주를 들여다볼 수 있는 또 하나의 창을 확보한 셈이다.

어쨌든 중력 미스터리를 해결하는 사람이 나온다면 노벨 물리학상은 따놓은 당상이나 다름없을 것이다.

물체가 땅으로 떨어지는 이 단순한 현상 하나에도 이 같은 심오한 자연의 비밀이 숨어 있는 것을 보면, 이 세상에서 신비롭지 않은 것은 하나도 없는 것 같다. 이 글을 읽고 있는 당신도 알고 보면 신비 자체이며 우주의 기적 아닌가.

*유튜브 검색어→Brain cox Nasa vacuum chamber

25 물질이란 무엇인가?

생물이 하는 일은 '원자'도 한다

혹시, 정말 우리는 우주가 의식을 가지기 위한
수단으로서 만들어진 것은 아닐까? – **닐 투록**
(남아프리카공화국 물리학자)

물질의 소동

우리는 물질계 안에서 산다. 우리를 둘러싸고 있는 모든 것들은 물질로 이루어져 있다. 심지어 우리 몸 자체도 물질이다. 의식도 물질의 작용과 다름없다. 물질을 떠나서 우리는 살 수도, 존재할 수도 없다. 우주 안에서 일어나는 모든 현상은 한마디로 물질의 소동이라 할 수 있다. 물질로 이루어진 것들을 흔히 물체라고 한다. 그러니까 물체를 이루는 재료가 바로 물질인 것이다.

그럼 이 물질이란 대체 무엇인가? 사전적인 뜻이야 '일정한 부피와 질량을 가진 것'으로 풀이하지만 그렇게 간단하게 답할 성질의 것이 아니다. 흔히 말하길 "모래알 하나의 근원을 완벽히 알 수 있다면 우주의 비밀을 푼 것이나 다를 바 없다"고 한다. 그래서 모래알 하나 속에도 우주가 들어 있다고 말하는 것이다.

먼저 이 물질에 대해서 우리 인류는 어떤 생각들을 해왔는가를 간단히 살펴보도록 하자. 고대인들은 이 세상 모든 물체는 네 가지의 기본 물질 – 흙, 공기, 물, 불 – 로 이루어져 있다고 생각했다. 이 기본 물질을 '적당한 비율', '건습도', '열', '냉'을 이용해 혼합하면 무엇이든 만들 수 있다고 믿었다. 이른바 **4원소설**이다.

고대인 중에서 물질에 관해 가장 독특한 생각을 한 사람은 2,500년 전쯤의 그리스 사람인 **데모크리토스**(기원전 460경~기원전 370경)였다. 의심할 바 없이 당대 최고의 지성이었던 데모크리토스는 "모든 물질이 더 이상 나눌 수 없는 작은 것, 곧 **원자**Atomon로 이루어져 있으며, 이것이 바로 물질의 보이지 않는 가장 작은 구성 요소로서, 세계는 무수한 원자와 공空 외에는 아무것도 존재하지 않는다"고 했다. 현대 물리학은 이 데모크리토스의 착상에서부터 출발했다고 해도 과언이 아니다.

그는 또 원자를 설명하면서 "원자는 영원불변하며, 절대적인 의미에서 새로 생겨나거나 사라지는 것은 아무것도 없으며, 사물들이 안정되어 있고 시간이 흘러도 변하지 않는 것은 모든 원자들이 똑같은 크기를 갖고 자기가 차지하고 있는 공간을 꽉 메우고 있기 때문"이라고 했다.

데모크리토스의 우주론 역시 놀라울 정도로 현대적이다. 그는 우주의 기원에 대해 이렇게 말했다.

> 원자는 원래 모든 방향으로 움직이고 있었다. 이 운동은 일종의 '진동'이었기 때문에 원자들 사이에는 충돌이 일어났고, 특히 회전운동으로 말미암아 비슷한 원자들이 서로 결합함으로써 큰 덩어리들과 세계들

이 생겨났다. 이것은 어떤 목적이나 계획이 가져온 결과가 아니라 단순히 '필연'의 결과로 일어난 것, 즉 원자 자체의 성질이 정상적으로 나타난 결과이다. 원자와 공간은 그 수와 면적이 무한하고, 운동은 처음부터 항상 존재해왔기 때문에 우주에는 항상 무수한 세계가 존재해왔다. 그 무수한 세계는 성장과 쇠퇴의 단계가 서로 다를 뿐 모두 비슷한 원자로 이루어져 있다.

여담이지만, 내친 김에 위대한 지성 데모크리토스의 인생론 훈수도 한번 들어보자. 그는 궁극적인 선善으로 '유쾌함'을 들었는데, 이는 "우리 영혼이 두려움이나 미신 또는 그 밖의 어떤 감정에도 방해받지 않고 평화롭게 조용히 사는 상태"라고 말했다. 이것이 바로 옛 선사들이 말한 **안심입명**安心立命의 경지다.

원자의 내부를 들여다보다

어쨌든 데모크리토스의 원자론이 부분적으로는 옳았음이 밝혀졌다. 원자가 영원불변하다는 그의 주장은 근대 원자론의 개척자 **존 돌턴**(1766~1844)에 의해 입증되었다. 돌턴은 "수소 원자를 새로 만들거나 파괴하는 것은 태양계에 새 행성 하나를 만들어내거나 파괴하는 것과 같다"고 말했다. 또 『여섯 개의 수』를 쓴 영국의 물리학자 마틴 리스는 원자의 수명이 아마 10^{35}년은 될 거라 했는데, 이는 거의 영원이라 해도 무방할 정도의 시간이다.

19세기 초 현대 원자론은 화학에 의해 태동되었다. 물질들이 최소 단위,

곧 원자로 구성되어 있다고 가정하지 않고서는 화학자들이 밝혀낸 물질들의 화학적 성질을 설명할 수가 없었기 때문이다. 원자론이 화학을 지배했던 시기였다. 그 후 돌턴과 톰슨, 러더퍼드에 의해 현대 원자론이 확립되기까지 여타의 이야기는 과학사가 들려주는 바와 같다.

원자는 물질세계의 가장 기본적인 질료이자 현대 물리학의 화두이다. 물리는 원자에서 시작하여 원자로 끝난다고 할 수 있다. 그래서 노벨 물리학상 수상자인 **리처드 파인만**(1918~1988)은 원자에 대해 이렇게 한마디로 규정했다. "다음 세대에 물려줄 과학 지식을 단 한 문장으로 요약한다면, '모든 물질은 원자로 이루어져 있다'는 것이다."

그렇다면 원자의 크기는 대체 얼마나 될까? 전형적인 원자의 크기는 10^{-8}cm다. 1억분의 1cm란 얘기다. 상상이 안 가는 크기다. 중국 인구와 맞먹는 10억 개를 한 줄로 늘어놓아야 가운데 손가락 길이만 한 10cm가 된다. 각설탕만 한 1cm³의 고체 속에는 이런 원자가 10^{23}개쯤이 들어 있다. 얼마만한 숫자인가? 지구의 모든 지표에 있는 모래알 수와 맞먹는 숫자이다.

그럼 원자는 어떤 모양을 하고 있을까? 10^{-8}cm라는 극미의 존재를 직접 들여다볼 수 있는 방법은 없다. 오늘날에는 원자의 중심에 중성자와 양성자로 된 핵이 있고 그 둘레를 전자가 도는 모양이라고 알려져 있지만, 20세기 초까지도 원자의 모습은 오리무중이었다. 최초로 전자를 발견한 톰슨은 원자란 양전하로 대전된 둥근 푸딩처럼 생긴 거에 전자가 건포도처럼 박혀 있는 꼴이라고 생각했다.

대체로 이런 경황인 가운데 1911년, 원자의 내부를 최초로 들여다본 사람

원자의 내부를 최초로 들여다본 어니스트 러더퍼드. (출처/위키)

이 나타났다. 영국의 과학자 **어니스트 러더퍼드**(1871~1937)였다. 물론 직접 눈으로 본 것은 아니고 방사성 원자들이 방출하는 알파 입자를 통해서였다. 원래 러더퍼드는 방사성 원소 전문가였다. 그는 이미 1908년 노벨 화학상을 받았는데, 방사성 원소가 방사능 현상을 일으키며 다른 원소로 변한다는 사실을 증명한 공로였다.

당시 원소란 절대로 다른 원소로 바뀔 수 없다고 믿어지고 있었기에 이것은 대단한 발견이었다. 그런데 원소가 바뀌는 것을 화학 반응으로 잘못 알고 화학상을 주는 우스운 꼴이 연출되었던 것이다. 평소 "물리학을 제외한 다른 과학은 우표 수집에 불과하다"고 말했던 러더퍼드는 수상 연설에서 자기가 물리학자에서 화학자로 바뀐 것은 원소 변화보다도 더 놀라운 일이라고 말해 자신의 씁쓸레한 기분을 에둘러 표현했다. 당시 원자론의 수준이 대체로 그 정도였다.

러더퍼드가 알파 입자(헬륨 핵)로 한 짓은 실로 간단한 것이었다. 방사성 원자에서 고속으로 방출되는 알파 입자를 얇은 금박에다 쏘아본 것에 지나지 않았다. 금박을 통과한 입자의 방향과 속도의 변화를 검토한다면 원자 구조에 관해 어떤 결론을 이끌어낼 수 있지 않을까 하는 기대에서였다.

예상대로 거의 대부분의 알파 입자들은 금박을 꿰뚫고 반대편에 모습을 나타냈다. 그런데 문제가 생겼다. 극히 일부분이기는 하나 몇몇 입자들은 금박에 부딪친 후 되튀어나왔던 것이다. 러더퍼드는 경악했다. "내 생애의 체험 중에서 가장 믿기 어려운 일이었다. 그것은 마치 15인치 구경 대포알이 휴지장에 맞고 되튀어나와 나를 맞춘 것 같은 놀라운 일이었다."

금박을 향해 쏜 수많은 알파 입자들이 마치 아무것도 없다는 듯이 금박을 통과해 반대편에 모습을 나타냈지만, 일부 몇몇 입자들은 금박에 부딪쳐 되튀어나왔다는 것은 무엇을 뜻하는가? 러더퍼드는 금박 안에 극히 좁은 부분이기는 하나 아주 무겁고 단단한 물체가 있으며, 여기에 원자 질량의 대부분이 몰려 있다고 결론짓고, 그것을 **원자핵**이라고 이름 지었다. 이리하여 러더퍼드는 인류 중에서 원자핵을 가장 먼저 발견하여 원자핵 시대를 열어젖힌 사람이 되었다.

만물은 전자 막으로 둘러싸여 있다

원자핵의 크기는 얼마나 될까? 약 10^{-13}cm다. 원자의 10만분의 1 정도다.

그럼 원자의 크기는 무엇으로 결정되는가? 원자핵을 중심으로 돌고 있는 전자 궤도가 결정한다. 고로 결론은, 원자는 그 부피의 10^{-15}(부피는 세제곱), 곧 1천조분의 1을 원자핵이 차지하고, 그 나머지는 모두 빈 공간이라는 말이다. 원자가 잠실야구장만 하다면 원자핵은 그 한가운데 있는 좁쌀만 한 크기인 셈이다.

이처럼 물질은 내부가 텅 비어 있다. 10원짜리 동전 내부의 공간을 수소 원자의 핵인 양성자로 가득 채운다면 동전의 무게는 3,000만 톤에 달한다. 지구상의 모든 물질을 원자핵과 전자의 빈틈없는 덩어리로 압축한다면 지름 200m의 공을 얻을 수 있다. 자연은 원자를 제조하는 데 너무나 많은 공간을 남용했다고 해도 할 말이 없을 것 같다. 그야말로 색즉시공色卽是空이다.

문제는 이뿐이 아니다. 원자핵의 둘레를 돌고 있는 전자. 우주 안에 이보다 더 오묘한 존재는 달리 없을 것이다. 삼라만상을 이루는 가장 기본적인 입자가 이 전자다.

가장 단순한 원자로, 우주 물질의 90%를 차지하는 수소 원자는 한 개의 양성자로 된 핵 주위에 전자 한 개가 돌고 있는 구조다. 전자는 양성자 질량의 약 2,000분의 1인 10^{-33}g이다(1914년에 로버트 밀리컨이라는 미국의 물리학자가 이 기막힌 질량을 귀신같이 쟀다). 그러니까 물 1kg 속에는 3×10^{25}개의 전자가 들어 있는데, 다 합쳐봐야 0.3g밖에 안 된다는 말이다. 나머지는 모두 핵, 곧 양성자와 중성자의 무게다.

전자는 원자 속에서 어떤 운동을 하는가? 핵 크기의 10만 배쯤 되는 바깥 공간을 맹렬한 속도로 돌고 있다. 얼마만한 속도로? 무려 초속 2,000km다.

10^{-8}cm 크기의 원자 속에서 이런 속도로 돌아다닌다면 그 운동 궤적은 이미 하나의 막이라고 봐야 할 것이다. 그래서 전자구름이라고 부르기도 한다.

모든 원자는 이런 전자구름으로 싸여 있다. 우리가 걸상 위에 앉아 있는 것은 기실 전자구름 위에 올라앉아 있는 셈이다. 원자의 내부가 거의 공간임에도 우리 엉덩이는 결코 핵자에 닿지 못한다. 음전하를 띤 살 원자의 전자와 나무 원자의 전자가 서로 강력하게 밀어내기 때문이다. 당구공이 서로 부딪치는 것도 마찬가지다. 만약 전자구름이 없다면 두 당구공은 서로를 관통해 지나갈 것이다. 마치 유령처럼, 또는 우주 공간에서 서로를 관통해가는 두 은하처럼. 우리가 서 있거나, 앉아 있거나, 만지거나 간에 그것들은 모두 전자구름이다. 말 그대로 우리는 구름 위의 인생인 셈이다.

전자로 하여금 원자핵 둘레를 그처럼 맹렬하게 돌게 하는 힘은 무엇일까? 전자가 핵에서 멀리 탈출하지 못하고 붙잡혀 있는 것은 핵의 양성자가 양전하를 띠고 있기 때문이지만, 전자를 움직이는 힘은 가끔 손가락을 찌릿하게 하는 **정전기력**이다. 이 두 힘이 균형을 이룸으로써 일정 거리를 유지하면서 전자가 운동하는 것이다. 만약 이 정전기력이 사라진다면 우주의 모든 원자는 한순간에 핵자와 전자의 먼지로 변하고 말 것이다. 그러나 다행히 그런 일은 일어나지 않는다. 우리는 전기에 마땅히 감사를 표해야 한다.

수소 원자를 만드는 것은 실로 간단하다. 양성자 하나에다 전자 하나를 가져가면 저들끼리 철썩 들러붙어 수소 원자가 된다. 그런데 수소 원자는 지구의 것이든, 안드로메다 은하의 것이든 모두 지름 10^{-8}cm로 크기가 일정하다. 왜 이렇게 원자는 안정적인가? 이것이 20세기 초 20년간 물리학자들의 골머리를 썩였던 문제였다. **닐스 보어**(1885~1962)는 "수소 원자의 크기가 똑같은 것은 기적이다"라고까지 말했다.

전자가 특정 궤도를 돌면서 에너지를 잃고 핵으로 추락하지 않는 이유는 그의 제자 **베르너 하이젠베르크**(1901~1976)가 불확정성 원리로 밝혀냈다. **불확정성 원리**란 운동하는 물체의 위치와 속도를 동시에 정확하게 알 수 없다는 이론이다. 속도를 알게 되면 위치를, 위치를 정확히 알게 되면 속도를 놓치게 된다는 이 이론은 관측 기술상의 문제가 아니라 물질의 필연적인 속성이다. 이 불확정성 원리와 함께 모든 계는 최저 에너지 상태로 머물려 하는 경향에 힘입어 원자의 안정성이 확보되는 것이다.

원자의 안정성이란 심오하다. 이 원자의 안정성 때문에 우리의 키가 하룻밤 새 170cm에서 200cm로 늘어나지 않으며, 물체들이 일정한 형태를 유지하고, 생명체가 한정된 수명을 살다 죽을 수 있는 것이다.

초신성의 고온 – 고압이 중원소를 만들었다

전자가 그렇게 애지중지 끼고도는 핵이란 어떤 존재일까? 가장 간단한 수소 원자의 핵은 한 개의 양성자이다. 양의 전하를 띤 양성자가 음의 전하를 가진 전자 한 개를 붙잡고 있는 것이다. 이것이 대우주의 모든 물질 중 90%를 차지하고 있는 수소다.

핵자 중에는 또 **중성자**란 게 있다. 전기력은 없지만 질량은 양성자와 똑같다. 이것이 **강한 핵력**^{강력}으로 양성자와 결합되어 있다. 수소에 중성자 하나가 결합하면 수소와 비슷하나 두 배 무거운 원자를 만든다. 이것이 바로 중수소다. 중수소가 산소와 결합하면 중수重水가 된다. 물과 똑같지만 밀도가 조금 크다. 바다에 물 분자 1만 개 중 하나 꼴로 중수가 있다.

우주 안에서 수소 다음으로 흔하면서 단순한 원소로 헬륨이 있다. 헬륨의 핵은 두 개의 양성자와 두 개의 중성자로 이루어져 있고, 그 주위를 두 개의 전자가 돌고 있다. 수소와 헬륨

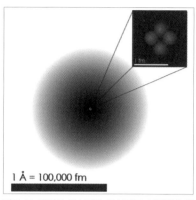

각각 두 개씩의 양성자와 중성자로 이루어진 헬륨 원자. (출처/위키)

을 모두 합치면 우주 내 물질의 약 99%를 차지한다.

양성자가 세 개인 원소는 리튬이다. 이처럼 양성자가 늘어날 때마다 새로운 원소가 만들어진다. 이렇듯 양성자는 원소의 정체를 결정하고, 양성자 수만큼 늘어나는 전자는 원소의 개성을 결정한다. 우라늄은 146개의 중성자와 92개의 양성자, 92개의 전자로 되어 있다.

자연계에 존재하는 92개의 원소들은 모두 이렇게 해서 만들어졌다. 수소 이외의 모든 원소는 뜨거운 별 속에서 제조되어 우주 공간으로 흩뿌려지고, 그것들이 지구와 인간 등 뭇 생명체를 빚어냈다는 사실 또한 기억해야 할 것이다.

인류 역사상 최고의 천재로 알려진 뉴턴이 과학과 수학 연구에 투자한 시간보다 더 많은 시간을 투자한 분야가 있었다. 뜬금없게도 그것은 연금술이었다. 그는 특히 납으로 금을 만들 수 있다고 믿었다. 그는 납, 구리, 비소, 수

은 등을 가지고 스토브에 가열시켜 가스로 변환시키고, 연기를 들이마시고, 때로는 맛을 보기까지 했다. 그러나 당연히 성공하지 못했다.

납과 금의 차이는 무엇인가? 두 원소는 원자 구조가 놀랍도록 닮았다. 금의 원자는 118개의 중성자, 79개의 양성자, 79개의 전자로 되어 있고, 납은 126개의 중성자, 82개의 양성자, 82개의 전자로 이루어져 있다.

납 원자핵 안의 3개 더 있는 양성자가 그 열쇠를 쥐고 있다. 이들이 전자 3개를 더 끌어와 결과적으로 누런 금덩이를 만드는 것이다. 그러니 뉴턴이 아무리 납을 가열하고 혼합해도 그것은 납의 거죽만을 주무른 꼴이며, 문제의 심장인 핵을 때리지 못했던 것이다.

쿼크, 궁극의 물질

여담이 길었지만 우리는 뉴턴과는 달리 다시 핵심을 찔러보자. 핵 안에 들어앉아 있는 양성자와 중성자는 전자와 함께 물질을 구성하는 기본 입자로 물질 입자라 하기도 한다. 전자가 더 이상 쪼갤 수 없는, 즉 하부구조를 갖지 않은 기본 물질인 데 반해, 양성자와 중성자는 각각 전자의 약 2,000배 질량을 갖고 있을 뿐만 아니라 하부구조를 가진 보따리라는 사실이 1960년대 중반에 밝혀졌다. 그 하부구조가 다

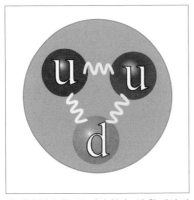

한 개의 양성자는 두 개의 위쿼크와 한 개의 아래쿼크로 지어져 있다. 글루온이 강한 핵력으로 그들을 결합하고 있다. (출처/위키)

름 아닌 **쿼크**라는 입자다.

안정된 핵 물질을 짓는 데는 두 종류의 쿼크가 필요하다. 이를 각각 위쿼크, 아래쿼크라 한다. 한 개의 양성자는 두 개의 위쿼크와 한 개의 아래쿼크로, 중성자는 두 개의 아래쿼크와 한 개의 위쿼크로 지어져 있다.

전하를 띠고 있는 쿼크는 전기와는 무관한 세 가지 전하를 띠고 있는 것으로 알려졌는데, 쿼크 종류만 해도 위의 두 가지 외에 야릇한쿼크, 맵시쿼크, 바닥쿼크, 꼭대기쿼크로 6가지나 되고, 그밖에 바리온, 중간자, 렙톤 등 물질을 구성하는 기본 입자들의 수는 수십 가지나 된다.

이들의 복잡한 작용과 성질에 대해서는 물리학자들에게 맡겨두기로 하고, 궁극적인 물질인 쿼크의 성질을 잠시 살펴보도록 하자. 어쩌면 여기에 물질과 우주의 신비가 숨어 있을지도 모르니까.

먼저 이 위쿼크와 아래쿼크가 전자와 함께 결합하여 이 세 가지 물질이 은하와 별, 행성, 식물과 동물, 인간 등등 다양하기 짝이 없는 삼라만상의 모든 것을 조립해내고 있다는 건데, 참으로 놀라운 일이 아닐 수 없다. 그러나 이것은 엄연한 사실이다. 80kg의 몸무게를 가진 인간은 위쿼크 7.0×10^{28}개, 아래쿼크 6.5×10^{28}개, 전자 2.5×10^{28}개로 이루어져 있다. 그래서 파인만은 이렇게 말했다.

생물학 분야에서 가장 중요한 가설은 '동물이 하는 일은 원자도 한다'는 것이다. 살아 있는 생명체의 모든 행위는 그 생명체들이 물리 법칙을 따르는 원자들로 이루어져 있다는 관점으로 모두 이해될 수 있다.

(…) 위치마다 다르고, 반복되지 않는, 그리고 온갖 종류의 원자들이 다
양하게 배열되어 수시로 변하는, 그런 복잡하기 짝이 없는 배열로 이
루어진 물질(곧 사람)이 제대로 작동한다는 것은 얼마나 기적 같은 일
인가?

파인만의 말을 거칠게 요약한다면, 세계와 그 안의 모든 생명체 현상은 한
마디로 물질들의 소동과 다름없다는 것이다. 물론 인간이란 존재가 40억 년
에 걸친 지구의 역사 속에서 수소와 산소, 탄소를 가지고 생화학 법칙에 따라
진화·발전되어 특수한 분자들을 형성한 전자와 쿼크들의 대단히 특수한 조
합이긴 하지만.

이처럼 우주 안의 모든 물체는 우주의 오랜 역사와 환경과 뗄 수 없는 관계
를 맺고 있다. 우주 공간을 떠도는 외로운 수소 원자 하나도 우주 역사의 산
물인 것이다.

최후의 물질, 쿼크는 현재까지 알려진 바로는 내부 구조가 없는, 즉 더 이
상 쪼갤 수 없는 궁극적인 기본 입자다. 쿼크는 양성자와 중성자 안에서만 존
재할 수 있을 뿐, 자유로운 입자로 분리될 수 없는 것이다. 양성자 자신은 공
간을 자유롭게 이동할 수 있지만, 그 안의 세 쿼크는 항상 다른 두 동료와 함
께 행동한다. 그래서 아직까지 독립적인 입자로서 존재한다는 증거는 하나
도 발견된 적이 없지만, 입자 가속기를 통해 그 존재를 확인할 수는 있다.

이론적으로 양성자 안의 세 쿼크를 떼어놓을 수는 있다. 쿼크들 사이의 거
리는 보통 10^{-13}cm인데, 이를 약 1cm 떼어놓으려면 1톤 무게의 바위를 1m

높이로 들어올리는 데 필요한 에너지가 든다.

이 엄청난 힘이 바로 핵력이다. 이 힘은 우리의 상상을 뛰어넘을 만큼 강하여 핵자들을 끌어당겨 $1cm^3$당 10억 톤의 밀도를 가진 초고밀도 물질을 만들 수 있다. 이 핵력이 만약 일시에 사라진다면 우리 몸은 물론, 우주의 모든 원자들이 붕괴되어 종말을 맞을 것이다.

핵력과 함께 원자 속에 작용하여 외부 전자를 끌어들이고 베타 붕괴를 일으키는 약력이 있고, 그 다음으로 전기력이 있다. 전기력은 핵력의 약 1/100로, 전자를 원자 속에 묶어두고 원자들을 결합시켜 고체로 만드는 역할을 한다.

그리고 미미하나마 원자에 작용하는 중력이 있다. 힘의 세기는 핵력의 $1/10^{40}$에 지나지 않는다. 이 값은 정말 작은 것이다. 하지만 이 힘이 낙상하는 사람의 골반뼈를 부러뜨리기도 하니 결코 작은 힘이 아니다. 작다니! 행성을 태양 둘레로 뼹뼹이 돌리고, 수십만 개의 항성을 가진 구상성단을 뭉치고, 거대한 은하를 빚어내는 위력을 가진 것이 바로 다름 아닌 이 중력이다. 파인만은 "구상성단 사진을 보고도 중력을 느끼지 못하는 사람은 영혼이 없는 사람"이라고 말했다.

가장 작은 원자핵에서 수십만 광년 크기의 은하에 이르기까지 이 대우주에 작용하는 힘이 강력(핵력), 약력, 전기력, 중력 이 네 가지뿐이라는 사실은 정말 놀라운 일이라 하지 않을 수 없다. 힘의 크기순으로 줄을 세우면, 강력 (1) > 전기력(10^{-2}) > 약력(10^{-14}) > 중력(10^{-40})이 된다. 괄호 안의 숫자는 강력을 1로 할 때 힘 크기의 비율이다.

다시 쿼크로 돌아가자. 핵력으로 뭉쳐진 쿼크를 분리해내려면 엄청난 힘이 필요하다고 했지만, 그것도 이론일 뿐 실제로는 쿼크의 분리 자체가 불가능하다. 핵력을 매개하는 중간자는 쿼크와 반쿼크가 결합되어 있는 구조다. 이 두 쿼크를 떼어놓으려면 엄청난 에너지를 쏟아부어야 한다.

그런데 에너지는 아인슈타인의 유명한 방정식 $E=mc^2$에 따르면 질량으로 전환될 수 있다. 쏟아부은 에너지는 진공 속에서 새로운 쿼크-반쿼크 쌍들을 만들어낸다. 그리고 처음의 두 개 쿼크를 묶고 있던 사슬이 끊어지자마자 이들과 결합하여 또 다른 중간자들을 짓는 것이다. 따라서 쿼크의 분리는 원칙적으로 불가능한 것으로 밝혀졌다.

궁극의 물질로 알려져 있는 쿼크. 이것은 동료끼리 결합해야만 존재할 수 있는 것으로 결코 떼어낼 수 없는 물질이다. 더 이상 쪼개는 일이 무의미해지는 경계에 존재하는 궁극의 물질 쿼크는, 물질은 무엇이든 쪼갤 수 있다고 믿는 우리의 상식을 거부하는 물질인 것이다.

데모크리토스는 원자는 더 이상 쪼개질 수 없으며 영원불변이라고 말했다. 그러나 오늘에 와서 우리는 원자가 쿼크와 전자라는 벽돌로 이루어진 구조물이라는 것을 알고 있다. 또한 이 물질의 궁극적 입자인 쿼크와 전자도 데모크리토스의 말처럼 영원한 존재는 아니다. 그것들은 모두 빅뱅 직후에 생겨났으며, 시간이 지남에 따라 복사를 방출하여 자연 발생적으로 붕괴될 것이고, 우주의 진화에 따라 약 10^{40}년 뒤에는 우주에서 거의 자취를 감추게 될 것이다.

삼라만상의 모든 것들이 그렇듯이 물질의 궁극적인 구성 요소에게도 창조와 소멸은 피할 수 없는 운명인 것이다.

26 암흑물질과 암흑 에너지
우주의 96%는 암흑물질과 암흑 에너지다

과학은 자연의 궁극적인 신비를 결코 풀지 못할 것이다. 자연을 탐구하다 보면 자연의 일부인 자기 자신을 탐구해야 할 때가 반드시 찾아오기 때문이다. – 막스 플랑크(독일 물리학자)

츠비키가 발견한 암흑물질

1929년 우주가 팽창하고 있다는, 문자 그대로 경천동지의 사실을 허블이 발표한 후, 천문학 발달사에 또 하나의 큰 분수령을 이루는 주장이 제기되었다. 우주 안에는 우리 눈에 보이는 물질보다 몇 배나 더 많은 **암흑물질**이 존재한다는 주장이었다.

우주론 역사상 가장 기이한 내용을 담고 있는 이 주장은 스위스 출신의 물리학자인 칼텍(캘리포니아 공과대학)의 교수 프리츠 츠비키(1898~1974)가 1933년에 "정체불명의 물질이 우주의 대부분을 구성하고 있다!"고 발표함으로써 세상에 알려지게 되었다. 그러나 주류 천문학계의 아웃사이더였던 츠비키의 주장은 간단히 무시되었고, 세월과 함께 묻혀진 채 망각되었다.

그로부터 80여 년이 흐른 후의 상황은 어떠한가? 전세는 대역전되었다.

암흑물질을 최초로 예측한 프리츠 츠비키.
(출처/위키)

암흑물질이 우리 우주의 운명을 결정할 거라는 데 반기를 드는 학자들은 거의 사라지고 말았다. 결론적으로 최신 성과가 말해주는 암흑물질의 현황은 다음과 같다.

우주 안에서 우리 눈에 보이는 은하나 별 등의 물질은 단 4%에 불과하고, 나머지 96%는 암흑물질과 암흑 에너지이다. 그중 암흑물질이 23%이고, 암흑 에너지는 73%를 차지한다. 이것은 어찌 보면 허블의 팽창 우주에 버금갈 만한 우주의 놀라운 현황일지도 모른다.

암흑물질의 아버지 프리츠 츠비키는 불가리아 태생으로 부모는 스위스 인이었다. 취리히 연방공과대학에서 공부했는데, 아인슈타인이 시험 쳤다가 떨어져 1년 재수한 끝에 들어갔다는 바로 그 대학이다. 그러니까 츠비키는 아인슈타인의 대학 후배인 셈이다. 그의 박사 학위 논문은 소금의 결정에 관한 연구였다. 츠비키는 1925년 미국으로 이민해 윌슨 산 천문대에서 연구원 생활을 잠시 하다가 이후 캘리포니아 공과대학에서 평생을 보내게 된다. 또한 제2차 세계대전 중에는 제트 추진 연구 분야에서도 업적을 쌓는 등, 천재로서 여러 분야에 다재다능한 면모를 보였다.

1933년 츠비키는 **머리털자리 은하단**에 있는 은하들의 운동을 관측하던 중, 그 은하들이 뉴턴의 중력 법칙에 따르지 않고 예상보다 매우 빠른 속도로 움

암흑물질이 붙잡아주고 있는 것으로 보이는 머리털자리 은하단. 지구로부터 3억 2,000만 광년 떨어진 머리털자리 은하단에는 약 1,000여 개의 은하들이 포함되어 있다. 아벨 1656으로도 불린다. (출처/위키)

직이고 있다는 놀라운 사실을 발견했다. 그는 은하단 중심 둘레를 공전하는 은하들의 속도가 너무 빨라, 눈에 보이는 머리털자리 은하단 질량의 중력만으로는 이 은하들의 운동을 붙잡아둘 수 없다고 생각했다. 이런 속도라면 은하들은 대거 튕겨나가고, 은하단은 해체돼야 했다.

은하단의 추정 질량에 비추어볼 때 개별 은하들의 운동 속도는 예상치를 훨씬 웃도는 것이었다. 뉴턴의 중력 법칙이 작동한다면 머리털자리 은하단은 도저히 형태를 유지할 수 없다는 계산이 나왔다.

여기서 츠비키는 하나의 결론에 도달했다. 개별 은하들의 빠른 운동 속도에도 불구하고 머리털자리 은하단이 해체되지 않고 현 상태를 유지한다는 것은 뉴턴의 중력 법칙이 제대로 작동하지 않거나, 눈에 안 보이는 엄청난 물질이 머리털자리를 꽉 채우고 있든지 둘 중 하나이다.

뉴턴의 중력 법칙은 범우주를 관통하는 보편 원리이므로 머리털자리 은하단에서만 불통된다고는 도저히 생각할 수 없는 만큼, 우리 눈에 보이지 않는 암흑물질이 이 우주를 가득 채우고 있음이 틀림없다. 머리털자리 은하단이 현 상태를 유지하려면 암흑물질의 양이 보이는 물질량보다 7배나 많아야 한다는 계산도 나왔다.

이것은 참으로 황당하고 파격적인 주장이었다. 학계의 반응은 썰렁할 수밖에 없었다. 관심을 갖고 귀 기울여주는 사람이 거의 없었다. 자연히 그의 암흑물질은 암흑 속에 묻혀갔고, 세상의 관심사 밖으로 튕겨나갔다.

여기에는 츠비키의 유별난 개성도 한몫했다. 이 사람 역시 누구에게 뒤지면 서러워할 괴짜였다. 배타적인 미국 주류 천문학계를 비판하면서, 자신의 아이디어를 무시하면서도 뒤로는 그것을 훔쳐내는 다른 과학자들에게 "둥근 좀도둑"이라는 수학적인 모욕(구는 완전 대칭이라, 어느 각도에서 봐도 좀도둑이라는 뜻)도 서슴없이 퍼붓는 독설가였다. 게다가 그는 끝까지 팽창 우주를 믿지 않은 고집불통이었다. 자연 그는 학계의 왕따였고, 스스로도 자신을 외로운 늑대에 비유하곤 했다. 여러 가지로 세련되지 못하고 독불장군 같은 면모에서 그는 종종 중세의 괴팍한 천문학자 튀코 브라헤에 비유되기도 했다.

하지만 츠비키의 연구 업적은 당대의 누구에게도 뒤지지 않는 탁월한 것이었다. 그는 발터 바데(1893~1960)와 함께 초신성Supernova이라는 용어를 처음으로 만들어냈고, "초신성은 정상적인 별에서 죽은 별의 최종 단계인 중성자별로의 전이를 의미한다"며 중성자별의 존재를 예언하기도 했다. 또 은하들이 은하단을 형성하는 경향이 있음을 최초로 발견했으며, 중력렌즈를 이용하면 멀리 떨어진 은하들의 질량을 계산할 수 있다는 방법론을 최초로 제안했다. 그리고 결정적으로 머리털자리 은하단에서 빛과 질량의 관계 측정으로 암흑물질을 발견하는 쾌거를 이루었던 것이다.

중력렌즈가 보여준 암흑물질

오래 잊혀졌던 암흑물질이 다시 무대 위로 오른 것은 한 세대가 지난 1962년, 이번에는 미국의 여성 천문학자에 의해서였다. **베라 루빈**(1928~)은 1950년대 애리조나에 있는 키트피크 국립천문대에서 은하 내 별들의 회전 속도를 측정하면서 비정상적인 움직임을 발견했다. 은하 중심부에 가까운 별들이나 멀리 떨어진 별들의 공전 속도가 거의 비슷하게 나타나고 있었다. 이것은 케플러의 법칙을 정면으로 거스르는 처사였다.

이 법칙에 따르면 바깥쪽 별들의 속도가 당연히 한참 느린 것으로 나와야 한다. 태양 둘레를 도는 행성들만 보더라도 그렇다. 초당 공전 속도를 보면 수성은 47km, 지구는 30km, 해왕성은 수성의 1/10밖에 안 되는 5km이다. 만약 해왕성이 수성의 속도로 공전한다면 애당초 태양계를 탈출하고 말았을 것이다.

그런데 은하는 왜 형태를 유지하고 있는가? 이미 한 세대 전 즈비키가 예

언했던 것이었다. 그러나 루빈의 경우도 마찬가지로 학계에서 묵살당하고
말았다. 이번에는 여자라는 성性이 문제가 되었다. 남녀 차별은 천문학 동네
의 뿌리 깊은 관습법이었다.

그러나 루빈은 츠비키와 달리 때는 늦었지만 보상을 받았다. 그로부터
30여 년이 흐른 뒤인 1994년, 암흑물질 연구에 관한 공로로 미국 천문학회
가 주는 최고상인 헨리 노리스 러셀(H-R 그림표를 만든 천문학자) 상을 받은 것
이다.

츠비키가 죽은 지 4년 만인 1978년, 루빈과 그의 동료들은 11개의 은하를
관측한 결과 이들이 모두 예상치를 훨씬 웃도는 빠른 속도로 회전하고 있음
을 확인한 데 이어, 네덜란드 천문학자 알베르트 보스마도 수십 개의 나선은
하들을 분석한 끝에 역시 루빈과 같은 결론을 내놓았다.

이로써 천문학계는 더 이상 암흑물질에 대해 눈을 감을 수 없게 되었고, 많
은 천문학자들이 '잃어버린 질량', 곧 암흑물질의 연구에 뛰어들게 되었다.

암흑물질의 존재를 가장 극적으로 증명한 것은 **중력렌즈** 현상의 발견이었
다. 빛이 중력에 의해 휘어져 진행한다는 것은 아인슈타인의 일반상대성 이
론에 의해 예측되었고, 1919년 영국의 천문학자 에딩턴의 일식 관측으로 증
명되었다.

질량이 큰 천체는 주위의 시공간을 구부러지게 해서 빛의 경로를 휘게 함
으로써 렌즈와 같은 역할을 하는데, 이를 일컬어 중력렌즈 현상이라 한다. 이
중력렌즈를 통해 보면 은하 뒤에 숨어 있는 별이나 은하의 상을 볼 수 있다.
중력이 빛을 휘어가게 하여 뒤에 있는 천체의 상을 만드는 현상이 곧 중력렌

중력렌즈. 두 눈은 은하들이며, 웃는 것처럼 보이는 선은 사실 강력한 중력 렌즈 효과로 빛이 굴절돼 보이는 것이다. (출처/NASA, ESO)

즈 현상이다.

이러한 중력렌즈 현상을 가장 잘 보여주는 것이 처녀자리에 있는 **아벨 1689**라는 이름의 은하단이다. 지구로부터 22억 광년 떨어져 있는 이 은하단은 우리은하와 같은 은하를 1,000개 이상을 품고 있는 거대 은하단이다. 이 은하단 사진에 중력렌즈 효과로 나타난 원호들을 분석해본 결과, 은하단 전체의 질량이 태양 질량의 약 1,000조 배라는 사실이 밝혀졌다.

이는 이 은하단의 모든 은하와 성간물질을 더한 질량보다 6~7배나 더 큰 것이다. 암흑물질의 질량이 보이는 질량보다 훨씬 더 많다는 사실이 이로써 밝혀진 셈이었다. 20세기 말 관측 기술이 발달하면서 은하나 은하단에 의한 중력렌즈 효과가 속속 관측되었고, 다시 한 번 암흑물질의 존재를 확인해준

바가 되었다.

이제 암흑물질의 존재는 의심할 수 없는 것으로 굳어졌고, 문제는 '암흑물질이 무엇으로 이루어져 있는가' 하는 그 정체성으로 옮겨갔다. 암흑물질의 성분은 과연 무엇인가? 이것만 안다면 다음 노벨상은 예약해놓은 거나 마찬가지일 것이다. 그래서 많은 학자들이 그 정체 규명에 투신하고 있지만 아직까지는 뚜렷한 단서를 못 잡고 있다.

어쨌든 우주 총 질량의 23%나 차지하는 암흑물질의 정체가 아직 오리무중이라는 것은 과학자들에겐 참으로 갑갑한 노릇이 아닐 수 없다. 현재 우주배경복사와 암흑물질 연구에서 선구적 역할을 하는 것은 윌킨슨 초단파 비등방 탐사선WMAP*이다. 이 위성의 본체는 알루미늄으로, 가로 3.8m×세로 5m 크기에 무게는 840kg이다. 보통 크기의 전구 5개에 불과한 419와트의 전력으로 작동되는 천체망원경은 마이크로 복사파의 관측 데이터를 지구로 꾸준히 전송한다. 임무는 6개월을 주기로 우주배경복사의 흔적을 찾아내는 것이다.

이 위성은 2002년부터 몇 차례에 걸쳐 매우 정밀한 우주배경복사 지도를 작성했다. 이 위성의 관측에 의해 우주의 나이는 137억 년임이 밝혀져 빅뱅 이론을 입증했을 뿐더러, 우리 눈에 보이는 우주의 물질은 4%에 지나지 않음이 밝혀졌다. 더욱이 4% 중 대부분은 수소와 헬륨이 차지하고 있으

WMAP WMAP 위성은 2001년 6월 30일에 태양과 지구 사이의 궤도를 향해 발사되었으며, 라그랑주 제2지점(지구 근처에서 상대적으로 안정된 지점으로 흔히 L2라고 한다)에서 태양·지구·달의 반대편을 향하도록 설계되어 광활한 우주 공간을 정면에서 바라볼 수 있다.

펜지어스와 윌슨, COBE, WMAP이 각각 촬영한 우주배경복사. (출처/위키)

며, 0.4%만이 은하와 별을 만들고, 우리 지구에서 흔히 보는 무거운 원소는 0.03%에 불과하다. 이런 점에서 볼 때 지구는 참으로 특이한 존재라 하겠다.

요컨대 우주는 이 가시 물질 4%와 암흑물질 23%, 그리고 암흑 에너지 73%라는 비율로 이루어져 있어, 우주의 대부분은 눈에 보이지 않는 미지의 물질로 채워져 있음이 윌킨슨 탐사선에 의해 밝혀졌다. 이로써 우주론은 사색과 예측의 단계를 지나 정밀과학의 장으로 옮아가게 되었다.

암흑물질을 검출하라!

암흑물질에 대한 몇 가지 예측을 살펴보면, 암흑물질이 외형적으로 검다는 점 외에 일상적인 물질과 다를 게 없다는 주장, 매우 뜨거우면서 **바리온**[*]이 아닌 다른 입자, 즉 **뉴트리노(중성미자)**[*]와 같은 입자로 이루어져 있다는 주장, 기존의 모든 주장을 거부하면서 암흑물질은 전혀 새로운 형태의 물질이라는 주장 등이 나와 있다.

암흑물질의 후보로 거론되는 물질 중에 질량이 크면서 다른 입자들과 상호작용을 거의 하지 않는 입자를 **윔프**WIMP : Weakly Interacting Massive Particles라고 하는데, 암흑물질의 성질을 설명하는 가장 그럴듯한 이론으로 받아들여지고 있다.

그러나 이런 입자가 존재한다는 것이 아직 실험을 통해 확인된 것은 아니다. 다른 은하와 마찬가지로 우리은하 내부에도 암흑물질이 많이 있는데, 관측을 토대로 계산해보면 태양의 근처, 즉 지구에서 암흑물질의 밀도는 약 $1cm^3$에 수소 원자 1/3개 질량일 것으로 예상된다.

암흑물질 입자의 질량에 따라 다르지만, 속도를 고려하면 대략 손톱만 한 면적으로 초당 수십 만 개의 암흑물질 입자가 지나간다고 이해하면 될 것이다. 다행스럽게도 이들이 보통의 물질을 이루고 있는 소립자들과 매우 드물게나마 반응을 하기 때문에, 윔프 입자를 찾아내기 위한 실험이 현재 전 세계

바리온   중입자(重粒子). 소립자의 일종으로 강한 상호작용을 하는 강입자 중에서 세 개의 쿼크로 이루어진 페르미온(Fermion)이다. 약 120종류가 알려져 있으며, 핵자와 중핵자가 중입자에 속한다.

뉴트리노   경입자에 속하는 소립자의 하나. '중성미자'라고도 한다. 전기적으로 중성이며, 질량이 0에 가깝고, 다른 입자들과 상호작용을 거의 하지 않아 검출하기 매우 어렵다.

많은 과학자들에 의해 진행되고 있다.

그런데 문제는 암흑물질이 반응하는 것을 보려면 지하 깊이 들어갈 수밖에 없다는 점이다. 암흑물질의 반응이 워낙 드물기 때문에 극소량의 환경 방사능조차 암흑물질 탐지에 장애가 되기 때문이다. 이 실험에 나서고 있는 나라는 미국, 유럽, 일본 등 10여 국으로, 지하 깊은 곳에 전용 지하 실험실을 마련하고 첨단 검출기로 암흑물질의 반응에서 나오는 신호를 찾고 있다. 우리나라에서도 서울대 김선기 교수의 윔프 입자 탐색 연구팀에 의해 우주의 비밀을 찾는 실험이 진행 중이다. 강원도 양양군의 **점봉산** 기슭에 있는 양양 양수발전소 지하 700m에 있는 실험실에 실험 장비를 설치하여 암흑물질을 찾는 연구를 진행하고 있다.

암흑물질의 존재는 지구 위에 사는 인류의 존재와는 무관한 듯하다. 그러나 암흑물질이 실제로 존재하느냐, 존재하지 않느냐는 현대 우주론의 최종 운명을 결정지을 수도 있다.

우리가 빛으로 관찰할 수 있는 일반 물질의 양은 이러한 팽창을 멈출 만한 충분한 중력이 없으며, 따라서 암흑물질이 없다면 팽창은 영원히 계속될 것이다. 반대로 우주에 암흑물질이 충분히 있다면 우주는 팽창을 멈추거나 수축(대붕괴로 이끄는)하게 될 수도 있다. 그러나 실제로는 우주의 팽창이나 수축 여부는 암흑물질과는 다른 암흑 에너지에 의해 결정될 것이라는 게 일반적인 생각이다. 이 잃어버린 질량의 문제는 우주의 과거와 현재 그리고 미래를 이해하기 위한 가장 핵심적인 사항이다.

인류 역사의 전 기간을 통해 우리가 접한 물질은 원자가 구성하는 물질 한

가지뿐이었다. 그런데 우주를 이루고 있는 대부분의 질량이 원자가 아닌 다른 무엇으로 이루어져 있을지도 모른다는 것은 참으로 놀라운 사실이 아닐 수 없다. 도대체 이 낯선 물질은 무엇인가? 그것을 지배하는 법칙은 어떤 것인가? 이것이 바로 앞으로 과학이 풀어야 할 최대의 문제가 아닐 수 없다. 흥미진진하지 않은가?

암흑 에너지가 우주를 가속 팽창시킨다

이제 우리 우주의 현재 상황에서 최대의 문제아로 떠오른 암흑 에너지로 발길을 돌려보자.

WMAP 위성이 보내온 관측 자료 중에서 관련 과학자들을 가장 경악케 한 것은 **암흑 에너지**의 존재였다. 우주 안의 모든 질량에서 차지하고 있는 비율이 무려 73%라는 사실 앞에서 그들은 입을 다물지 못했다. 이것은 참으로 현기증 나는 일이 아닐 수 없었다.

우리가 관측할 수 있는 보통의 물질은 4%에 불과하고, 96%가 정체를 알 수 없는 암흑물질과 암흑 에너지에 둘러싸여 있는 것이 우리 우주의 현황인 것이다.

1990년대에 들어 과학자들이 멀리 있는 **1a형 초신성** 수십 개의 거리와 후퇴 속도를 분석한 결과, 초신성들이 우주가 일정한 속도로 팽창하는 경우에 비해 밝기가 더 어둡다는 사실이 밝혀졌다. 이것은 이 초신성들이 예상보다 멀리 있다는 것을 말하며, 그것은 곧 우주의 팽창 속도가 점점 빨라지고 있음

암흑 에너지는 양자 진공에서 나타난 것일까? 우주에서 암흑 에너지 수수께끼의 답을 찾고 있는 플랑크 우주망원경. (출처/ESA)

을 뜻한다. 말하자면 우주는 가속 팽창되고 있다는 것이다. 이 획기적인 사실을 발견한 두 팀의 천문학자들은 뒤에 노벨 물리학상을 받았다.

그들이 얻은 결과에 의하면, 오늘날 우주는 70억 년 전 우주에 비해 15%나 빨라진 속도로 팽창하고 있다. 이는 추가 에너지가 투입되지 않으면 일어날 수 없는 일이다. 또한 그것은 질량에 작용하는 중력보다 더 큰 힘이 은하들을 밀어내고 있음을 뜻한다. 곧 우주 공간이 에너지를 가지고 있다는 것이다. 공간이 가지고 있는 이 에너지는 우리가 지금까지 알고 있던 에너지가 아니었다. 과학자들은 이 에너지를 암흑 에너지라 불렀다.

이 암흑 에너지로 인해 우리는 우주 공간이 말 그대로 텅 빈 공간만은 아님을 알게 되었다. 입자와 반입자가 끊임없이 생겨나고 스러지는 역동적인 공간으로, 이것이야말로 우주 공간 본원의 성질임을 어렴풋이 인식하게 된 것이다.

이 암흑 에너지는 우주가 팽창하면 팽창할수록 점점 더 커진다. 그러므로 우리 우주는 앞으로 영원히 가속 팽창할 것이며, 우리는 다소 따분하지만 그것을 지켜볼 수밖에 없는 운명이다.

이처럼 20세기 우주론에 격변을 몰고 온 츠비키에 대한 평가는 살아 있는 동안에는 천재와 기인 사이를 오갔지만, 그가 죽은 후에는 시대를 앞서간 뛰어난 과학자라는 쪽으로 정리되고 있다. 그가 1933년에 처음으로 주장했던 암흑물질의 존재에 대해 당시에는 누구 하나 거들떠보지 않았지만, 이것이 우주의 근원을 건드리는 심오한 존재임을 이제 누구도 부인하지 못하게 된 것이다.

프리츠 츠비키는 1974년에 눈을 감았고, 그를 늘 아웃사이더로 머물게 했던 미국 땅을 떠나 스위스 땅에 묻혀 영면에 들었다.

어떤 이들은 츠비키를 두고 "성격만 모나지 않았어도 20세기 최고의 천문학자로 자리매김했을 것"이라고 말하지만, 학계의 기득권자들이 제 밥그릇을 지키기 위해 그를 외톨이로 만들지만 않았어도 최고의 천문학자 반열에 올랐을 거라고 말하는 편이 더욱 정확하지 않을까 싶다. 아니, 그는 누가 뭐라 하든 20세기 최고의 천문학자였다. 우리 인류가 우주 물질의 0.4% 위에 까치발을 하고 서서 칠흑같이 검은 우주를 바라보는 존재임을 알게 한 것은 다른 누구도 아닌 프리츠 츠비키였던 것이다.

27 세계를 보는 눈을 바꾼 양자론
신은 '주사위를 던졌다'

 양자론에 충격을 받지 않은 사람이 있다면, 그
는 양자론을 진정으로 이해하지 못한 사람이다.
－닐스 보어(덴마크 물리학자)

1. '뉴턴 역학'이 말해주는 세계관

물리학자들은 이 세계를 두 개로 나눈다. 거시세계와 미시세계가 바로 그
것이다. 미시세계란 원자 이하의 작은 세계를 말하고, 거시세계란 원자보다
큰 물체들로 이루어진 세계를 가리킨다.

왜 이렇게 나누는가? 두 세계를 지배하는 자연의 법칙이 너무나 다르기 때
문이다. 원자 이상의 거시세계를 지배하는 법칙은 이른바 뉴턴 역학이다. 사
과가 땅으로 떨어지는 것에서부터 행성의 움직임이나 별, 은하의 운동에 이
르기까지 거시세계의 모든 운동은 뉴턴 역학으로 기술할 수가 있다.

뉴턴이 완성한 이 고전 물리학은 한마디로 **결정론**이다. 어떤 물체의 현재
상태를 알 수 있으면, 그 과거와 미래의 상태도 알 수 있다는 것이다.

19세기 초 이 결정론자들은 무엄하게도 온 우주가 고전 물리학의 법칙에

의해 지배되는 일종의 거대한 시계 장치라고 보았다. 모든 것은 이미 신이 감아놓은 태엽의 힘으로 질서 정연하게 움직이며, 따라서 인과 법칙에 따라 정확하고 예측 가능하다고 믿었다.

프랑스의 물리학자이며 수학자인 **피에르 시몽 라플라스**(1749~1827)가 결정론자들의 우두머리였다. 당시 물리학을 집대성하고 확장한 『천체 역학』을 쓴 그는 결정론적 세계관을 다음과 같이 말했다.

> 원리적으로 볼 때, 과거 한 시점에서의 우주에 대한 정확한 상태를 안다면 우주의 미래를 예측할 수 있다. 세계에 우연은 없다. 모든 것은 예정되어 있다.

이에 관해 라플라스에게는 재미있는 일화가 있다. 그는 자신의 저작을 나폴레옹에게 한 부 진상했다. 이미 그전에 누군가가 나폴레옹에게 이 책이 신에 관해서 아무런 이야기도 쓰고 있지 않다는 것을 말해준 적이 있었다.

라플라스 이전까지만 해도 신의 천사가 신의 명을 받들어 행성들을 밀어 움직이고 있다는 이론이 횡행하고 있었다. 남을 당황하게 만드는 질문을 즐겼던 나폴레옹은 책을 받으면서 라플라스에게 한마디 툭 던졌다. "라플라스 경. 사람들이 말하길, 당신이 우주에 대해 방대한 책을 썼으면서도 창조주에 관한 이야기를 한마디도 쓰지 않았다고 하오."

당시까지만 해도 무신론은 범죄시되고 있었다. 하지만 라플라스가 서슴없이 얼굴을 들어 말한 다음의 한마디는 유명하다. "신은 없어도 되는 하나의 가설입니다."

어쨌든 라플라스의 무자비한 결정론을 받아들인다면 세계에는 인간의 자유 의지가 끼어들 틈이 하나도 없다는 말이 된다. 우주에서 일어나는 모든 일들은 이미 결정되어 있고, 앞으로 그에 따라 결정될 것이기 때문이다. 당신이 오늘 아침 출근길에 지하철을 놓쳐 지각하더라도 그것은 이미 결정되어 있던 일이고, 당신이 아무리 용을 쓰더라도 당신의 미래는 이미 어떤 상태에 고착되어 있다는 얘기다.

이는 참으로 황당한 얘기가 아닐 수 없다. 고전 물리학이 제시하는 철학에 따른다면 이 논리를 반박하기가 쉽지 않다. 하지만 20세기 초에 나타난 **양자 이론**이 이 숨 막히는 뉴턴 물리학의 결정론에 결정타를 먹였다. 흥미진진한 그 양자의 세계로 한번 들어가보자.

2. '양자'들이 노는 세계

양자들이 사는 세계는 한마디로 원자 속이다. 일찍이 고대 그리스 철학자 **데모크리토스**는 "모든 물질이 더 이상 나눌 수 없는 작은 것, 곧 원자Atomon로 이루어져 있으며, 이것이 바로 물질의 보이지 않는 가장 작은 구성 요소로서, 세계는 무수한 원자와 공空 외에는 아무것도 존재하지 않는다"고 했지만, 진정한 의미의 원자는 19세기 말에 와서야 발견되었고, 20세기 초에 들어서까지 원자 세계는 안개와 어둠에 싸여 있는 미지의 세계였다.

그러나 과학기술의 발달에 힘입어 원자를 처음으로 들여다볼 수 있게 된 과학자들은 혼돈과 불가사의로 가득한 원자 세계의 실상을 보고는 놀라움을 금치 못했다. 그들이 최초로 대면한 원자 세계는 실존적이자 추상적이었고,

동시에 초현실적이기조차 했기 때문이다.

나아가 원자를 지배하는 기묘한 법칙들이 곧 우주 만물을 지배하는 근본적인 법칙임을 알아냈다. 우리 모두는 결국 원자로 이루어져 있으므로, 원자 세계의 실재성을 만들고 그것을 지배하는 법칙들을 피할 수가 없다. 이 같은 원자 세계의 낯설음은 바로 우리 자신의 낯설음이었던 것이다. 원자 세계의 탐험은 그야말로 인류에게 전례 없었던 어드벤처였다.

그렇다면 먼저 원자의 크기부터 살펴보자. 앞서도 말했듯이, 원자번호 1인 수소 원자의 경우, 1억 개를 한 줄로 죽 늘어세워도 그 길이는 1cm를 넘지 않는다. 1억이라면 어느 정도의 숫자일까? 사과 한 알을 1억 배 확대한다면 그 크기가 지구와 같아질 만큼 큰 숫자다. 그러니 원자가 얼마나 작은지는 상상력을 아무리 동원해도 이해하기 힘들다. '도대체 누가 이런 크기를 쟀단 말인가' 하고 짜증이 날 정도다.

그렇다면 또 그 원자의 무게는 얼마나 되는가? 우리 눈에 보일락 말락 하는 먼지 한 개의 질량이 10^{-7}kg 정도인 데 비해, 원자 한 개의 무게는 10^{-27}kg이다. 먼지 한 개의 $1/10^{-20}$인 셈이다. 그러니까 수소를 6×10^{23}개만큼 모아서 저울에 달면 1g이 나오는데, 이 수소의 개수는 지구상의 모든 모래알 수보다 많은 것이다.

여기가 바로 양자들이 노는 세계인 것이다. 얼마나 작은 공간이고, 가벼운 질량들의 세계인지 상상하기도 힘들 정도다. 그러나 이처럼 극미한 공간에서도 자연의 법칙은 가차 없이 작동하고 있는데, 그것이 바로 양자역학이라 불리는 것이다.

양자量子, Quantum라는 말의 어원은 라틴어로 '**단위**'라는 뜻이다. 양자 이론에 따르면 세계는 모두 띄엄띄엄한 덩어리인 양자로 이루어져 있다. 에너지도 양자로 이루어져 있으며, 빛 역시 양자 묶음이다. 요컨대 자연은 우리가 눈으로 보듯이 연속적인 것이 아니라 불연속적이라는 말이다. 이는 곧 원자의 세계는 연속적인 세계가 아니라 디지털의 세계임을 뜻한다.

그렇다면 **양자역학**이라 불리는 이 낯선 이론은 우리 생활과 대체 무슨 관계가 있을까? 관계 정도가 아니라 현대 문명을 거의 떠받치고 있다 해도 과언이 아닐 정도로 밀접한 관련이 있다.

우선 현대사회를 지탱하고 있는 컴퓨터는 양자역학이 없이는 존재할 수 없는 것이다. 왜냐하면 컴퓨터의 필수 부품인 반도체가 바로 양자역학의 산물이기 때문이다. 노트북, 스마트폰, 전자레인지, 원자력과 레이저, MRI 장치 등 헤아릴 수 없을 정도다.

이처럼 양자역학은 상대성 이론과 함께 현대 물리학의 기둥을 이루고 있을 뿐만 아니라 철학, 문학, 예술 등 여러 분야에 심대한 영향을 미쳐 과학사에서 가장 성공적이면서 중요한 이론으로 꼽힌다.

그렇다면 누가 그런 놀라운 '양자'의 존재를 최초로 발견한 것일까? 20세기가 막을 연 1901년 열복사 법칙을 발견한 독일의 **막스 플랑크**(1858~1947)가 그 주인공이다.

플랑크는 열복사의 이론적 연구를 통해 빛의 에너지가 불연속적이고, 빛의 주파수에 비례하는 일정한 크기의 입자들의 묶음이란 것을 발견하고 이것을 에너지-양자라고 칭함으로써 처음으로 양자라는 용어를 사용했다. 이것이 그 후 20세기 전반에 걸쳐 격동의 역사를 만들어왔던 양자론의 출발이었다.

양자론의 본격적인 역사에 입문하기 전에 빛에 관한 공부를 약간 하지 않으면 안 된다. 모든 것은 이 '빛'에서 출발했기 때문이다.

3. 빛이란 무엇인가?

만약 빛이 없다면 어떤 생명체도 살아갈 수 없을 것이다. 그런데도 '빛의 정확한 정체가 무엇인가?' 하는 문제는 인류에게 오랫동안 풀리지 않은 수수께끼였다. 빛에 대해 수많은 가설들이 나온 것은 당연한 일이었다.

유클리드와 프톨레마이오스 같은 고대 그리스 철학자들은 사람의 눈에서 광선을 내보내 물체를 볼 수 있다고 생각했으며, 루크레티우스는 물체를 둘러싸고 있는 보이지 않는 소립자가 물체에서 떨어져나와 우리 눈을 치는 것이 빛이라고 했다. 만물을 밝혀주는 빛이 정작 자신의 정체로 사람들을 이렇게 어둠 속을 헤매게 했다는 것이 퍽 역설적으로 느껴지는 대목이다.

고대인 중에서는 **아리스토텔레스**의 생각이 그래도 과학에 가장 근접하는 것이었다. "빛은 태양의 빛이 유일한 원천이며, 매질을 타고 전파되는 파"라는 게 그의 생각이었다. 아리스토텔레스는 또 "아무것도 섞인 것이 없는 순수한 빛인 흰색이 빛의 본성이며, 색채는 흰색과 어둠이 혼합되어 나타나는 것"이라고 설명했다. 이러한 생각은 17세기까지 강력한 영향력을 유지했다.

빛에 대해 본격적인 탐구가 이루어지기 시작한 것은 17세기에 들어서였다. 빛이 굴절하는 성질을 이용해 안경 제조업자들은 오목렌즈를 만들어 근시를 교정해주는 일을 했고, 갈릴레오 같은 학자들은 망원경을 만들어 달과 목성 등 천체 관측에 나섰다. 중세의 우주관이 지동설로 커다란 변혁을 맞게 되었던 데는 망원경의 영향이 적지 않았다.

빛의 연구에 대해 최초로 가장 괄목할 만한 성과를 내놓은 사람은 다름 아닌 **아이작 뉴턴**이었다. 흑사병 때문에 학교가 문을 닫는 바람에 고향으로 돌아간 뉴턴은 빛의 연구에 본격적으로 매달렸다. '빛이 물질일까, 현상일까?' 를 늘 궁금해하던 중 거울 속의 태양을 몇 시간씩이나 들여다보다 실명할 뻔한 것도 이때의 일이었다. 뉴턴은 빛이 안구에서 어떻게 굴절하나 알아보기 위해 대바늘을 안구와 뼈 사이에 깊숙이 찔러넣거나 빙빙 돌리는 어처구니없는 짓까지 했다.

어쨌든 뉴턴은 프리즘을 이용한 여러 가지 실험 끝에, 프리즘을 통과한 백색광이 무지개처럼 여러 가지 단색광으로 분광되는 **스펙트럼** 현상을 발견하고, 이는 백색광이 굴절률이 다른 여러 단색광으로 이루어져 있기 때문이라고 주장했다. 원래 '환상'이나 '유령'을 뜻하는 스펙트럼을 빛의 색띠라는 의미로 사용한 것은 뉴턴이 처음이었다.

그는 또 제1의 프리즘으로 분광된 단색광을 제2 프리즘으로 분해해본 결과 더 이상 분광되지 않는다는 사실을 알고, 색깔이 다른 것은 빛의 굴절률에 따른 현상이라는 결론을 내렸다. 이는 곧 색채는 백색광과 어둠의 배합이라는 아리스토텔레스의 이론을 뒤엎는 것이었다.

빛의 색과 파장의 관계는 밝혀졌지만, '빛이 어떻게 움직이는가' 하는 문제는 여전히 수수께끼였다. 뉴턴은 빛이 눈에 보이지 않는 작은 입자로 이루어져 운동한다는 **입자설**을 주장했다. 태양을 바라보면 빛이 똑바로 온다는 점,

그림자의 윤곽이 선명한 것은 빛의 직진 때문이라는 점 등이 그 근거였다.

이 입자설은 뉴턴에 앞서 **데카르트**(1596~1650)가 최초로 주장한 이론으로, 그는 공이 벽에 맞고 튀어나오듯이 거울 위에서 튀어오르는 소립자가 바로 빛이며, 빛의 속도는 매질에 따라 다르다고 주장했다.

그러나 뉴턴의 입자설은 빛의 여러 가지 성질을 설명하는 데 한계가 있었다. 이러한 한계를 극복하기 위해 나온 것이 이른바 빛의 파동설로, 뉴턴과 같은 시대를 살았던 로버트 후크(1635~1703)와 크리스티안 하위헌스(1629~1695) 같은 이들은 빛은 정지되어 있는 매질 속을 진행하는 파동이라고 주장했다. 이 정지되어 있는 매질을 일컬어 **에테르**라 했다. 천상의 물질이라 불리는 이 에테르란 가상의 존재는 이후 과학사에서 끝도 없는 논쟁과 말썽을 일으키며 나름의 역할을 해나가는데, 이처럼 에테르의 존재를 상정하는 입장을 흔히 '에테르 설'이라 한다.

에테르란 원래 그리스 어로 '하늘', '높은 곳'이라는 뜻이며, 에테르에 대한 착상은 빛의 파동설과 함께 탄생했다. **하위헌스**가 생각한 에테르는 그 입자의 크기가 매우 작은 알갱이로 채워져 있으며, 그 알갱이들은 매우 단단하다고 보았다. 알갱이가 무르면 무를수록 파동이 전달될 때 시간이 많이 지연되므로 빛이 무척 느려지게 된다. 그러나 실제 빛의 속도는 매우 빠르므로 그 알갱이는 무척 단단하다고 생각한 것이다.

겉으로 보기에는 도저히 양립할 수 없을 것 같은 빛의 입자설과 파동설은 한동안 대립하다가 서서히 입자설의 우위로 굳어져갔다. 입자설이 널리 알려진 현상과 사실을 잘 설명해주는데다가, 당시 뉴턴의 권위가 하도 대단하여 누구도 도전하기 힘든 성역이었기 때문이다.

이 성역에 도전한 사람은 150년이 흐른 뒤에야 나타났다. 그 역시 영국 사람이었다. 본업은 의사, 이름은 **토머스 영**(1773~1829)으로, 어려서부터 비상한 신동으로 이름을 떨쳤는데, 두 살에 글을 깨치고, 일곱 살이 되기 전에 성서를 두 번 통독하고 라틴어 공부를 시작한 천재였다. 칼데아 어 등 고대 언어를 포함, 십수 개 언어를 능숙하게 구사했던 놀라운 박식가인 그는 심지어 샹폴리옹의 로제타 석 비문 해독에도 부분적으로 참여했을 정도였다.

1801년 토머스 영은 파동설이 아니면 도저히 설명할 길이 없는 한 가지 실험을 보고했다. 과학사상 가장 아름다운 실험이라고 알려진 **이중 슬릿 실험**이다.

토머스 영은 가로로 나란히 난 좁은 틈새기로 햇빛을 통과시켜 스크린에 비추는 실험을 했다. 빛의 직진을 주장하는 입자설에서 보면, 틈새기를 지난 빛이 맞은편 스크린에 두 줄의 빛줄기를 만들어야 하는데, 실제로는 그보다 더 많은 빛줄기가 스크린에 나타났다. 파동의 **간섭 현상**으로 두 틈새기를 통과한 빛이 서로를 약화시키거나 강화시킴으로써 많은 줄무늬가 스크린에 나타난 것이다.

빛이 입자라면 이런 현상은 설명할 수가 없었다. 이로써 입자설이 상당한 타격을 입은 차에, 또 프랑스의 프뢰넬이라는 토목 기사가 파동설을 반석에 올려놓는 논문을 들고나왔다. '빛의 회절을 설명하는 이론'을 현상 공모한 프랑스 과학 아카데미에 파동설을 이용하여 **회절*** 현상을 설명한 논문을 보내 당선함으로써 뉴턴의 입자설을 궁지에 몰아넣었다.

회절 빛이 진행 도중에 틈새기나 장애물을 만나면 빛의 일부분이 틈새기나 장애물 뒤에까지 돌아들어가는 현상으로, 파동의 한 특징이다.

열세에 몰린 듯하던 파동설이 20세기에 들어서면서 다시 한 번 용트림을 하는 사건이 벌어졌다. 사건의 주인공은 다름 아닌 **아인슈타인**이었다. 1905년에 발표된 그의 **광전효과**[*]에 관한 논문은, 금속 등의 물질에 일정한 진동수 이상의 빛을 비추었을 때 물질의 표면에서 전자가 튀어나오는 현상을 설명한 것이다. 이 전자의 튐은 빛 알갱이인 광자가 전자와 충돌함으로써 일어나는 현상이다. 우리는 아인슈타인의 이 이론 덕분에 오늘날 TV를 즐길 수 있게 된 것이다.

'빛이 입자인가, 파동인가' 하는 오랜 논쟁은 이로써 300년 만에 하나의 우호적인 결론에 이르게 되었다. '빛은 파동인 동시에 입자 다발'이라는 것이다. 빛을 좁은 틈새기로 통과시키면 파동의 성질을 보이고, 금속에 비추면 입자의 성질을 나타내 전자를 당구공처럼 튕겨낸다.

그러나 틈새기를 통과시키거나 금속판에 닿기 전에는 빛이 파동인지, 입자인지 알 방도가 없다. 이는 우리의 일상적인 감각으로는 빛을 파악하기란 불가능하며, 빛 속에는 파동과 입자의 성질이 공존하고 있음을 뜻한다. 이를 **빛의 이중성**이라 한다.

이후 20세기에 들어 양자역학이 발전함에 따라 빛은 파동성과 입자성을 동시에 가지는 것으로 확실한 결론이 내려졌으며, 이로써 입자설과 파동설

광전효과   전자는 금속 내에서 원자핵의 (+)전하와 전기력에 의해 속박되어 있다. 여기에 빛을 쬐면 빛이 가진 이중성, 즉 파동성과 입자성 중 입자 성질에 의해 빛의 알갱이 광자가 전자와 충돌하게 된다. 이후 전자는 광자가 가진 에너지를 갖게 된다. 이때 에너지가 일함수(w)라고 하는 속박 에너지 이상이 되면 전자는 금속 밖으로 튀어나가게 된다. 금속 밖으로 나간 전자가 가진 에너지는 광자가 가진 에너지에 일함수를 뺀 값이 된다.

사상 최초로 성공한 빛의 입자적 성질과 파동적 성질을 동시에 보여주는 사진. 등고선 형태의 무늬(아래쪽)는 간섭 현상으로 전자가 모여 있는 모습(파동성)을 나타낸다. 왼쪽에서 오른쪽으로 갈수록 마루의 높이가 높아지는 이유는 빛의 입자(광자)가 가진 에너지의 크기 때문이다(입자성). 사진의 맨 위층 보라색 부분은 물결파처럼 보이고, 맨 아래층은 빛의 입자를 보여준다. (출처/EPFL-Fabrizio Carbone)

은 무승부로 판명 난 셈이다.

어떤 사람은 입자면 입자고, 파동이면 파동이지 이중성이란 또 뭐냐고 할지도 모른다. 물질이란 우리의 상상력 이상으로 오묘한 존재다. 파동과 입자의 이중성은 꼭 빛에만 한정된 것도 아니다. 원자 수준의 극미한 세계에 들어가면 파동과 입자 개념은 융합되어버린다. 파동이 입자이고, 입자가 파동인 세계가 있는 것이다.

빛이 파동과 입자의 성질을 모두 가진다는 것은 빛이나 전자와 같이 극미한 세계에서는 우리의 경험세계에서 보는 것과는 전혀 다른 일이 일어날 수 있음을 뜻한다. 에너지를 비롯한 물리량이 양자화되어 있는 세상, 한 물질이 파동과 입자의 성질을 함께 가지는 세상, 이것이 원자보다 작은 극미의 세계이다. 우리의 직관과 상식을 거부하는 이 미시세계에서 일어나는 일들은 뉴턴 역학으로는 설명할 수 없는 것들이다. 이러한 빛의 본성이 뒤에 양자론의 세계를 열었다.

빛은 얼마나 빨리 움직이나?

어린 시절부터 우리는 빛이 눈 깜박할 새에 지구 일곱 바퀴 반을 돈다는 얘기를 들어왔다. 지구 둘레가 4만km이니, 빛은 초당 30만km를 달린다는 말이다. 오늘날 이렇게 어린애도 알고 있는 **광속**[*]이지만, 인류가 광속을 비슷하게나마 알았던 것은 17세기에 들어서였다. 그전에는 뉴턴까지도 광속은 무한대라는 생각을 했었다.

최초로 빛의 속도를 재려고 했던 사람은 지동설로 유명한 **갈릴레오**였다. 그는 1607년 피렌체 언덕에서 램프와 담요를 가지고 광속 측정에 도전했다. 두 사람이 1.5km 떨어진 곳에서 담요로 가린 램프를 들고 있다가 한 사람이 담요를 벗기면 다른 사람이 그 불빛을 보는 즉시로 담요를 벗기게 했다. 그래서 계산해본 결과 빛의 속도는 잡히지 않았다. 그가 측정했던 것은 광속이 아니라 사람의 반사 신경 속도였다. 실패 원인은 빛의 속도에 비해 거리가 너무 짧았다는 점이다.

광속 빛이 진공 속을 달리는 속도. 빛이 1년에 통과하는 거리 9.4605×1,012km(약 10조㎞)를 1광년이라 하며, 천문학적인 거리 측정 단위의 하나로 쓰고 있다. 광속은 물리학에서 중요한 상수(常數)의 하나로서 보통 'c'로 나타낸다.

빛의 속도를 최초로 계산한 사람은 덴마크의 천문학자 **올레 뢰머**(1644~1710)였다. 1676년 뢰머는 목성의 위성 이오의 주기가 불안정한 것이 목성과 지구와의 거리 때문임을 직감했다. 지구가 목성에 가까울 때보다 멀 때가 이오의 식蝕이 길어지는데, 최대 시간차가 22분이었다. 그 시간에 이오의 빛이 지구 궤도의 지름을 통과한다고 보고, 3억km를 22분으로 나누니 초당 약 23만km가 나왔다. 참값의 약 75%에 해당하는, 최초로 의미 있는 광속 측정이었다. 이로써 뢰머의 이름은 과학사에서 불멸이 되었다.

뢰머의 방법은 천체를 이용한 광속 측정이지만, 한 세기 뒤에는 획기적인 방법으로 지상에서 광속 측정에 성공한 사람이 나타났다. 프랑스의 물리학자 **아르망 피조**(1819~1896)는 1849년, 고속 회전하는 톱니바퀴와, 8km 떨어진 곳에 둔 반사경을 이용해 광속을 측정하는 방법을 사용했다. 회전 속도를 여러 가지로 바꾸면서 톱니 사이로 들어오는 반사된 빛의 왕복 시간을 측정하는 방법으로, 측정값 31만 8,100km를 얻었다.

이듬해에는 역시 프랑스의 물리학자 **장 푸코**(1819~1868)가 고속으로 회전하는 거울을 이용해 광속을 측정했는데, 그가 측정한 값은 29만 8,000km로 참값의 99%에 해당하는 정밀한 것이었다. 이 사람은 또 진자振子를 사용해서 지구의 자전을 실험적으로 증명할 수 있음을 보여준 업적(푸코의 진자)으로 당시 최고 영예였던 코플리 상을 받기도 했다.

광속 측정의 종결자는 미국의 물리학자 **앨버트 마이컬슨**(1852~1931)과 **에드워드 몰리**(1838~1923)였다. 19세기도 다 끝나가는 1880년대 후반, 두 사람은 과학사상 가장 중요한 실험 중 하나인 마이컬슨-몰리 실험을 몇 년에 걸쳐 시행했다.

개량된 회전 거울을 이용한 이 실험의 목적은 에테르의 한 속성으로 지구에 대한 상대운동의 증거를 찾기 위한 것으로, 마이컬슨 간섭계를 이용하여 광원이 지구의 자전에 의해 운동할 때 빛이 진행한 거리의 차이가 간섭무늬에 반영될 것이라는 가정 하에 진행한 실험이다. 결과는 광원의 운동과 광속은 차이가 없다는 것이었으며, 이는 광속도 불변 원리의 바탕이 되어 뒤에 올 상대성 원리의 전초를 마련한 것이었다.

이 실험은 충분한 정밀도에도 불구하고 에테르의 발견이라는 면에서 볼때는 완전히 실패한 실험이었다. 즉, 에테르의 물질성은 여기서 모두 부정되었는데, 역으로 말하면 에테르라는 물질을 생각할 필요성 자체가 소멸해버린 셈이었다. 대신 마이컬슨은 이전의 어느 누구보다도 정밀한 광속을 구하게 되었다.

마이컬슨의 거울은 회전하면서 각각의 면이 적당한 각도를 이룰 때마다 빛을 반사해 35km 떨어져 있는 거울로 보내게 되어 있었다. 마이컬슨은 빛이 여행한 거리와 거울이 움직이는 속도를 피조가 측정한 값보다 훨씬 정확하게 측정했다. 그 값은 실제 값보다 18km 정도밖에 차이가 나지 않은 것이었다.

에테르의 존재는 이로써 완전 부정되었지만, 마이컬슨은 이 업적으로 1907년 노벨 물리학상을 받았다. 실패한 실험으로 상을 받게 된 희한한 상황이 벌어진 셈이다. 요즘은 레이저와 같이 직진성이 좋은 빛으로 먼 거리에 있는 물체 사이를 왕복시켜 정확한 값을 얻고 있다. 그 값은 299,792.458m/s로 고정되었다.

이는 인간의 기준으로 보면 엄청난 속도이만 우주의 규모에서 볼 때는 어슬렁거리는 달팽이에 지나지 않는다. 지구에서 가장 가까운 이웃 별인 센타 우루스자리의 **프록시마**란 별에 한 번 마실 갔다 오는 데도 8년이나 걸린다. 그러나 정지된 기준점으로 쓸 수 있는 게 하나도 없는 우주에서 이 불변의 광속은 우주를 재는 유일한 잣대가 되었다. 그나마 이 광속이 아니라면 우리는 우주의 크기를 표현할 마땅한 방법이 없었을 것이다.

신의 설계도에서 빼낸 방정식

빛의 정체를 완벽하게 밝혀낸 사람은 영국(또!)의 물리학자 **제임스 맥스웰** (1831~1879)이었다. 빛이란 게 알고 보니 놀랍게도 전자기파의 일종이라는 것이다! '세상을 환하게 비춰주는 빛이 도대체 전기와 자기랑 무슨 상관이 있단 말인가' 하고 사람들은 의아해했다.

전자기파란 주기적으로 세기가 변화하는 전자기장이 공간 속으로 전파해 나가는 현상으로, 전자파라고도 한다. 전자레인지에서 당신이 마실 우유를 데우는 것도 이 전자기파다.

맥스웰은 1831년 스코틀랜드 에 든버러에서 태어났다. 아버지는 변호사였다. 어린 시절 '행복의 골짜기'라 불리는 시골에서 자라면서 유복한 유년기를 보냈지만, 8살에 어머니를 암으로 잃었다. 어머니가 숨을 거두었을 때 어린 맥스웰은 흐느끼며 이렇

빛이 전자기파의 일종임을 밝혀낸 제임스 맥스웰. (출처/위키)

게 말했다고 한다. "아, 정말 기뻐! 이제 엄마는 더 이상 아프지 않을 거야!"

맥스웰의 천재성은 일찍부터 드러났다. 집을 떠나 에든버러에 있는 고모 집에서 학교를 다니게 된 그는 외톨이처럼 굴어 동급생들에게 촌놈 취급을 받았지만, 수학에서 최고상을 받아 주위를 놀라게 했다. 14살이던 1846년에는 타원에 관한 논문을 에든버러 왕립학회에 제출하여 다시 한 번 사람들을 놀라게 했다. 그 논문은 14살짜리 소년의 머리에서 나왔다고는 도저히 믿을 수 없을 정도로 독창적인 것이었다.

이듬해 그는 에든버러 대학에 진학했고, 3년 뒤인 1850년 케임브리지 대학 트리니티 칼리지에 들어가 공부했다. 케임브리지에서 그는 시험 칠 때마다 최고점을 받아 천재라는 명성을 얻었다. 그 덕에 맥스웰은 졸업하자마자 바로 스코틀랜드의 애버딘 대학 교수가 되었다. 이 무렵 그는 토성 고리의 연구로 애덤스 상을 받았으며, 1860년까지 재직하다가 런던의 킹스 칼리지로 옮겼다.

뛰어난 수학자이자 물리학자였던 맥스웰은 기체 분자운동을 설명하고, 색체 이론을 정식화하는 등 여러 업적을 남겼지만, 그중에서도 가장 중요한 연구 성과는 전자기장에 관한 이론이었다. 그는 전기장과 자기장에 관한 마이클 패러데이의 개념을 확장해 수학적으로 정식화하는 작업에 매달렸다.

1864년 맥스웰은 마침내 물리학사에 길이 남을 전자기파 이론을 완성했다. 전자기학에서 거둔 그의 업적은 장場 개념의 집대성이었다. 유명한 전자기장의 기초 방정식인 **맥스웰 방정식**을 도출하여 그것으로 전자기파의 존재에 대한 이론적인 기초를 확립한 것이다. 이로써 전기장의 힘과 자기장의 힘

허블 망원경이 찍은 큰부리새자리 47(47 Tucanae). 이 아름다운 별빛들도 모두 전기와 자기가 어우러져 내는 전자기파의 일종이다. 이 성단은 남쪽 밤하늘의 보석 상자로 알려져 있을 만큼 아름다운 자태를 자랑한다. (출처/NASA)

을 전자기라는 단일한 장, 즉 전자기로 통합할 수 있었다.

맥스웰은 이 전자기학의 방정식에서 전자기파가 나아가는 속도가 초속 30만km임을 이끌어냈다. 놀랍게도 이 수치는 당시 알려져 있던 빛(가시광선)의 빠르기와 거의 일치했다. 30만이란 숫자는 흔히 볼 수 있는 숫자가 아니다. 이 사실에서 맥스웰은 '빛이란 전자기파의 일종'임을 간파했다.

맥스웰의 전자기 이론에 의하면 전기와 자기는 본질적으로 같은 것이며, 이들이 만들어내는 장의 출렁임, 즉 전자기파가 바로 우리가 '빛'이라고 부르는 것이다. 맥스웰이 파악한 빛은 '변동하는 전류'를 계기로 주위의 전기장과 자기장이 차례차례로 연쇄적으로 발생하면서 공간 속으로 나아가는 전자기파였다.

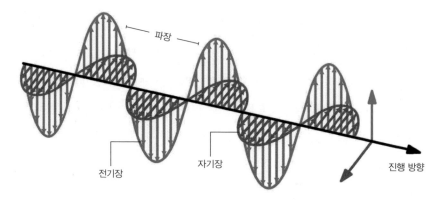

파장

전기장　　　　자기장　　　　　　　　　진행 방향

전자기파. 전자기파는 진행 방향에 대해 수직인 횡파에 속하며, 전자기파를 구성하는 전기장과 자기장은
서로 수직을 이루고, 전자기파는 전기장과 자기장에 수직인 방향으로 진행한다.

　변동하는 전류란 교류 전류나 순간적으로 전류가 흘렀다가 곧 사라지는
방전 등을 가리킨다. 일정한 전류에서는 전자기파가 발생하지 않는다. 또 일
단 발생한 전자기파는 원래의 전류가 없어지더라도 계속 나아간다.

　맥스웰의 전자기파 이론이 완전하게 입증된 것은 그가 세상을 떠난 후인
1888년 하인리히 헤르츠(1857~1894)가 전자기파(당시에는 헤르츠 파동이라고
불렸다)를 발견하고 나서였다. 헤르츠는 맥스웰 이론을 바탕으로 전자기파를
실제로 만들어냈고, 그것이 다름 아닌 빛이라는 사실을 밝혔다. 전자기파가
1초에 진동하는 회수, 곧 진동수(주파수)의 단위를 헤르츠Hz로 쓰는 것은 그
를 기리기 위한 것이다. 가시광선은 물론 적외선, 자외선, X선, 감마선 등, 이
모든 전자기파는 진동수만 다를 뿐 한 형제인 '빛'인 것이다.

　전자기파는 진행 방향에 대해 수직인 횡파에 속하며, 전자기파를 구성하
는 전기장과 자기장은 서로 수직을 이루고, 전자기파는 전기장과 자기장에

수직인 방향으로 진행한다. 그리고 파장, 세기, 진동수에 상관없이 일정한 속력 3×10^5km/s로 퍼져나간다. 또한 전자기파는 빛과 같이 반사, 굴절, 회절, 간섭을 하며, 광자의 운동량과 에너지를 갖는다. 광자의 에너지(ε)는 주파수(ν)에 비례하고, 파장(λ)에 반비례한다. 전자기파와 물질의 상호작용은 주로 전기장에 기인한다.

매질이 있어야만 진행할 수 있는 음파와는 다르게 전자기파는 매질이 없어도 진행할 수 있다. 따라서 공기 중은 물론이고, 매질이 존재하지 않는 우주 공간에서도 전자기파는 진행한다. 우리가 별빛을 볼 수 있다는 사실은 빛이 진공 속에서도 전달될 수 있다는 것을 뜻하며, 이는 빛과 전파의 동질성을 암시하는 것이다.

가시광선, 곧 사람이 눈으로 볼 수 있는 빛은 파장이 약 800nm(나노미터)에서 400nm인 전자기파이다(1nm는 10억분의 1m). 이 범위 내에서 초당 약 500조 번 진동하는 전자기파가 우리 눈에 들어오면 눈에 있는 시신경을 자극하고, 시신경은 우리 뇌에 '빛' 신호를 전달한다. 이로써 인류는 드디어 빛의 정체를 파악하게 되었다.

적외선은 800nm~1mm(마이크로미터)이고, 이보다 더 긴 파장은 마이크로파라고 부르는데, 바로 전자레인지에서 쓰는 전자파이다. 전자기파가 물질 중의 전자 등을 흔들 때는, 전자기파의 일부는 물질에 흡수되고 에너지가 물질에 인계된다. 이것이 바로 물질에 빛(전자기파)이 흡수되는 본질적인 의미이다.

그 반대의 과정도 있다. 곧 모든 물체는 그 온도에 따른 파장의 빛을 방출한다. 이것을 열복사라 한다. 우리 눈에 보이지는 않지만 얼음덩이나 바위도 빛을 방출한다. 고온일수록 파장이 짧은 빛의 성분이 많이 복사된다. 빛은 전자가 가진 에너지의 형태가 모습을 바꾼 것이라 할 수 있다.

마이크로파보다 파장이 길어 수 미터에서 수십 미터까지 긴 것은 보통 전파(라디오파)라 부르며, 휴대전화 등의 통신에 쓰인다. 가시광선보다 파장이 짧은 전자기파는 차례대로 자외선, X-선, 감마선이라 하는데, 특히 감마선은 파장이 10pm(피코미터, 10pm는 1억분의 1mm) 이하로, 주로 방사선 물질에서 방출되는 아주 고에너지의 전자파로 인체에 치명적인 것이다.

전자파, 곧 빛의 빠르기는 일정하므로, 진동수(주파수)와 파장은 반비례한다. FM 방송에서 쓰는 전자파는 주파수 100MHz(메가헤르츠, 1MHz는 초당 100만 번 진동수)로, 파장은 3m이다.

맥스웰은 1874년에 캐번디시 연구소를 설립하는 일을 맡았다. 그때 이미 병이 깊어 자신의 생이 얼마 남지 않았다는 사실을 알고 있었다. 그래도 그는 연구소 설립 일과 연구를 계속해나갔다. 1879년 11월 5일, 맥스웰은 '행복의 골짜기'에서 보냈던 어린 시절에 그를 떠났던 어머니의 길을 그대로 밟아 세상을 떠났다. 어머니와 같은 암이었다. 얄궂게도 생을 마감한 나이 역시 어머니와 똑같이 48살이었다.

전자기학 이론의 완성으로 맥스웰은 과학사에 불멸의 금자탑을 쌓았다. 전기와 자기 그리고 빛의 삼각 관계를 밝힌 맥스웰 방정식은 지난 2004년 물리학자 120명을 대상으로 한 설문 조사에서 '인류 역사상 가장 위대한 식' 1위로 뽑혔다. 물리학자들은 농담으로 "만약 신이 세상을 창조했다면 태초에 '빛이 있으라!'는 말 대신에 맥스웰 방정식을 주문으로 외웠을 것"이라고 얘기한다. 말하자면 맥스웰 방정식은 신의 설계도를 읽어낸 것이었다.

맥스웰이 밝혀낸 빛의 본질에 대한 문제는 양자물리학으로, 빛의 속도는 상대성 이론으로 인류를 이끌어갔다. 아인슈타인은 맥스웰의 업적을 "뉴턴 이후 물리학의 가장 심대하고, 가장 풍성한 수확"이라고 평가했다. 물리학사에 길이 남을 최고 업적으로 맥스웰 앞에 설 수 있는 사람은 뉴턴과 아인슈타인 정도라 한다.

과학자들은 19세기 말에 뉴턴 역학과 맥스웰의 전자기학만 있다면 물리학의 모든 법칙들이 설명될 수 있다고 생각했다. 뉴턴 역학은 입자, 즉 눈에 보이는 역학을 담당했고, 맥스웰의 전자기학은 파동을 다루었기 때문이다. 즉, 이 시절 사람들은 세상의 모든 것은 파동과 입자로 나뉜다고 생각했다. 입자와 파동은 서로 다른 것으로 취급되었다.

희한한 일치로 맥스웰이 죽은 해에 태어난 아인슈타인은 자기 연구실에 맥스웰의 사진을 걸어놓고 자신의 우상으로 삼았다. 아인슈타인은 맥스웰의 죽음에 대해 이렇게 표현했다. "그와 더불어 과학의 한 시대가 끝나고, 또 한 시대가 시작되었다."

4. 흑체복사의 비밀

고전역학인 뉴턴 역학과 맥스웰의 전자기학만 있으면 세상 모든 이치를 설명할 수 있으며, 물리학에는 이제 약간의 지엽적인 문제만 남아 있을 뿐이라고 믿었던 물리학자들은 이때까지만 해도 번뇌 없이 잠자리에 들어 편안히 잠잘 수 있었다. 그런데 20세기에 막 접어들자 뭔가 조금씩 분위기가 이상해져가기 시작했다.

무엇보다 불온한 조짐을 보이기 시작한 것은 이른바 **흑체복사** 문제였다. 이것이 고전역학으로는 도무지 설명되지 않는 것이었다.

흑체란 무엇인가? 모든 물체는 에너지를 방출하기도 하고, 흡수하기도 한다. 물론 이 물체란 무수히 많은 원자들로 이루어진 거시적인 것이다. 물체의 온도가 높을수록 물체가 방출하는 에너지가 많아진다는 것은 상식이다. 미지근한 물보다 불타는 숯덩이가 더 많은 에너지를 방출하지 않는가.

흑체란 입사入射하는 모든 복사선을 완전히 흡수하는 물체를 말하며, 흑체가 내는 복사를 흑체복사라 한다. 보통 흑체라 할 때는 입사 복사선을 100% 흡수하는 완전 흑체를 말하는데, 사실 이는 이상적인 물체일 뿐 현실적으로는 존재하지 않는다. 따라서 일상적인 물체는 근사적인 흑체일 따름이다.

에너지의 크기나 파장 등 흑체복사의 성질과 흑체의 온도 사이에는 간단한 관계가 성립된다. 따라서 흑체의 온도가 정해지면 흑체복사의 성질이 결정되며, 반대로 흑체복사의 성질로부터 흑체의 온도를 구할 수 있다.

예컨대 태양도 전체적으로 보아 뜨거운 흑체의 열복사와 비슷하다. 태양으로부터 오는 에너지를 측정하면 태양의 온도를 추정할 수 있는 것이다.

모든 물체는 열을 받으면 빛을 낸다. 우리 몸도 빛을 내고 있다. 다만 우리 눈에 안 보일 뿐이다. 하지만 공항 등에서 사용하는 특수 온도 측정기는 그런 빛을 볼 수 있도록 설계되어 있다.

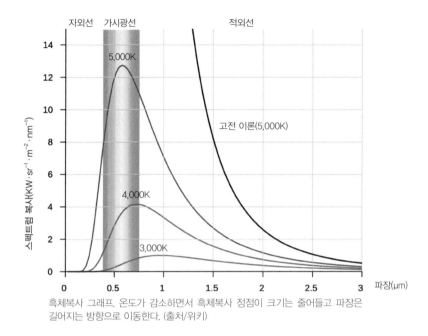

자외선 가시광선   적외선

흑체복사 그래프. 온도가 감소하면서 흑체복사 정점이 크기는 줄어들고 파장은
길어지는 방향으로 이동한다. (출처/위키)

어쨌든 뜨거운 쇳물이나 가열된 텅스텐 선 등을 보면 온도가 높아감에 따라 처음에는 붉은빛이 나다가 점차 노란빛, 흰빛, 푸른빛으로 바뀌어가는 것을 볼 수 있다. 그리고 소재가 무엇이든 빛의 색깔은 그 물체의 온도에만 연관되어 있다는 사실을 과학자들은 알아냈다.

다양한 온도에서 나오는 흑체복사의 세기를 측정하여 나타낸 흑체복사 그래프는 놀라운 사실을 보여주었다. 파장과 에너지 밀도를 각각 가로-세로축으로 하여 만들어진 그래프에서 자외선 쪽 끄트머리의 복사 세기는 무한대로 올라가야 하는데 오히려 급격히 하강하는 것이다. 이것을 이른바 **자외선 파탄**이라고 하는데, 고전 물리학인 전자기파 이론이나 열역학 이론으로는 도저히 설명할 수 없는 현상이었다.

이 데이터가 바로 자연의 가장 심오한 비밀인 빛과 원자의 양자적 속성을 보여주는 단서라는 것을 알아챈 사람은 아무도 없었다.

흑체복사 문제는 1900년대 물리학계의 뜨거운 화두였다. 이 문제 뒤에 깔린 시대적 배경은 철강업에서 좋은 쇠를 생산하기 위해 정확한 쇳물 온도를 알 필요가 있었다는 점, 그리고 조명 산업에서 우위를 점하고자 하는 국가적인 요구였다.

흑체복사 화두를 붙잡고 참구參究한 끝에 최초로 그 해답을 들고나온 사람은 독일의 물리학자 **막스 플랑크**(1858~1947)였다.

베를린 대학에서 근무하는 40살의 열 이론 전문가인 플랑크는, 자외선 파탄은 특정 온도에서는 에너지가 부족해서 짧은 파장의 빛이 방출되지 않을 것이라고 추정했다. 나아가 그는 천재적인 통찰력을 발휘해 빛의 파장(또는 진동수)과 에너지를 연관 지어, 파장이 짧을수록 에너지가 높다는 결론을 얻었다.

맥스웰의 고전 이론에서는 빛의 에너지 보유량은 색깔이나 진동수와는 무관하며, 오직 빛의 세기에 달려 있다고 본다. 그러나 플랑크는 빛을 발산하는 원자가 에너지를 연속적 흐름의 형태가 아니라 조각조각 끊어서 내보내는 경우에만 이 같은 물리적 과정을 설명할 수 있다고 보았다. 곧 원자는 **양자 도약**을 통해서만 에너지로 정의할 수 있는 양자를 방출한다고 생각한 것이다. 여기서 플랑크는 고전 이론과 극적으로 결별하고 양자세계의 문을 열어젖힌 것이다.

플랑크는 흑체복사 곡선에 포함된 임의 파장의 빛을 뭉치인 양자들로 분할하고, 각 양자의 진동수에 비례하는 에너지를 할당하는 공식을 얻었는데, 참으로 더없이 간단한 공식이었다. 이 공식만은 한번 감상하기로 하자.

$$E=hf$$

곧 빛 양자의 에너지는 빛 양자의 진동수에 정비례한다는 뜻이다. 위의 식에서 사용된 상수 h는 오늘날 **플랑크 상수**라고 불리는 것으로 양자론 탄생의 주춧돌이 되었다. 그러나 플랑크는 흑체복사 곡선을 설명하기 위해 양자 가설을 편법으로 도입했을 뿐이라고 생각하고, 여전히 빛의 파동설을 믿었다.

42살인 1900년에 '에너지 양자'를 발견하여 양자론의 첫 디딤돌을 놓은 위대한 업적으로 플랑크는 1918년에 노벨 물리학상을 받는 등 학문에서는 최고의 영예를 누렸지만, 그만큼 비극적인 인생을 산 과학자도 드물다.

아내는 폐결핵으로 일찌감치 세상을 떠났고, 제1차 세계대전에 참전한 큰아들은 베르됭 전투에서 전사했으며, 두 딸은 모두 아기를 낳다가 죽었다. 게다가 마지막 남은 둘째 아들은 제2차 세계대전 중 히틀러 암살 사건에 연루되어 사형선고를 받았다. 늙은 플랑크는 히틀러에게 달려가 탄원했지만 1945년, 끝내 아들의 사형이 집행되었다. 불행은 여기서 끝나지 않았다. 그의 연구소가 연합군의 포격을 받는 바람에 평생을 바친 연구 기록들이 거의 모두 잿더미로 변하고 만 것이다.

이렇듯 두 차례의 세계대전이 일어나는 동안 플랑크의 개인사는 고통으로 점철되어 모든 것을 잃었지만, 그는 전쟁이 끝난 후 독일 과학을 재건하는

데 여생을 바쳤다. 전쟁이 끝난 후 독일 과학자 대부분이 국제 과학계로부터 외면당했지만 끊임없이 나치에 저항했던 플랑크만은 따뜻한 대우를 받았다. 그의 이름을 딴 막스 플랑크 연구소는 전후 독일을 대표하는 세계적인 연구소로 우뚝 섰다. 플랑크는 1947년 세상을 떠났다. 향년 89세.

5. 아인슈타인, 광양자설을 발표하다

플랑크가 에너지 양자를 발견한 1900년까지만 해도 일찍이 뉴턴이 주장한 빛의 입자설을 믿는 물리학자들은 거의 없었다. 그러나 5년 후 아인슈타인이 **광양자설**을 들고나옴으로써 빛이 파동이면서 입자라는 놀라운 사실이 밝혀졌다.

이 이론은 빛이 입자로 존재한다는 것을 증명한 실험이었다. 광양자란 광자, 곧 '빛알'이라고 불리는 빛의 알갱이다. 이 빛알이 금속판을 때리면 전자가 튀어나온다. 곧 전기가 생산된다는 말이다. 이것이 바로 **광전효과**이고, 태양 전지의 원리다. 태양광이 파동이라면 일어날 수 없는 현상이다.

광전효과가 보여주는 빛의 본성은 파장이 짧은 푸른색 빛만이 금속판에서 전자를 떼어낼 수 있다는 것, 파장이 긴 붉은 쪽 빛은 빛이 아무리 세더라도 전자를 방출하지 못한다는 것이 증명되었다.

고전적인 파동 이론이 옳다면, 진동수가 높은 짧은 파장의 빛(파장과 진동수는 반비례한다)이라 해도, 어차피 파동이므로 넓게 퍼져 무수한 전자들에 작용할 것이며, 그럴 경우 자신이 가진 에너지 전체를 짧은 시간에 하나의 전자에 집중해 그것을 떼어낸다는 것은 거의 불가능할 것이 아닌가. 여기서 빛은 입자, 곧 빛 양자라는 결정적인 증거를 내놓은 셈이었다. 빛은 일찍이 뉴턴이 예언했듯이 무수한 입자의 흐름이었다.

토머스 영의 이중 슬릿 실험은 빛이 파동임을 명백히 증명한다. 하지만 아인슈타인의 광양자론은 빛이 입자임을 역시 명백히 증명한다. 300년 동안 이어져온 빛의 파동-입자설의 대결은 오늘날까지 확실한 판정이 내려지지 않고 있다. 빛은 파동이면서 동시에 입자인 것이다.

당시 뉴턴의 막강한 권위에 짓눌려 힘 한 번 제대로 써보지 못했던 파동설의 **하위헌스(호이겐스)**는 토머스 영의 이중 슬릿 실험으로 화려하게 부활했지만, 다시 아인슈타인의 광양자설로 뉴턴과 무승부가 되고 만 셈이니 지하에서도 아쉬워할지 모르겠다. 한 물리학자는 뉴턴의 위대성을 이렇게 표현했다. "뉴턴 선생님, 그 까마득한 옛날에 빛이 입자로 이루어졌다는 걸 대체 어떻게 아셨나요?"

빛이 파동과 입자의 이중성을 띠고 있다는 사실이 드러났지만, 문제는 파동과 입자는 전혀 다른 것이란 점이다. 도대체 어떻게 그 무엇이 파동이면서 동시에 입자일 수가 있단 말인가?

파동은 공간 전체에 퍼져 있는 반면, 입자는 항상 특정 위치에 존재하는 것이다. 파동은 둘로 나뉠 수 있지만, 입자는 나뉠 수가 없다. 이 자리에 있는가, 없는가 둘 중 하나다.

입자는 에너지와 운동량을 지니며, 충돌 과정에서 그것들을 다른 입자에게 넘겨줄 수 있다. 무엇인가가 입자라면, 그것은 파동이 아니며 그 역도 마찬가지다. 이처럼 상반된 성격을 빛은 함께 갖고 있는 것이다.

전혀 달라 보이는 파동-입자의 두 성질을 동시에 가지는 것이 어떻게 가능할까? 원자보다 작은 미시세계는 우리의 경험세계와는 전혀 다른 세계라는 점을 깊이 인식해야 한다. 입자와 파동이 전혀 달라 보인다는 것은 우리가 경험을 통해 알게 된 상식이다. 하지만 이런 경험과 상식이 미시세계에서도 적용될 거라고 생각하는 것은 잘못이다. 미시세계는 정말 앨리스의 이상한 나라인 것이다.

미시세계의 존재들이 왜 이렇게 파동성과 입자성을 한 몸에 동시에 갖고 있는지에 대해 그 이유를 아는 사람은 오늘날 이 세상 어디에도 없다.

어머니 자연이 지닌 이 같은 기괴한 모습에 당혹감을 감출 수 없었던 물리학자들은 빛에 대해 "월·수·금에는 파동론으로, 화·목·토에는 입자성으로 토론한다"는 자조 섞인 말을 하기도 했다. 하지만 이것은 시작에 불과했다.

6. 광자의 으스스한 움직임

광자의 파동-입자 이중성은 현대의 발전된 실험 기술에서 더욱 선명히 드러났다. 이중 슬릿 실험으로 광자의 움직임을 추적해본 결과 과학자들은 놀라운 광자의 속성을 알아낼 수 있었다. 광자 한 개씩을 발사하는 **광자총**을 가지고 아래위에 두 줄의 가는 틈새기가 있는 토머스 영의 이중 슬릿에다 쏘는 실험이었다.

발사된 광자의 개수가 점점 많아질수록 뒤의 스크린에 나타나는 무늬를 보면 밝은 띠와 어두운 띠가 차례로 나타난다. 이는 곧 낱낱의 광자도 '스스로' 간섭하여 간섭무늬를 만든다는 뜻이다. 단, 슬릿 하나를 막으면 간섭무늬

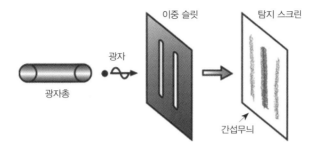

광자의 이중 슬릿 실험. 한 개씩 발사해도 간섭무늬가 생긴다. (출처/위키)

는 사라진다. 그러니까 광자 하나가 두 슬릿을 함께 통과한다는 결론에 도달할 수밖에 없다. 개별 광자는 슬릿이 한 개 열렸는지, 두 개 열렸는지 알고 그에 맞게 행동한다고 볼 수밖에 없는 것이다.

어떻게 그럴 수가? 입자인 광자는 슬릿 1을 통과하든지, 슬릿 2를 통과하든지 둘 중 하나여야 하지 않는가. 하지만 나타나는 현상은 두 슬릿을 함께 통과하면서 스스로 간섭무늬를 만든다는 것이다.

이 실험들은 다양한 형태로 수없이 반복되었지만, 결론은 한결같이 하나의 입자가 발사 지점에서 스크린에 도착하기까지 모든 경로를 거친다는 으스스한 것이었다. 광자는 쪼개질 수 없는 알갱이인데, 어떻게 모든 경로를 동시에 통과한다는 것인가? 이것은 우리의 직관과는 너무나 동떨어진 내용으로, 어떤 물리학자는 "우리가 보는 세계는 어쩌면 실재가 아닐지도 모른다"는 고백을 하기도 했다.

광자로 하는 다른 이중 슬릿 실험은 더욱 기괴하다. 이번에는 두 슬릿에다 광자가 어떤 슬릿을 통과하는지 탐지기를 장치하기로 했다. 두 슬릿 중 하나에 탐지기를 단 다음 다시 광자를 쏘아본 결과, 놀랍게도 간섭무늬는 나타나지 않고 두 슬릿 너머 스크린에 광자들이 두 무더기로 쌓였다. 탐지기를 끄고 다시 광자를 쏘아보니 이번에는 간섭무늬가 나타났다.

이 실험이 말해주는 것은, 광자는 관찰당하지 않으면 어김없이 간섭무늬를 만들고, 관찰당하면 입자로서 행동한다는 섬뜩한 사실이다. 요컨대 광자는 자신이 관찰당하는지, 않는지를 안다는 것이다. 하찮은 하나의 입자가 어떻게 그런 인지를 한다는 것인가? 참으로 으스스한 일이 아닐 수 없다.

이 같은 일은 광자가 아니라 전자를 가지고 해도 마찬가지임이 밝혀졌다. 미시세계의 입자는 이처럼 도깨비 같은 짓을 하는 것이다! 이것을 인간이 이성으로 이해하려는 노력은 아직까지도 성공하지 못하고 있다. 우리는 다만 그 사용 설명서를 가지고 있을 뿐 입자의 이중성은 완전히 파악하지 못하고 있다는 말이다. 그래서 물리학자들은 "닥치고 계산"이라는 말을 입에 달고 산다.

7. 원자의 비밀을 쥔 전자

오늘날 우리는 원자의 핵을 전자가 둘러싸고 있다는 사실을 알고 있다. 세계를 이루고 있는 물질 중에서 가장 신비스러운 물질, 원자의 수수께끼를 품고 있는 이 전자는 발견된 지 겨우 한 세기 남짓밖에 되지 않았다. 1897년, 사람 좋기로 소문난 영국의 물리학자 **존 톰슨**(1856~1940)이 최초로 원자 속에서 전자라는 물질을 발견했다.

전자는 전하를 띤 알갱이로, 내부 구조는 없지만 질량이 있는 입자다. 원자

핵자인 양성자의 1/1,800에 해당하는 질량을 갖고 있지만, 더 이상은 쪼개지지 않는 기본 입자라는 결론을 현재 내리고 있다.

톰슨이 전자를 발견한 지 약 10년 후, 전자의 전하량과 그 질량이 밝혀졌다. 전자 질량이 9.107×10^{-31}kg이란 사실을 알아낸 귀신같은 솜씨의 주인공은 미국의 물리학자인 **로버트 밀리컨**(1868~1953)으로, 미세한 기름방울에 전기장을 걸어 전자의 전하량과 질량을 측정하는 데 성공했다. 그는 이 업적으로 1923년 노벨 물리학상을 받았다.

20세기 초 물리학자들은 이 전자가 원자 내에서 중요한 구실을 한다는 것은 알았지만 정확히 어떤 기능을 하는지, 그리고 어떤 형식으로 존재하는지에 대해서는 알지 못했다. 전자가 푸딩 속의 건포도처럼 원자에 박혀 있다거나, 태양 둘레를 도는 행성처럼 핵의 주위를 돌고 있다는 등 설만 분분했을 뿐, 어느 누구도 전자의 운동을 제대로 밝혀내지 못하고 있었다.

당시 물리학자들은 원자의 구조에 관심을 집중하고 있었다. 1896년에 프랑스의 **앙리 베크렐**(1852~1908)이 원자에서 방사선이 나온다는 것을 발견한 데 이어, 퀴리 부부가 1898년에 방사선을 내는 또 다른 원소인 폴로늄과 라듐을 발견했다. 이것으로 원자가 더 이상 쪼개지지 않는 가장 작은 물질 알갱이가 아니라는 사실이 명백해졌다. 더 이상 쪼개지지 않는 알갱이로부터 무엇이 방출된다는 것은 논리상 있을 수 없는 일이기 때문이다.

20세기 초 '원자 내부가 어떻게 생겼을까?'라는 문제로 고민하던 과학자들은 나름대로 원자의 모형들을 만들었다. 톰슨이 원자 안에 전자가 건포도처럼 박혀 있는 **푸딩 모델**을 제안한 것도 그런 예의 하나에 지나지 않는다.

그런 과학자 중에서 핵을 발견함으로써 원자 세계의 문을 연 사람은 뉴질랜드 출신으로 영국에서 활동했던 **어니스트 러더퍼드**였다.

그는 방사성 원소에서 나오는 알파 입자를 얇은 금박을 향해 발사하던 중 놀랍게도 약 8,000개의 알파 입자 중 하나 정도는 금박에 부딪친 후 되튀어 나온다는 사실을 목격했다. 이에 대해 "마치 대포알이 얇은 휴지를 뚫지 못하고 되튀어나오는 것과 같이 충격적인 사건이었다"고 러더퍼드는 말했다. 그는 원자 속에 작은 핵이 있음을 직감하고, 톰슨의 원자 모형이 옳지 않다는 것을 깨달았다.

러더퍼드가 새롭게 만들어낸 원자 모형은 원자들이 원자핵을 가지고 있고 전자들이 원자 속의 원자핵 주위를 빠른 속도로 도는 모형이었다. 당시는 중성자가 발견되지 않았던 때라 원자핵의 구조를 제대로 설명할 수는 없었지만, 원자핵의 존재는 정확하게 알아낸 것이다.

오늘날 알려진 원자의 핵은 원자 질량의 99.98%이지만, 부피는 원자 부피의 1/1조 정도다. 그러니까 원자는 핵을 빼면 거의 빈 공간이며, 전자가 거대한 돔 성당 안의 파리 한 마리처럼 그 둘레를 빠르게 돌고 있을 뿐이다. 원자가 구성하고 있는 세계는 이처럼 거의가 빈 공간이다. 색즉시공 공즉시색이란 말이 맞았다.

천문학자 칼 세이건이 "신이 인간만을 위해서 우주를 만들었다면 공간을 너무 낭비한 것이다"라고 말했듯이, 과학자들은 "신이 원자를 만들면서 너무 공간을 낭비했다"고 말하기까지 했다.

어쨌든 러더퍼드의 원자 모형은 전자가 원자핵 주위를 도는 것을 역학적으로 설명할 수 없다는 치명적인 결함을 갖고 있었다. 만약 전자가 핵의 주위를 회전한다면 그것은 원운동이 되며, 원운동은 가속운동이기 때문에 급격히 에너지를 잃어버린 전자는 1조×1초/1조 만에 핵을 향해 나선형 궤도를 그리며 추락해야 한다.

그러면 원자는 제 형태를 유지할 수 없게 되고, 세계는 원자 먼지로 변해버려야 한다. 그러나 원자는 견고하며, 세계는 잘 유지되고 있다. 이것을 어떻게 설명할 것인가?

8. 생각 깊은 덴마크 청년 닐스 보어

원자의 안정성에 대한 답을 처음으로 내놓은 사람은 위대한 덴마크 인 **닐스 보어**(1885~1962)였다. 1913년 보어는 입자-파동의 이중성을 숙고한 끝에, 원자 궤도에서 전자의 운동은 파동운동과 비슷하므로 특수한 조건을 갖춘 궤도만이 존재할 수 있다고 주장했다. 이는 고전적인 이론에 정면으로 부딪치는 대담한 발상이었다.

그의 이론에 따르면, 전자들은 궤도 위치에 따라 각각 다른 에너지를 가지므로 허용될 수 있는 궤도가 한정되어 있으며, 핵에 가장 가까운 궤도에 있는 전자는 최저 상태의 에너지만을 가지기 때문에 에너지를 방출할 수가 없다. 이 특별한 궤도를 **바닥상태**라고 불렀다.

전자가 이처럼 에너지를 잃지 않는 어떤 고정된 에너지 준위準位에 존재한다는 점에서 전자들 또한 양자화되었다고 생각한 보어는, 전자가 에너지 준위를 이동하면 불연속적인 양의 전자기 에너지를 흡수하거나 방출하는데, 이 에너지 뭉치를 광자Photon라고 불렀다.

보어는 자신의 원자 모형을 이용해 수소 원자가 내는 스펙트럼의 진동수를 설명해내는 데 성공했다. 보어의 원자 모형은 고전 물리학으로는 설명할 수 없는 전자의 행동을 기술한 중대 사건으로, 양자물리학으로 바투 다가가는 이정표가 되었다.

그러나 전자가 이처럼 불연속적으로 행동하는 이유를 알 수 없었던 보어는 물질의 파동성이 발견된 후에야 비로소 그 이유를 알게 되었다. 물질도 빛처럼 파동의 성격을 가진다!

보어에 의하면, 전자의 '실재'가 무엇인가 묻는 그 자체는 의미가 없다고 말한다. 그 '실재'가 과연 무엇인지 물리학이 설명해주지 못하지만, 자연에 대한 우리의 견해만은 제공해준다고 믿었던 보어는 하나의 원자가 두 곳에 동시에 존재할 수도 있으며, 결과가 원인보다 먼저 일어날 수도 있는 것이 양자의 세계라고 주장한다. 나아가 그는 "우주의 삼라만상이 우리가 그것을 관측했을 때 비로소 존재한다"면서 심지어 "달까지도 그렇다"고 주장했다.

18세기 영국의 경험론 철학자 **조지 버클리**는 "존재하는 것은 지각된 것이다"라고 말했는데, 이는 곧 '지각되지 않으면 존재하지 않는다'는 뜻과 같은 말이다. 그는 또 다음과 같은 유명한 말을 남겼다. "아무도 없는 숲에서 큰 나무가 쓰러지면 소리가 나지 않는다". 이 말 역시 '아무도 보지 않으면 큰 나무는 쓰러진 것이 아니다'라는 뜻이기도 하다.

보어는 이 버클리의 관점을 양자론에 적용해 "어떠한 사물도 관측되기 전에는 존재하지 않으며, 따라서 특성이란 것도 없다"고 주장하며, 이것이 양자론의 특성을 이해하는 지름길이라 주장했다.

이 같은 보어의 주장에 철학자들은 분개하며 물리학자들이 사물에 대해 너무 단순한 생각을 가지고 있다고 보았던 반면, 양자론자들은 철학자들이 물리적인 세계에 대해 너무 무지하다는 생각들을 하고 있었다. 보어에게 배웠던 미국의 물리학자 존 휠러는 심지어 "철학은 너무나 중요한 것이기 때문에 철학자들에게만 맡겨둬서는 안 된다는 생각이 든다"라고 말하기까지 했다.

1925년 12월, 네덜란드의 이론물리학자 파울 에렌페스트의 집에서 양자론에 관해 논쟁하는 닐스 보어와 아인슈타인의 모습. (출처/위키)

초기 양자론의 성채를 온몸으로 쌓았던 보어는 강고한 성격의 소유자로, 그야말로 불굴의 투사였다. 아인슈타인과 슈뢰딩거 등 양자론에 반대하는 거장들과의 싸움에서도 시종일관 불퇴전의 자세로 임했다.

보어는 양자론에 대한 수십 년에 걸친 아인슈타인 진영의 공격을 필마단기로 모두 격퇴했으며, **슈뢰딩거**의 경우 자기 집으로 데려가 며칠에 걸친 논쟁으로 마침내 그를 침대에 드러눕게 만들었다. 보어의 부인이 슈뢰딩거에게 미음을 먹이는 중에도 그는 공격을 계속해 슈뢰딩거를 녹아웃시켰다는 얘기는 유명하다.

보어가 평생 가장 안타까워한 것은 아인슈타인을 양자론으로 전향시키는 데 실패한 일이다. 수많은 시간과 정성을 들였지만 아인슈타인은 "물리학자로서의 내 본능은 그것을 거부한다"면서 결코 양자론을 받아들이지 않았다.

1950년대 초 프린스턴 고등연구소 시절, 아인슈타인은 가까운 젊은 후배 물리학자 에이브러햄 파이스에게 이렇게 물었다. "자네는 정말 자기가 달을 쳐다봤기 때문에 달이 거기 존재한다고 믿는가?" 아인슈타인은 후배에게 위안이 되는 답을 기대했겠지만, 이에 대한 대답은 오랜 시간 후 아인슈타인의 전기를 쓴 파이스의 글에 나와 있다. "나는 아인슈타인이 왜 그토록 과거에 집착하는지 이해할 수 없었다. 그는 현대 물리학에 가장 큰 업적을 남긴 대가임에도 불구하고 19세기식 **인과율**을 끝까지 고집했다."

보어는 끝까지 아인슈타인에 맞서 싸웠지만, 아인슈타인이 죽었을 때 감동적인 존경심을 표했다. 몇 년 후 보어가 역시 사망했을 때 그가 칠판에 그린 마지막 그림은 아인슈타인이 양자론을 반박할 때 사고 실험으로 썼던 '빛의 상자'였다.

1921년 코펜하겐 대학에서 교편을 잡고 있던 보어는 이론물리 연구소를 세우는 데 핵심적인 역할을 맡아, 이 연구소를 곧 원자물리학과 양자물리학 연구의 세계적 중심지로 만들었다. 이 연구소는 나중에 **닐스 보어 이론물리 연구소**로 이름을 바꾸었다.

양자물리학의 주류로 자리 잡게 되는 **코펜하겐 해석**은 보어가 소장으로 일한 코펜하겐의 이론물리 연구소에서 뼈대가 잡힌 것으로, 보어 개인의 업적이 아니라 이론물리 연구소를 중심으로 활동했던 많은 과학자들이 일구어낸 합작품이었다.

그러나 보어가 가장 핵심적인 역할을 했는데, 그는 두 가지 원리를 제안함으로써 양자물리학을 우뚝 세우는 데 디딤돌을 놓았다. 그중의 하나가 바로 상보성 원리Complementarity principle였다. 1927년 '양자 이론의 철학적 기초'라는 제목의 강의로 선보인 상보성 원리를 한마디로 요약하면 다음과 같다. "어떤 물리적 계의 한 측면에 대한 지식은 그 계의 다른 측면에 대한 지식을 배제한다."

원자를 구성하는 입자들과 관계된 물리량은 그러한 물리량을 측정하는 측정 과정과의 상호작용에 의해 결정된다. 따라서 서로 다른 실험을 통해 측정된 물리량들은 하나의 구도 안에서 이해될 수 없지만, 대상을 총체적으로 이해하는 데 꼭 필요하다는 것이 상보성 원리이다.

다시 말하면 미시세계의 입자, 예를 들면 '전자가 때로는 입자, 때로는 파동으로서 고찰되지 않으면 안 된다'는 모순을 해결하기 위해서 세워진 것이 바로 상보성 원리다. 이에 따르면 한 전자가 입자성을 띠는가, 또는 파동성을 띠는가 하는 것은 그 전자가 무엇과 상호작용을 하는가에 의해, 즉 그 전자가 놓여 있는 상황에 따라 결정된다. 여기서 전자 자체가 어떠한가라는 물음은 의미가 없다. 전자를 관측하는 것은 전자를 관측 장치와 상호작용하게 하는 어떤 '상황' 속에 두는 것이기 때문이다.

그리고 양성자나 전자와 같은 입자의 운동을 시공적으로 기술할 때, 불확정성 원리에서 보듯 인과적인 경과를 추적할 수 없는 불확정성을 보인다. 또 인과적으로 표현하려 하면 같이 파동성을 띠게 되므로 입자의 궤도를 결정할 수가 없다. 이는 곧 입자와 파동의 이중성 때문으로, 원자에 대해 완전한 기술을 하기 위해서는 입자와 파동이라는 배타적인 두 개념을 하나로 통합하지 않으면 안 된다는 것이다. 이 두 성질을 상보적이라 하고, 보어는 빛이

나 입자들이 가지는 이러한 이중성을 상보성 원리로 정리한 것이다.

9. 하이젠베르크의 불확정성 원리

이 대목에서 우리는 양자 혁명의 한 영웅을 만나봐야 할 차례다. 바로 불확정성의 원리를 발견한 **베르너 하이젠베르크**(1901~1976)가 그 주인공이다.

그 전에 양자 세계의 불확정성에 대해 좀 더 확실히 알아보기로 하자. 역학의 양자역학은 고전역학과는 달리 불확정성이 지배하는 세상이다. 그렇다고 해서 모든 것이 불확실한 것은 아니다. 하이젠베르크가 불확정성 원리로 그 한계를 밝혀놓았기 때문이다.

20세기 초 원자 세계의 불확정성이 밝혀지기 전까지 모든 것은 뉴턴의 역학 법칙을 따르는 것으로 규정되었다. 사과가 땅으로 떨어지는 것이나, 달이 지구 둘레를 도는 것, 포탄이 궤적을 그리며 나는 것까지도 뉴턴 역학이 훌륭히 설명해주기 때문이었다. 세계는 엄격한 인과관계가 작용하는 결정론적 세계였다. 내가 아침 7시에 일어나 8시에 식탁 앞에 앉는 것도 이미 결정된 사실이고, 거기에 자유 의지가 끼어들 여지가 전혀 없는 세계였다.

그러나 20세기 초 인간이 처음으로 원자 세계를 들여다본 결과, 그 같은 생각은 터무니없는 환상임이 드러났다. 세계는 인과관계가 지배하는 결정론적 세계가 아니라 확률이 지배하는 극히 불확정적인 모습을 드러냈기 때문이다.

또 우라늄 같은 원자의 붕괴를 보면, 반감기마다 남는 원자는 반으로 줄어드는데, 원자는 늙지 않기 때문에 특정 원자가 언제 붕괴할 것인가에 대해서는 알아낼 방도가 없다. 그것이 언제 붕괴할 것인가에 대해 우리가 알 수 있는 것은 단지 확률뿐이라고 양자론은 말한다.

우주를 지배하는 것은 결정론이 아니라 우연이며, 확률인 것이다. 우리를 포함한 세계는 결국 모두 원자로 이루어져 있는 게 아닌가.

원자를 구성하는 전자 같은 아원자 입자들은 한순간에 여기 있다가도 다음 순

불확정성의 원리를 발견한 베르너 하이젠베르크. (출처/위키)

간에는 저기에서 발견되는 등 정해진 자리가 없다. 심지어 어떻게 움직이는 지조차 알 수 없다. 우리가 알 수 있는 것은 전자가 발견될 확률뿐이다. 이 확률이란 전자의 위치나 이동 경로가 관찰하기 전까지 어느 한곳에 결정되어 있다는 뜻은 아니므로 하나의 전자는 우주 어느 곳에나 존재할 가능성이 있고, 우주 어느 곳으로나 이동할 수 있는 것이다.

이는 우리의 인식이 불완전한 것이라 전자의 위치나 이동 경로를 정확하게 알 수 없다는 뜻이 아니라, '확률'이라는 개념은 자연이 본질적으로 그렇게 생겨먹었다는 새로운 20세기 과학 철학이다.

하이젠베르크의 불확정성 원리가 말해주는 것은 원자 세계의 불확정성이 실제로 자연의 본질이며, 진리라는 것이다.

1927년 「양자 이론적 운동학과 역학의 직관적 내용에 관하여」란 제목으로 발표된 하이젠베르크의 논문에서 처음 선보인 불확정성 원리는 한마디

로, 전자 같은 미시세계의 입자에 대해서 속도와 위치를 동시에 정확하게 측정할 수 없다는 것을 말한다.

한 전자의 위치를 관측하기 위한 조작은 그 전자의 운동량(속도)을 크게 변화시키며, 그 역도 마찬가지다. 위치를 정확하게 알려 하면 운동량의 정확도가 희생되고, 운동량을 정확히 알려 하면 위치의 정확도가 희생된다.

입자의 위치 x와 운동량 p를 동시에 둘 다 정확히 측정할 수 없다는 것을 수학적으로 표현하면 xp≠px가 된다. 요컨대 양자 세계에서는 곱셈의 교환 법칙이 성립되지 않는다는 뜻이다.

이것은 자연의 본원적 성질이 양자적이기 때문이지 결코 측정 기구가 불완전해서 생기는 문제가 아니다. 즉, 양자의 세계를 측정하려다가 그 세계를 교란시켜서 생기는 문제, 예컨대 전자의 위치를 측정하려 할 때 전자를 슬쩍 미는 바람에 그 운동량을 변화시키는 차원의 문제가 아니라는 것이다. 하이젠베르크가 논문에서 표현했듯이 "우리는 원칙상 현재를 완벽하게 모두 알 수는 없다".

하이젠베르크는 위치의 오차와 운동량의 오차가 일정치보다 작아질 수 없다는 사실을 증명했다. 다시 말해 위치 불확정성에 운동량 불확정성을 곱한 값은 항상 플랑크 상수를 4파이로 나눈 값보다 크거나 같다. 우리가 한쪽의 불확정성을 최소한으로 줄이면 다른 한쪽의 불확정성은 무한대로 커진다. 그 역도 마찬가지다. 이를 수식으로 나타내면 다음과 같이 간단히 표현된다.

$$\Delta x \cdot \Delta p \geq h/4\pi$$

x : 위치, P : 운동량, h : 플랑크 상수

여기서 Δx는 위치의 불확정성을, Δp는 운동량의 불확정성을 나타낸다. 이 관계식에 의하면 어떤 입자의 위치와 운동량을 동시에 임의의 정밀도로 정할 수가 없다. 이는 미시세계에서 입자의 위치를 어떻게 정할 것인가의 문제와 관련된다.

이 원리들은 관측의 이론인 동시에 미시세계에서의 법칙성이다. 이 법칙들이 내포하는 철학적 의미는 보어에게 커다란 감정적 만족을 주었다. 그는 그것들을 양자역학 또는 물리학의 테두리를 넘어선 일반적인 관점으로까지 전개하려 했다. 이것이 바로 "관측의 대상은 항상 관측자와 연결된 것이고, 또한 관측의 대상과 관측자와의 경계는 고정된 것이 아니다"라고 주장하는 코펜하겐 학파의 사상이다.

불확정성 원리는 원자 속의 전자들이 안쪽으로 도약을 하는 과정에서 왜 핵으로 추락하지 않는가를 설명해준다. 전자가 핵 주위 궤도에 있을 때 그 운동량은 궤도의 특성에 의해 정해지므로 운동량-위치 조합에서 불확정성은 위치에 있게 된다. 전자가 궤도의 어딘가에 있다면 그 위치에 대해서는 불확정성이 존재하게 된다.

즉, 전자는 궤도의 한쪽 또는 다른 쪽에 있을 수 있다. 아니면 궤도 주위에 퍼져 있는 파동으로 나타날 수도 있다. 그러나 전자가 핵으로 곧장 떨어져 위치 불확정성이 0에 가까워지면 그 운동량은 무한대로 커져야 하고, 따라서 전자의 에너지도 무한정이 되어야 하는데 이는 불가능하다.

그러므로 원자에 들어 있는 전자의 적당한 운동량과 함께 적당한 수를 넣으면 원자 속의 가장 작은 전자 궤도의 크기는 불확정성 원리에 위배되지 않

1984년의 리처드 파인만. 양자역학의 경로 적분 발견으로 노벨 물리학상을 받았다. (출처/위키)

을 만큼 균형 상태에 이를 것이다. 이렇게 하여 양자역학의 불확정성 원리는 우리에게 원자의 크기까지 가르쳐주게 되었다.

불확정성 원리는 양자론의 핵심으로 세계에 대한 심오한 철학적 성찰을 함의하고 있다. 이것은 자연에 대한 관찰 행위 자체가 그 대상에 영향을 미친다는 사실을 알려준다. 곧 인간의 의식이 대상물에 개입된다는 뜻으로 보이는 이런 상황에 대해 "우리가 관찰하는 바는 자연 그 자체가 아니라 우리 방식대로 문제를 제기한 자연"이라는 유명한 말과 함께 다음과 같은 경구를 첨가했다. "생의 조화를 추구함에 있어서 우리는 삶이라는 연극의 관객이자 동시에 배우라는 사실을 결코 잊어서는 안 된다."

아인슈타인 이후 20세기 최고의 물리학자라는 평을 듣는 리처드 파인만은 불확정성 원리에 대해 다음과 같은 의미를 부여했다. "하이젠베르크의 불확정성 원리 이후에 이루어진 모든 이론물리학의 새로운 발견은 불확정성 원리의 재해석에 불과하다."

10. 모든 것은 파동이다

아인슈타인의 광전효과가 빛 파동의 입자성을 증명한 것을 보고 프랑스 귀족 출신 물리학자 **루이 드브로이**(1892~1987)는 그 역도 참일 거라는 대담한 착상을 하기에 이르렀다.

드브로이는 "전자 역시 단순한 입자로 여겨서는 안 되며, 파동의 성격을 가질 것이다"라는 **물질파 가설**을 주제로 박사 학위 논문을 써서 제출했다. 논문을 본 파리 대학 심사위원들은 난감함을 느낀 나머지 '위대한' 아인슈타인에게 도움을 요청했다. 드브로이의 논문을 읽어본 아인슈타인이 파리 대학 논문 심사위원회에 보낸 답장은 다음과 같았다. "드브로이는 거대한 베일의 한 자락을 들추었습니다."

드브로이는 이 논문으로 박사 학위뿐 아니라 얼마 후에는 노벨 물리학상까지 받았다. 드브로이의 물질파 이론을 간단히 말하자면, 뉴턴 역학에 따른 전자의 운동량과 '전자 파동'의 파장을 플랑크 공식을 통해 정확히 연결 지은 것이다.

파동-입자의 이중성이 빛에만 국한된 것이 아님은 이내 드러났다. 토머스 영의 이중 슬릿 실험을 전자로 해본 결과, 전자 역시 빛처럼 파동이 보이는 모든 성질, 곧 간섭과 회절 현상을 드러낸 것이다.

보어의 원자 모형에서 보인 전자의 양자화에 대해 숙고한 드브로이는 '자연 상태에서 볼 수 있는 양자화 현상으로 무엇이 있을까' 생각해보았다. 그가 주목한 것은 기타의 현이었다. 현은 양 끝이 고정되어 있기 때문에 전체 현의 길이를 한 단위로 진동하는 기본 진동수와, 이보다 짧은 파장의 배음倍音 진동수로만 진동할 수 있다. 요컨대 현의 양 끝에 매듭이 생기지 않는 파장은 생길 수가 없다. 현의 양 끝이 고정되어 있는 경계 조건 때문에 파장이 양자화되어 있는 셈이다.

원자 내부의 전자 궤도도 이 같은 물리에 따른다. 어떤 파장의 정수배整數倍가 궤도 한 바퀴 길이와 정확히 일치한다면, 그 파는 정상파로서 에너지 유실 없이 자신을 유지해나갈 수 있다. 이것이 바로 전자가 핵으로 추락하지 않는 이유인 것이다. 그래서 전자는 특정한 궤도만을 돌며, 이로써 원자의 안정성이 확보되는 셈이다.

드브로이의 물질파 가설은 물질의 본질에 관한 강력하고도 새로운 이론으로 부상했으며, 보어 이론이 해결하지 못한 문제들에도 답을 제시해주었을 뿐만 아니라, 과학 각 분야와 철학에까지 깊은 영향을 미치기에 이르렀다.

드브로이의 물질파 이론의 핵심은 물질을 입자뿐 아니라 파로서 기술할 수도 있다는 것이다. 물질파 이론에 의하면, 모든 물질은 질량과 속도를 곱한 값(운동량)에 반비례하는 파장을 가진 파동의 성질을 지닌다.

이것은 미시세계의 전자나 양성자 같은 입자들에 국한된 것이 아니라 수억, 수백억 개 원자로 이루어진 물체, 곧 자동차나 말 같은 물체들도 달리는 동안에는 파동의 성질을 가진다는 말이다. 하지만 계산에 의하면 말이나 자동차같이 커다란 물체가 달릴 때 나타나는 파동의 파장은 도저히 측정할 수 없을 만큼 작기 때문에 그러한 파동의 성질을 알지 못하고 살아갈 뿐이다.

그러나 전자나 양성자와 같이 작은 입자는 측정 가능한 파동의 성질을 나타낸다. 드브로이가 제안한 이 같은 입자의 파동성이 후에 실험으로 증명됨으로써 그는 1929년에 노벨 물리학상을 받았다.

11. 세상에서 가장 사랑스런 방정식

아인슈타인이 광파를 광자가 어떻게 행동하는지를 결정해주는 것으로 생각했던 것과 마찬가지로, 물질파는 입자들, 특히 전자가 어떻게 움직이는가를 결정해준다. 따라서 입자의 움직임을 기술하는 뉴턴의 역학 법칙 대신에 파동의 움직임을 기술하는 방정식이 필요하다.

파동에는 여러 가지 불연속적인 물리량들이 나타난다. 따라서 과학자들은 전자를 파동으로 다루면 양자화된 물리량을 다룰 수 있는 길을 찾을 수 있을지도 모른다는 생각을 하게 되었다.

드브로이의 물질파 이론을 기초로 하여 파동의 방정식을 찾아낸 사람은 오스트리아의 물리학자 **에르빈 슈뢰딩거**(1887~1961)였다.

슈뢰딩거에 의하면 '물질=파동=빛'이다. 두 개의 전자가 함께 있으면 단일한 6차원 파동이 되며, 이때 연결되었다고 한다.

1926년 슈뢰딩거는 물질파 개념에 기초를 둔 파동 방정식을 유도하여 양자역학을 수학적으로 확립했는데, 언어로는 이렇게 표현했다. "보지 않을 때는 파동이 존재하다가 볼 때는 입자가 존재한다면, 관찰자가 진리라고 여기고 싶어 하는 취향에 따라 진리가 달라지게 된다."

파동의 방정식을 찾아낸 에르빈 슈뢰딩거. (출처/위키)

바람둥이로 소문났던 슈뢰딩거는 1925년 겨울, 아내 대신 여자 친구를 데리고 알프스 지방으로 2주 반의 휴가 여행을 떠났다. 그의 주머니 속에는 진주 두 알이 들어 있었다. 연구하는 데 방해되는 소음을 막기 위한 도구였다.

휴가 여행을 끝내고 돌아온 슈뢰딩거의 여행 가방 속에는 물질파로서의 전자의 파동을 기술한 파동 역학 방정식이 들어 있었다. 오늘날 슈뢰딩거의 방정식으로 알려진 이 파동 방정식에서 가장 중요한 것은 그리스 문자 ψ(프사이)로 표기되는 방정식의 해로서, 흔히 파동함수로 불린다. 이 파동 방정식을 풀면 공간과 시간의 함수인 ψ를 얻을 수 있는데, 이는 공간과 시간에 따라 파동함수가 어떻게 변하는지를 알려준다.

한마디로 슈뢰딩거의 방정식은 파동함수를 이용하여 전자와 같은 입자들이 가지는 물리량을 분석하는 방법으로, 이를테면 뉴턴의 운동 방정식 $F = ma$(힘=질량×가속도) 버전이라고 할 수 있다. 슈뢰딩거의 방정식은 수소 원자에 적용될 수 있었고, 그 적용의 결과로 수소 원자 속의 전자가 어떻게 거동하는가를 정확하게 밝혀주었으며, 전자의 에너지 준위 값을 계산할 수 있게 해주었다.

슈뢰딩거의 파동 역학은 "인간이 발견한 가장 완벽하고 사랑스러운 이론 중 하나"라는 찬사를 받았으며, 그의 파동 방정식은 뉴턴의 운동 방정식과 함께 과학사상 가장 위대한 방정식의 하나로 평가된다.

슈뢰딩거는 후에 자신의 파동 방정식은 하이젠베르크의 행렬 방정식과 수학적으로 등가임을 증명했다. 미적분에 친숙한 물리학자들은 위압적인 행렬 역학보다 슈뢰딩거 방정식을 선호하게 되었다.

새로 발견된 슈뢰딩거 방정식은 원자나 분자, 결정, 자유 전자를 지닌 금속, 원자핵 속의 양성자와 중성자에 쉽게 적용될 수 있는 등 대단한 위력을 나타냈지만, 머잖아 강력한 이견에 맞닥뜨렸다.

12. '별들의 집단'이 만든 코펜하겐 해석

슈뢰딩거가 생각하기에는, 전자는 입자가 아니라 새로운 유형의 물질파였다. 그러나 독일의 물리학자 **막스 보른**(1882~1970)은 다른 해석을 내놓았다. 이 해석이 오늘날까지 물리학의 주류로 자리 잡고 있는데, 슈뢰딩거의 방정식에 나오는 파동함수 ψ는 확률파동이라는 것이다. 즉, 어떤 시간, 어떤 공간에서 전자가 발견될 확률을 나타낸다는 새로운 해석이다.

복소수까지 등장하는 슈뢰딩거의 방정식을 일반인이 이해하기 힘든 만큼, 우리는 보른의 해석을 그대로 받아들이는 편이 편하다. 그는 이렇게 설명했다. "우리는 전자의 위치를 정확히 알 수가 없다. 특정 시간, 특정 장소에 나타날 확률만을 알 수 있을 뿐이다. 전자가 나타날 확률이 10%밖에 안 되는 공간에도 전자는 나타날 수가 있다. 또한 똑같은 조건의 실험을 두 번 하더라도 전자는 전혀 다른 결과를 보여줄 수도 있다."

더욱 놀라운 것은 원자핵에서 1km 떨어진 곳에서 전자가 발견될 확률도 아주 작기는 하지만 0은 아니라는 것이다. 단, 전자가 발견되기만 하면 모든 공간에서의 발견 확률은 즉시로 0에 수렴하고 마는데, 이를 **확률 붕괴**라 한다. 전자와 같은 아원자 입자들은 인과관계에 전혀 얽매이지 않는 존재인 듯하다.

보른의 이 같은 확률 해석은 덴마크 코펜하겐에 근거를 둔 일단의 물리학자들이 주창한 이른바 **코펜하겐 해석**으로 자리 잡았는데, 일부 물리학자들은 이 확률 해석에 심히 분노했다. 그들이 지고의 가치로 생각하는 물리학에 대한 명백한 반역 행위로 비쳐졌기 때문이다.

특히 아인슈타인은 자연의 준엄한 인과관계를 버리고 확률을 우주의 지배자로 받아들이는 코펜하겐 해석에 대해 과학사상 가장 유명한 말인 "신은 주사위 놀이를 하지 않는다"는 말로 자신의 비호감을 분명히 표현했다.

이에 대해 코펜하겐 파의 수장인 보어는 아인슈타인에게 "신에게 이래라 저래라 하지 마세요" 하고 쏘아붙였다. 보어는 나중에 자신의 말을 이렇게 부연 설명했다. "신이 주사위를 던졌는지, 던지지 않았는지는 문제가 아니다. 다만 신이 주사위를 가지고 어떻게 했는지, 그것이 의미하는 바를 우리가 알 수 있는가 하는 것이 문제다."

보어, 하이젠베르크, 보른, 디랙, 파울리, 폰 노이만 등에 의해 확립된 코펜하겐 해석은 오늘날 양자역학에 대한 다양한 해석 중에서 표준 해석으로 알려져 있다. 상대성 원리는 아인슈타인 한 사람에 의해 만들어진 반면, 양자 이론은 이처럼 많은 천재 물리학자들의 합작으로 정립된 것이다. 과학사상 빛나는 별들을 꼽자면, 이들이야말로 빛나는 별들의 집단이라 할 수 있을 것이다.

보어의 연구소가 있었던 코펜하겐의 지명으로부터 이름을 얻은 코펜하겐 해석은 20세기 전반에 걸쳐 가장 영향력이 컸던 양자 이론 해석으로 꼽힌다.

양자역학에 대한 코펜하겐 해석은 사건에 대한 인간의 관측 활동이 사건의 현실을 변화시킨다는 결론을 내린다. 해석의 핵심은 어떤 물리량의 값이 측정이라는 행위 이전에는 존재한다고 하는 것이 불필요하다는 것이다. 반

1927년 벨기에에서 열린 제5차 국제 솔베이 물리학회 회의 참석자들. 앞줄 중앙에 아인슈타인이 보이고, 가운뎃줄 오른쪽에 보어, 보른, 드브로이가, 뒷줄 오른쪽 세 번째부터 하이젠베르크, 파울리, 한 사람 건너에 슈뢰딩거 등이 보인다. 과학사상 별들의 집단이 있다면 이들일 것이다. (출처/위키)

대로 고전역학에서는 수식으로 나타난 물리량은 인간의 측정 행위에 무관하게 존재하는 것이다. 즉, 코펜하겐 해석에 따르면 양자역학이라는 이론은 관측자와 대상 한쪽이 아닌 모두를 고려해야 한다.

전자를 예로 들면, 전자의 상태를 서술하는 파동함수는 측정되기 전에는 여러 가지 상태가 확률적으로 겹쳐 있는 것으로 해석한다. 하지만 관측자가 전자에 대한 측정을 시행하면, 그와 동시에 **파동함수의 붕괴**가 일어나 전자의 파동함수는 겹침 상태가 아닌 하나의 상태로만 결정된다는 것이다.

코펜하겐 해석을 간략히 정리하면 대략 다음과 같다.

1. 양자계의 상태는 파동함수(ψ)로 기술된다.
2. 양자계의 상태는 근본적으로 확률적이다. 파동함수의 절댓값 제곱

은 측정값에 대한 확률밀도이다.

3. 모든 물리량은 관측할 때만 의미를 갖는다.

4. 양자계에서 물질은 파동-입자 이중성을 보인다. 그러나 두 가지 성질을 동시에 알 수는 없다.

5. 관찰이 파동함수의 붕괴를 일으키며 불연속적인 양자 도약을 일으킨다.

6. 양자역학적 대상은 거시세계로 갈수록 고전역학과 가까워진다.

7. 양자계는 비국소적 성질을 가진다.

이 같은 코펜하겐 해석은 비록 현상을 잘 설명하는 양자론의 주류 해석이기는 하지만, 양자론의 근간이 되는 확률파동의 중첩과 관측에 의한 확률파동 붕괴 등을 제대로 설명하지 못하는 한계를 가지고 있다.

13. 양자 얽힘, '유령 같은 원격 작용'

아인슈타인이 가장 강하게 부정한 것은 **양자 얽힘**이었다. 양자론자들이 말하는 양자의 얽힘 상태Entanglement란 과연 무엇인가? 한마디로 말하자면, 멀리 떨어져 있는 한 쌍의 두 입자 중 한쪽을 건드리면 동시에 다른 입자에도 반응이 나타난다는 이론이다.

이렇게 하나의 입자가 어떤 물리량을 가지느냐에 따라 다른 입자가 가져야 하는 물리량이 정해지는 두 입자를 얽힘 상태에 있다고 말한다. 얽힘 상태는 스핀 상태뿐만 아니라 빛 입자(광자)의 편광 상태에서도 만들어질 수 있다. 어떻게 그런 불가사의한 일이 일어나는지는 아직까지도 확실히 밝혀지지 않았지만, 수많은 실험 결과 양자 얽힘이 사실임이 증명되었다.

아인슈타인의 상대성 이론에 의하면 빛보다 빠른 물질은 없는데, 이 같은 양자 얽힘은 동시에 발생한다. 그 거리가 안드로메다 은하만큼 멀리 떨어져 있더라도 마찬가지다. 그래서 아인슈타인은 끝까지 양자 이론을 인정하지 않았다.

양자 얽힘에 대해 좀 더 자세히 알아보자. 전자나 양전자 같은 입자들은 제 축을 중심으로 자전하고 있다. 이 자전에 의한 각운동량을 **스핀**이라고 한다. 그런데 스핀은 축을 중심으로 왼쪽 또는 오른쪽으로 도는 두 가지밖에 없다. 오른쪽으로 도는 것을 업 스핀 입자, 왼쪽으로 도는 것을 다운 스핀 입자라고 부르기로 하자.

코펜하겐 해석에 따르면, 측정하기 전까지는 한 전자가 어떤 스핀을 가졌는지 알 수 없다. 중요한 점은 우리가 알 수 없다는 것이 아니라 그 전자의 상태가 결정되지 않고 있다는 것이다. 이것을 중첩된 상태라고 한다. 그러나 측정하면 두 스핀 중 하나로 확정된다. 두 스핀의 중첩 상태에서 확률 붕괴가 일어나 하나의 스핀 상태로 즉각 변하는 것이다. 이는 우리가 관측 행위를 통해 관찰자로 끼어듦으로써 아득히 먼 거리에 있는 대상을 즉각 변화시킨 셈이 되는 것이다.

이는 아인슈타인의 특수상대성 이론이 밝힌 '어떠한 정보도 빛보다 빠른 속도로 전달될 수 없다'는 원칙을 위배한 것이며, '유령 같은 원격 작용'이라면서 아인슈타인의 **EPR 역설**에 의해 공격받았다. 아인슈타인은 그 같은 양자 현상에는 우리가 아직 모르고 있는 '숨은 변수'가 있으며, 그것을 알게 되면 유령 같은 원격 작용의 의문이 풀릴 것이라고 보았다.

하지만 확률 붕괴가 곧 다른 입자의 관측자가 이 사실을 알게 된다는 것을 의미하지는 않으며, 다른 입자의 관측자에 대해서는 여전히 파동함수는 중첩되어 있고, 정보는 여전히 빛보다 빠른 속도로 전달되는 것은 아니므로 특수상대성에 위배되지 않는다고 재반격받았다.

소립자들이 시간과 공간을 초월하는 존재처럼 보이는 양자 얽힘이 정확히 어떤 것인지 설명하는 것은 아직까지 미해결로 남아 있지만, 많은 실험이 그 같은 현상을 사실로 증명하고 있다. 최근의 실험으로는 일단의 독일 과학자들이 다이아몬드에 갇힌 '얽힌' 전자들을 대상으로 한 것으로, 〈네이처〉 지에 소개되었다.

독일 연구진은 작은 다이아몬드에 갇힌 얽힌 전자들을 네덜란드의 델프트 대학 캠퍼스 양쪽으로 1.3km 떨어진 곳에다 두고 실험을 했다. 두 전자들이 서로 소통할 수 없게끔 두 장소 사이의 통신은 완벽하게 차단되었다. 두 탐지기 사이의 1.3km란 거리는 한 전자를 측정하여 상태를 확정하는 사이에 빛조차도 주파할 수 없는 먼 거리로, 국지적인 허점을 제거한 것이다.

실험 결과 한 전자가 업 스핀일 경우, 다른 전자는 즉각 다운 스핀이 된다는 사실이 밝혀졌다. 연구를 이끈 로널드 핸슨 교수는 "우리가 측정할 때 그들은 완벽한 상관관계임을 보여준다. 한쪽이 업 스핀이면, 다른 쪽은 반드시 다운 스핀이 된다. 그 같은 반응은 동시에 나타난다. 걸리는 시간이 제로라는 뜻이다. 두 입자가 은하의 반대쪽에 있더라도 마찬가지다"라고 말했다.

이 반직관적인 양자 얽힘 현상은 기왕의 철학에 심오한 질문을 던진다. 이 같은 현상이 알려주는 바는 우주가 국소적이 아니라 비국소적이라는 사실이다. 공간이란, 사물이 따로 존재한다는 것처럼 보여주는 관념일 뿐 실은 하나로 연결된 것이라는 얘기다.

어쨌든 인간이 빛과 물질을 가장 극미한 상태에까지 다룰 수 있는 능력을 보여주었다는 평가를 받는 이 실험은 "양자역학이 고전역학과 얼마나 다른지, 또 양자역학으로 인류가 앞으로 전례 없는 발전을 이룰 가능성을 보여준 실험"이라는 평가를 받았다.

양자 얽힘이 우리에게 알려주는 진리는, 공간은 상호 연결된 물체를 구별하지 않으며, 그들 사이의 상호관계를 끊을 수 없다는 사실이다. 이는 곧 양자적으로 상호 연결된 두 물체 사이에는 공간이란 개념은 존재하지 않는다는 뜻이다. 이것이 양자론에 의해 새롭게 제기된 공간의 개념이다.

우주의 삼라만상은 태초에 한 점에서 출발했다. 따라서 우주의 근원까지 추적해 들어간다면 만물이 양자적으로 서로 얽혀 있다는 양자론의 주장을 수긍할 수 있다. 시간과 공간, 물질이 빅뱅 한 점에서 쏟아져나왔으므로, 지금 우리 눈에는 국소적으로 보이는 공간도 결국 빅뱅 당시에는 비국소적이었을 거라고 생각해볼 수도 있다. 양자 이론이 말해주는 것은, 우리 우주는 본질적으로는 비국소적이며, 양자적으로 연결된 단일체라는 사실이다.

14. 엽기적인 '슈뢰딩거의 고양이'

양자론에 깊은 반감을 가졌던 아인슈타인에 못지않았던 물리학자가 에르

빈 슈뢰딩거였다. 그는 양자역학의 발전에 커다란 기여를 한 파동 방정식의 창안자였음에도 불구하고 보어를 위시한 코펜하겐 해석에는 강력하게 반대했다.

슈뢰딩거는 심지어 자신의 파동 방정식이 양자론자들에게 확률파동으로 해석될 것을 알았더라면 그런 방정식을 만들지 않았을 거라는 말까지 했을 정도다. 그런 면에서는 광전효과를 발표해 양자론의 단초를 제공했지만 끝까지 양자론을 받아들이지 않았던 아인슈타인과 일맥상통하는 인물이었다.

좀 엽기적인 면이 있는 **슈뢰딩거의 고양이**는 슈뢰딩거가 양자 이론의 불완전함을 보이기 위해서 고안한 사고 실험으로, 확률파동을 얘기할 때 단골로 등장하는 소재다.

한 고양이가 상자 속에 갇혀 있다. 이 상자에는 방사성 핵이 들어 있는 기계와 독가스 통이 연결되어 있다. 핵의 붕괴 확률은 한 시간 안에 50%로 해놓는다. 핵이 붕괴하면 독가스가 방출되어 고양이가 죽는다.

이 상자를 한 시간 동안 방치해둔 후 상자의 뚜껑을 열어보기 전에 고양이의 상태를 어떻게 설명할 수 있을까? 양자물리학에서는 이때 고양이의 상태를 나타내는 파동함수는 살아 있는 상태를 나타내는 파동함수와 죽어 있는 상태를 나타내는 파동함수의 중첩으로 나타낸다. 다시 말해 고양이는 죽은 상태와 산 상태가 혼합된 상태에 있다는 것이다. 그러나 뚜껑을 열어 고양이의 상태를 확인하는 순간, 고양이는 산 상태나 죽은 상태 중 하나로 확정된다는 것이다.

슈뢰딩거는 이 상황에서 파동함수의 표현이 고양이가 산 상태와 죽은 상태의 중첩으로 나타난다는 주장을 비판하며, "'죽었으면서 동시에 살아 있는

슈뢰딩거의 고양이. 고양이는 산 상태와 죽은 상태로 포개져 있는가? (출처/위키)

고양이'가 현실적으로 존재하지 않는 만큼 양자 이론이 불완전하며 현실적이지 않다"고 주장했다. 고양이는 반드시 살아 있거나 죽은 상태 중 하나이지, 그 사이의 어정쩡한 상태는 있을 수 없기 때문에 핵자 역시 붕괴했거나 붕괴하지 않았거나 둘 중 하나이며, 중첩은 없다는 것이다.

슈뢰딩거는 의기양양해 하며 "보어는 초점이 안 맞아 뿌옇게 나온 사진을 가지고 안개를 찍은 거라고 우기는 것이다. 하지만 초점이 안 맞은 것과 실제 안개는 전혀 다른 것이다"라고 오금을 박았다.

이 사고 실험의 목적은 코펜하겐 해석이 가지고 있는 명백한 오류를 보여주기 위한 것이었다. 이 슈뢰딩거의 고양이에 대해 다양한 반론들이 쏟아져 나왔다.

보어의 논리를 슈뢰딩거의 고양이에게 적용하면 "상자 뚜껑을 열었을 때 만약 고양이가 죽어 있다면, 고양이는 독가스 때문에 죽은 게 아니라 바로 당신의 관측 행위 때문에 죽은 것이다"라는 얘기가 된다.

이 사고 실험에서 중요한 규칙은, 우리는 상자 속을 들여다보아서는 안 된다는 것이다. 이유는 미시적인 양자의 세계에서는 '관찰'이 아주 중요한 역할을 하기 때문이다. 수천억 개의 원자로 이루어진 거시세계에서는 실험 도구로 대상을 관찰한다고 해서 대상에 영향을 미치지는 않지만, 양자 세계에 대한 관측은 그와 달리 관측되는 순간 대상 자체가 무작위로 변화된다.

이를테면 고양이가 어떤 상태에 있는지 알아보기 위해 상자 속을 관측하게 되면, 관측하는 순간 확률함수가 붕괴되어 고양이의 상태는 삶과 죽음이라는 두 상태가 중첩된 상태에서 어느 한 상태로 결정되는데, 관측은 확률 상태에 있는 것을 현실로 변환시키는 결정자 역할을 하는 것이다.

그러나 슈뢰딩거의 고양이 덕분에 코펜하겐 학파는 '관측'의 의미를 되새기게 되었다. 코펜하겐 해석에서는 관측이 무엇인지에 대해 명확한 설명을 한 적이 없었기 때문에 문제를 더욱 어렵게 만들었던 것이다.

아직까지 관측의 정확한 의미는 밝혀지지 않았다. 슈뢰딩거 고양이의 경우, 관측이 완료되는 것은 뚜껑을 여는 순간인가? 빛이 고양이에게서 반사되어 우리 눈에 도달하는 순간인가? 그도 아니면 우리 뇌가 인지하는 순간인가? 이 어려운 질문에 대해서는 보어도 "물리학자는 관측을 통해 자연을 인지한다"는 원론적인 얘기만 했을 뿐이다.

아인슈타인은 슈뢰딩거의 고양이가 양자 이론의 불완전함을 밝혀주리라 굳게 믿었지만 그의 믿음은 아무런 보상도 받지 못했다. 양자물리학은 슈뢰딩거와의 대결에서도 승리를 거두었다. 슈뢰딩거도 아인슈타인과 마찬가지로 빈손으로 돌아갈 수밖에 없었다. 덕분에 그의 고양이만 역사상 가장 유명한 고양이가 되었을 뿐이다.

양자 혁명사에서 슈뢰딩거의 역할은 이로써 마감하게 됐지만, 그는 1944년 『생명이란 무엇인가?-정신과 물질』이라는 예지에 빛나는 책을 세상에 내놓았다. 여기서 그는 유전 정보의 작동 방식을 추정했는데, 나중에 DNA 구조에 관한 2중 나선 모델을 발견한 제임스 왓슨은 젊은 시절 이 책을 보고 영감을 얻었다고 한다. 이는 분자생물학뿐만 아니라 생명 그 자체도 양자역학에 기반하고 있음을 보여주는 한 예에 불과하다.

파동 방정식의 발견으로 양자 혁명을 궤도에 올려놓은 에르빈 슈뢰딩거와 작별하기 전에 그의 기행을 잠깐 언급하지 않을 수 없다. 그는 파동 방정식을 만드는 중에도 수많은 여인들과 사랑을 나누었는데, 정작 아내와의 사이에는 자식이 없었다.

그의 첫딸은 친구의 아내에게서 태어났고, 친구는 그 사실을 알면서도 슈뢰딩거를 깊이 존경한 나머지 눈을 감아주었다. 더욱이 그의 부인은 슈뢰딩거의 부인과 한 집에서 살면서 딸을 양육해주기까지 했다. 슈뢰딩거의 부인 역시 남편의 동료인 수학자 헤르만 바일과 정을 통하는 사이였지만 슈뢰딩거는 묵인해주었다. 자신의 연구에 헤르만이 수학적으로 크게 도움을 준 대가였다.

전자를 입자로 보지 않고 끝까지 파동으로 간주했던 슈뢰딩거. 자신이 입자로 한 곳에 위치하지 않고 여러 곳에 존재하는 파동임을 스스로 입증해 보이고 싶었던 것일까?

15. '신의 분노' 볼프강 파울리

20세기 초까지만 해도 암흑과 혼돈에 싸여 있던 원자의 세계는 양자역학으로 인해 전자의 궤도함수가 밝혀지는 등 상당한 전모가 드러났지만, 양자역학의 또 다른 영웅 **볼프강 파울리**(1900~1958)가 없었다면 원자 세계의 안개는 여전히 걷히지 않았을 것이다. 원자를 이해하기 위해 마지막 중요한 발걸음이 아직 떼어지지 않고 있었던 것이다.

여기서 파울리의 위대한 통찰, 원자 내부에는 두 전자가 동시에 같은 양자상태를 취할 수 없다는 이른바 **파울리의 배타 원리**가 나왔다. 배타 원리는 전자 궤도함수들이 채워지는 방식을 통제해 전자들이 특정 궤도에 몰리는 것을 방지한다.

우리 몸이나 걸상이 99.99%가 공간인 원자들로 이루어져 있지만, 앉아 있는 걸상 밑으로 통과하지 않는 것을 이 파울리의 배타 원리가 잘 설명해주고 있다. 우리 몸속의 전자들이 걸상을 구성하는 원자의 전자들과 동일한 상태를 취하는 것을 자연이 금지하고 있기 때문에, 전자들은 큰 공간을 두고 떨어져 있어야 한다.

1924년에 이 배타 원리를 발견한 볼프강 파울리는 오스트리아 빈 출신으로 일찍이 조숙한 천재로 알려졌다. 학생이던 19살 때 교수로부터 상대성 이론에 대한 논문을 써달라는 부탁을 받고 21살에 논문을 완성했는데, 무려 237쪽에 달하는 분량으로 394개의 각주가 붙어 있었다. 지도 교수 **막스 보른**이 "순수한 과학적인 측면에서 볼 때 파울리는 아인슈타인보다 더 위대한 인물이라 할 수도 있다"고 말했을 정도다.

훗날 '신의 분노'라는 별명으로 알려진 파울리는 "이 논문에는 틀린 내용조차 없다"는 식의 독설을 잘 날리는데다가 타협하지 않는 원칙주의자로 물리학의 양심이라고 불렸다.

전 세계의 교실 벽에 수십만 장이 붙어 있는 원소주기율표가 왜 그런 모습인지를 설명해준 것은 파울리의 배타 원리로, 그는 우리에게 화학을 선물했다. 두 전자가 똑같은 상태에 있는 것은 금지된다는 이 간단한 규칙 덕분에 우리는 원소주기율표에 올라 있는 원자들의 구조와 화학적 성질을 이해할 수 있게 되었다. 양자물리학이 화학의 토대인 것이다.

원자의 구조는 파울리가 제시한 두 가지 규칙에 따라 결정된다.

첫째, 전자들의 양자 상태는 다 달라야 한다(배타 원리).
둘째, 전자들의 배열은 에너지가 최소가 되게 이루어져야 한다.

그런데 전자가 하나인 수소에서는 1S 궤도에 아무 문제가 생기지 않지만, 전자가 두 개인 헬륨의 1S 궤도에는 전자가 두 개 들어가야 한다. 그렇다면 배타 원리에 위배되는 건 아닐까? 파울리는 이 질문에 그의 최대 업적이랄 수 있는 전자 스핀 카드를 꺼내들었다.

전자는 팽이처럼 회전한다. 결코 멈추지 않는 회전이다. 멈추면 전자가 아니다. 그런데 회전에 있어 두 가지 스핀 양자 상태를 취할 수 있다. 위 스핀과 아래 스핀이 그것이

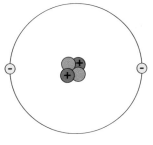

헬륨의 각기 다른 스핀의 두 전자가 1S 궤도에 같이 돌고 있다. (출처/위키)

다. 따라서 한 궤도에 두 전자가 들더라도 배타 원리에 위배되지 않는 것이다. 1S 껍질에 전자 두 개가 채워지면 세 번째 전자는 들어갈 수 없다.

이와 같은 것은 분자 내의 전자 궤도에 대해서도 적용된다. 이 원리는 원자 또는 분자의 전자 구조를 생각할 때 빠뜨릴 수 없는 기본 법칙이다.

배타 원리를 통해 원자의 전자껍질 구조 개념이 확립되었다. 이에 따라 한 전자껍질 내에서는 주양자수, 자기 양자수, 스핀 양자수가 모두 동일한 양자 상태의 전자가 두 개 이상 존재할 수 없다.

파울리는 이런 배타 원리로 물질이 서로 유령처럼 투과되지 않는 이유, 즉 '어떤 물체가 이미 자리 잡은 곳에는 다른 물체가 존재할 수 없는 이유'를 누구나 다 알아들을 수 있도록 설명했다. 그러나 파울리는 논문에서 "이 규칙이 가능한 근거를 더 자세히는 제시할 수 없다"고 고백했다. 그렇지만 그와 동료들은 이 원리에 담긴 '아름다움과 신비스러움'에 완전히 매료되었다.

이 원리는 원자 내의 전자들이 핵에 가장 가까운 궤도에 몰려 있지 않은 이유를 설명해주며, 우리 몸이나 돌, 쇠붙이 같은 물체들의 부피 중 99.99% 이상이 빈 공간임을 설명해준다. 돌이나 나무가 지금의 부피를 가지는 것 역시 파울리의 배타 원리 때문인 것이다.

이처럼 파울리의 배타 원리는 지금 우리가 보고 있는 세계의 모습이 왜 이렇게 보이는 것인가에 대해 근원적인 답을 해주고 있다. 파울리는 우리에게 세계를 보는 새로운 눈을 선사한 것이다.

16. 양자역학이 준 것들

지금까지 우리는 비전공자의 입장에서 최대한 수학을 피해가면서 양자 이론을 더듬어왔다. 전공자들까지도 아직 양자의 세계를 완전히 이해했다고 볼 수 없는 상황에서 수학과 물리학에 대한 깊은 지식이 없는 비전공자로서 양자 이론을 웬만큼이나마 이해한다는 것은 참으로 어려운 일이다.

필자 역시 양자론에 관한 책들을 숱하게 읽었지만, 내가 이해한 것을 여기에 옮긴 선을 넘을 수 없으리라 본다. 양자 이론의 진위를 검증하는 벨의 부등식이나 아스펙 실험 같은 것을 논의하기는 나의 한계를 벗어난 것이라 건너뛸 수밖에 없었다. 이 같은 미진한 부분은 다른 책으로 책임 전가하면서 마지막 마무리를 하는 바이다.

양자역학은 20세기 과학이 이룩한 가장 위대한 발견이며 성취라 할 수 있다. 지난 한 세기 동안 수많은 도전에 직면했지만 아직까지 패배를 기록한 적이 없는 가장 성공적인 이론이기도 하다. 특히 양자 이론은 고대 그리스 인들이 신화를 버리고 우주에 대한 합리적인 이해를 추구한 이래, 인류가 세계를 보는 데 있어 가장 의미심장한 관점의 변화라고 하겠다.

양자역학이 인류에게 가져다준 것은 헤아릴 수 없을 정도다. 컴퓨터와 트랜지스터, 초전도, 원자력, 휴대폰, 그 밖의 IT 산업 등을 가능케 해준 것도 모두 양자역학이다. 오늘날 미국 경제에서 양자 이론의 성과들이 IT 산업을 비롯한 여러 분야에서 산출하는 경제 효과는 수조 달러에 이른다.

이뿐 아니다. 양자 혁명은 전자공학을 넘어 화학, 생물학, 천체물리학 등의 발전에도 커다란 기여를 했으며, 아직도 하고 있다. 1998년 노벨 화학상은 분자들의 상호작용을 결정하는 양자역학 방정식을 푸는 계산법을 개발한 물리학자 월터 콘과 존 포플에게 주어졌다.

하지만 무엇보다 중요한 것은 양자 이론이 인류의 정신에 '자유'를 선사했다는 점이다. 인간의 운명까지 요지부동으로 옭아매었던 고전 물리학의 결정론적 인과관계를 단호히 끊어버림으로써 우리는 진정한 자유 의지를 향유하게 된 것이다.

비록 우리가 사는 우주가 확률과 불확정성으로 작동하는 동네이기는 하지만, 그리고 우리의 미래 역시 불확정한 우연에 기댈 수밖에 없긴 하지만, 양자역학의 무작위성이 없었다면 우주를 사색하고 존재에 대해 고민하는 우리도 없었을 것이다.

양자물리학이 비록 이 세계가 과연 '실재'인가 하는 데 심각한 의문을 던져주기는 했지만, 그 반면에 인류에게 열린 세계, 가능성과 자유 의지라는 여백의 세계도 아울러 선사한 것이다.

"전자 같은 개개의 양자 입자들은 모든 가능한 경로를 동시에 지나간다"고 말한 양자역학 최후의 영웅 리처드 파인만은 제자들에게 이렇게 말했다. "빛이 파동이라는 건 잊어버려. 빛은 입자야."

그렇다. 세계는 모두 허깨비 같은 양자 입자로 이루어져 있다.